景德镇陶瓷大学马克思主义学院学科建设经费

蔡定益 著

明代茶书研究

香茗流芳

苦节君像

The Historical Inheritance
of Fragrant Tea:
Studies on the Tea Books of Ming Dynasty

中国社会科学出版社

图书在版编目（CIP）数据

香茗流芳：明代茶书研究／蔡定益著 . —北京：中国社会科学
出版社，2017.7
ISBN 978 - 7 - 5203 - 1187 - 8

Ⅰ.①香…　Ⅱ.①蔡…　Ⅲ.①茶文化—研究—中国—明代
Ⅳ.①TS971.21

中国版本图书馆 CIP 数据核字（2017）第 249817 号

出 版 人	赵剑英
责任编辑	郭　鹏
责任校对	张艳萍
责任印制	李寡寡

出　　版	中国社会科学出版社
社　　址	北京鼓楼西大街甲 158 号
邮　　编	100720
网　　址	http：//www.csspw.cn
发 行 部	010 - 84083685
门 市 部	010 - 84029450
经　　销	新华书店及其他书店

印　　刷	北京明恒达印务有限公司
装　　订	廊坊市广阳区广增装订厂
版　　次	2017 年 7 月第 1 版
印　　次	2017 年 7 月第 1 次印刷

开　　本	710×1000　1/16
印　　张	20
字　　数	288 千字
定　　价	80.00 元

目　　录

绪　　论

一　选题依据和意义

所谓茶书即主要记录有关茶叶、茶饮和茶法的著作。中国古代茶书（截止到 1912 年）遗留到现在的还有百余种，其中明代茶书 50 种左右。本书的选题依据和意义主要体现在三个方面：一是学术价值，二是经济价值，三是文化价值。

第一，学术价值主要体现在本书的研究能够深化对中国茶史的认识，填补明史研究的一个薄弱之处。茶在中国古代的政治、经济、文化中曾是一个重要角色，发挥过很大的作用。中国古代长期以茶御边，实行茶马贸易，茶在内地与边疆少数民族的政治关系中有起着重要的作用。唐代开始，茶业兴起，饮茶之风大盛，朝廷由此实行茶叶专卖，茶税在税收中占较大比重，茶成为影响国计民生的重要物质。茶在中国古代的文化中也占有一席之地，自唐代陆羽撰写《茶经》后，茶文化大兴，大致可分为宫廷茶文化、宗教茶文化、文人茶文化、民间茶文化几种类型，儒、释、道三教渗透到了茶文化之中，因茶文化而出现的古代茶书遗留到现代的还有百余种，茶诗、茶文更是不计其数。明代茶书约占中国古代茶书的半数，今存 50 种左右，篇幅 26 万余字。但目前对明代茶书的研究还很薄弱，加强对明代茶书的研究是很有学术价值的。

第二，作为茶文化研究的《明代茶书研究》的选题也有相当的经济价值。这主要体现在能够一定程度上促进茶业、服务业和旅游业的发展。例如唐代茶业经济的崛起是与陆羽等人对茶文化的研究以及推广大有关系的，这集中体现在中国第一部茶书《茶经》的写作出版。茶在中国古代一方面是一种经济产品，但另一方面也是一种文化产品，有很高文化附加值。再如现代的两个例子：中国台湾 20 世纪七八十年代茶业经济的迅速发展与当时茶文化的研究以及宣传密切相关，它极大提高了台湾人对饮茶的嗜好与兴趣；20 世纪 90 年代以来，云南普洱茶的兴起与当地对普洱茶文化历史的研究、宣传大有关系。茶文化的研究也能对服务业有一定的促进作用，主要体现在茶馆业。中国的茶叶历史、文化是许多地方开发旅游的重要资源，所以本选题对旅游业也有一定促进作用。

第三，本选题的研究也有一定的文化价值。文化实力能极大地影响到一国综合国力的强弱，而饮食文化是一国文化的重要组成部分。茶文化是中国重要的传统文化，中国是世界上最早栽培茶叶、饮用茶叶并形成茶文化的国家，茶文化很大程度承载着中国的传统价值观和生活方式。改革开放以来，西方饮食文化涌入中国，对肯德基、麦当劳、星巴克等，许多人趋之若鹜，实际上，这是以美国为代表的西方文化处于强势地位的一种物化表现。大力研究茶文化，对弘扬传统文化，抵御西方文化入侵，增强民族自尊心、自信心有相当的现实意义。

二 相关研究概述

对明代茶史，目前研究成果已经蔚为大观，但进一步研究的空间还很大。明代茶文献研究方面，对茶书研究成果较多，但茶诗、茶文等其他涉茶文字研究过于薄弱；茶法研究方面，过于集中于茶马贸易，内地的茶政研究较为薄弱；茶业研究方面，总体而言成果不多，还可大大细化；茶文化研究方面，对茶书中蕴含的丰富茶文化的研究、茶书与明代社会的关系的研究还远远不够。有必要说明的是，上述分类纯粹是为了叙述方便，因为茶文献、茶法、茶业、茶文化事实上是互相融合在一起的，并不可截然分开。下面分别叙述。

第一，关于茶文献。

明代茶文献研究的成果在形式上可分为著作和论文。

著作方面主要是一些古代茶文献的汇编，茶文献汇编是茶史研究的基础性工作，有很大的意义。茶文献不仅包括茶书，还有大量茶诗、茶文以及散见于各类古籍中的涉茶文字。现代最早对茶文献进行搜集、整理并汇编的学者是胡山源，他将搜集的茶文献汇编为《古今茶事》。①《古今茶事》分为《专著》《艺文》《故事》三部分，《专著》就是茶书，收集茶书 22 种，其中有明代茶书 12 种，《艺文》收集的是古代大量茶文和茶诗词，《故事》是从古籍中摘录出来的一些涉茶文字，其中明代茶文献都占相当一部分。陈祖槼、朱自振的《中国茶叶历史资料选辑》② 也是一部搜罗甚广的茶文献汇编类著作，分为《茶书》《茶事》《茶法》几部分，明代茶文献在文字上约占四分之一，该书的缺点是将一些文字甚至整部茶书以"游戏文章""无甚意义"等名义删去。1987年，日本学者布目潮沨出版了《中国茶书全集》③，收集中国古代茶书48 种（其实有些是一种茶书的不同版本），其中明代茶书有 22 种，布目教授自认已将中国古代茶书网罗殆尽。吴觉农《中国地方志茶叶历史资料选辑》④ 按省、县分类收集了中国古代地方志中的大量茶叶记载，这些地方志主要编纂于明清和民国。朱自振《中国茶叶历史资料续辑（方志茶叶资料汇编)》⑤ 其实是《中国茶叶历史资料选辑》的续编，按省收集了中国古代方志中的大量茶叶记载，相当一部分属于明代茶文献。陈彬藩、余悦、关博文主编的《中国茶文化经典》⑥ 是到目前为止辑录茶文献数量最多、篇幅最大的一部中国古代茶文献汇编著作，总字数 250 万字，实为鸿篇巨制，按《茶著》《茶文》《茶诗》《杂著》

---

① 胡山源：《古今茶事》，世界书局 1941 年版。
② 陈祖槼、朱自振：《中国茶叶历史资料选辑》，农业出版社 1981 年版。
③ ［日］布目潮沨：《中国茶书全集》，汲古书院 1987 年版。
④ 吴觉农：《中国地方志茶叶历史资料选辑》，农业出版社 1990 年版。
⑤ 朱自振：《中国茶叶历史资料续辑（方志茶叶资料汇编)》，东南大学出版社 1991 年版。
⑥ 陈彬藩、余悦、关博文：《中国茶文化经典》，光明日报出版社 1999 年版。

收集茶文献，其中明代茶文献约占五分之一。1999 年以后，学术界对茶文献的汇编工作进一步深入，集中表现在连续出版了 5 部中国古代茶书全集，并且不是简单地将文字汇合在一起，而是做了大量的版本、校雠方面的工作。阮浩耕、沈冬梅、于良子的《中国古代茶叶全书》① 收集茶书 64 种，其中明代茶书有 33 种，每种茶书前有《题记》，后有《注释》，对版本和校雠进行说明。郑培凯（香港学者）、朱自振《中国历代茶书汇编校注本》② 收集茶书 114 种，其中明代茶书有 54 种，不但收集茶书的数量超过了《中国古代茶叶全书》，在版本、校雠和注释等方面的工作也大大前进了一步。朱自振、沈冬梅、增勤《中国古代茶书集成》③ 与《中国历代茶书汇编校注本》在文字上几乎没有区别，可看作后者的大陆版。④ 杨东甫《中国古代茶学全书》⑤ 收集茶书 85 种，其中明代茶书有 46 种，一方面纠正了一些《中国历代茶书汇编校注本》在点校、注释方面的瑕疵，另一方面在每种茶书的《导读》中对茶书的内容、特点、地位等作了一定的介绍，但该书对茶书的版本基本不作说明或一笔带过，是其缺点。方健《中国茶书全集校证》⑥ 是到目前为止规模最大的一部古代茶书汇编著作，正文加上附于每种茶书前后的《提要》《校证》以及其他附属文字达 400 余万字，以一人之功，用力甚勤，考释详实，上、中和下编共收茶书 101 种，其中明代茶书有 37 种，另在补编中收录茶书 19 种，其中明代茶书有 5 种，合计共收明代茶书 42 种。该书缺点是擅以己意割裂古籍，从某些古代著作析出一些有关茶的文字作为茶书，如杨晔《茶录》、吴淑《茶赋注》、叶廷珪

---

① 阮浩耕、沈冬梅、于良子：《中国古代茶叶全书》，浙江摄影出版社 1999 年版。

② 郑培凯、朱自振：《中国历代茶书汇编校注本》，商务印书馆（香港）有限公司 2007 年版。

③ 朱自振、沈冬梅、增勤：《中国古代茶书集成》，上海文化出版社 2010 年版。

④ 因为朱自振等《中国古代茶书集成》与郑培凯、朱自振《中国历代茶书汇编校注本》在文字上几乎没有区别，考虑到前者更晚出，本书后文在论述时凡涉及二书处只注引前者，后者略去。

⑤ 杨东甫：《中国古代茶学全书》，广西师范大学出版社 2011 年版。

⑥ 方健：《中国茶书全集校证》，中州古籍出版社 2015 年版。

《海录碎事·茶》、陈景沂《全芳备祖·茶》和卢之颐《茗谱》等，多达 20 余种，严格来说，这些文字不能称为茶书，因为以上所谓"茶书"在古代从来没有作为独立图书的形态存在过，称之为茶文献或许更合适一些。另外值得一提的中国古代茶书汇编书籍还有叶羽编纂的《茶书集成》①，收录古代茶书 50 种，其中明代茶书有 28 种，该书除了每种茶书前对作者作了简要的介绍，对版本、校勘未有任何说明。

在论文方面，万国鼎《茶书总目提要》② 是现代最早的茶文献研究论文，具有开创性的作用，影响很大。该文仿《四库全书总目提要》为发现和收集到的 98 种茶书撰写了提要，其中明代茶书有 55 种，阐述其作者、版本、内容、价值等。沉寂数十年后，进入 21 世纪，茶文献研究论文大量出现，对明代茶文献研究作出一定贡献的学者有章传政、王河、丁以寿等人。主要论文有：丁以寿《明代几种茶书成书年代考》③，王河、朱黎明《陈讲与〈茶马志〉》④，王河、朱黎明《关于徐彦登与廖攀龙〈历朝茶马奏议〉》⑤，章传政、朱自振、黎星辉《明清的茶书及其历史价值》⑥，章传政、刘馨秋、冯卫英《略论明清茶书的研究》⑦，章传政、黎星辉、朱自振《〈石鼎联句〉是否古茶书之探讨》⑧，章传政、黎星辉、朱自振《茶书〈香茗志〉研究》⑨，丁以寿《明代五种茶书成书年代补正》⑩，王河、王晓丹《明代部分散佚茶书辑

① 叶羽：《茶书集成》，黑龙江人民出版社 2001 年版。

② 万国鼎：《茶书总目提要》，王思明等《万国鼎文集》，中国农业科学技术出版社 2005 年版，第 331—360 页。

③ 丁以寿：《明代几种茶书成书年代考》，《农业考古》2004 年第 4 期。

④ 王河、朱黎明：《陈讲与〈茶马志〉》，《农业考古》2005 年第 2 期。

⑤ 王河、朱黎明：《关于徐彦登与廖攀龙〈历朝茶马奏议〉》，《农业考古》2006 年第 5 期。

⑥ 章传政、朱自振、黎星辉：《明清的茶书及其历史价值》，《古今农业》2006 年第 3 期。

⑦ 章传政、刘馨秋、冯卫英：《略论明清茶书的研究》，《茶业通报》2006 年第 4 期。

⑧ 章传政、黎星辉、朱自振：《〈石鼎联句〉是否古茶书之探讨》，《图书与情报》2006 年第 3 期。

⑨ 章传政、黎星辉、朱自振：《茶书〈香茗志〉研究》，《中国茶叶》2007 年第 1 期。

⑩ 丁以寿：《明代五种茶书成书年代补正》，《农业考古》，2007 年第 5 期。

考与题录》①，丁以寿《明代几种茶书成书年代再补》②，章传政、丁以寿、夏涛、朱自振《高元濬〈茶乘〉辨析》③，邓爱红《试论明代熊明遇的〈罗岕茶疏〉》④，郭孟良《晚明茶书的出版传播考察》⑤ 等。

　　明代茶文献研究的成果虽然较丰富，但基本都集中于茶书方面，散见于大量古籍中的茶诗、茶文以及其他涉茶文字还有待于进一步加强研究。

　　第二，关于茶法。

　　明代茶法研究方面尚未出现较重要的著作，主要的论文有：谢玉杰《明王朝与西北诸番地区的茶马贸易》⑥，陈一石《明代茶马互市政策研究》⑦，赵毅《明代的汉藏茶马互市》⑧，张维光《明朝政府在青海的茶马互市政策述论》⑨，谢玉杰《杨一清茶马整顿案评述》⑩，郭孟良《明代的贡茶制度及其社会影响》⑪，郭孟良《试论明代的“以茶治边”政策》⑫，郭孟良《明代茶马贸易的展开及其管理制度》⑬，贾大全《川茶输藏与汉藏关系的发展》⑭，王晓燕《明代官营茶马贸易体制的衰落及原因》⑮，朴永焕《汉藏茶马贸易对明清时代汉藏关系发展的影响》⑯，

① 王河、王晓丹：《明代部分散佚茶书辑考与题录》，《农业考古》2008 年第 2 期。
② 丁以寿：《明代几种茶书成书年代再补》，《农业考古》2009 年第 5 期。
③ 丁以寿、夏涛、朱自振：《高元濬〈茶乘〉辨析》，《农业考古》2009 年第 2 期。
④ 邓爱红：《试论明代熊明遇的〈罗岕茶疏〉》，《农业考古》2009 年第 2 期。
⑤ 郭孟良：《晚明茶书的出版传播考察》，《浙江树人大学学报》2011 年第 1 期。
⑥ 谢玉杰：《明王朝与西北诸番地区的茶马贸易》，《西北民族研究》1986 年 00 期。
⑦ 陈一石：《明代茶马互市政策研究》，《中国藏学》1988 年第 3 期。
⑧ 赵毅：《明代的汉藏茶马互市》，《中国藏学》1989 年第 3 期。
⑨ 张维光：《明朝政府在青海的茶马互市政策述论》，《青海社会科学》1990 年第 3 期。
⑩ 谢玉杰：《杨一清茶马整顿案评述》，《西北民族研究》1990 年第 1 期。
⑪ 郭孟良：《明代的贡茶制度及其社会影响》，《郑州大学学报》1990 年第 3 期。
⑫ 郭孟良：《试论明代的“以茶治边”政策》，《中国边疆史地研究导报》1990 年第 3 期。
⑬ 郭孟良：《明代茶马贸易的展开及其管理制度》，《汉中师院学报》1991 年第 1 期。
⑭ 贾大全：《川茶输藏与汉藏关系的发展》，《社会科学研究》1994 年第 2 期。
⑮ 王晓燕：《明代官营茶马贸易体制的衰落及原因》，《民族研究》2001 年第 5 期。
⑯ 朴永焕：《汉藏茶马贸易对明清时代汉藏关系发展的影响》，四川大学博士论文，2003 年。

张学亮《明代茶马贸易与边政探析》①，邓前程《明代"限制边茶以制之"立法及其治藏主旨》②，马冠朝《明代官营茶马贸易体制的理论探析——制度建构》③，魏志静《明代茶法研究》④，陶德臣《元明茶叶市场管理机构述略》⑤，王平平《明代茶马互市研究》⑥，敏政《从明代汉藏间的茶马互市看明代的治藏政策》⑦，敏政《明代茶马互市若干问题研究》⑧，周重林《从俺答汗求茶看茶在明朝的政治地位》⑨，金燕红、武沐《明初茶马贸易衰败原因的再辨析》⑩ 等。

明代茶法研究的成果主要集中在涉及到汉藏关系和汉蒙关系的茶马贸易方面，但明朝内地的茶政研究较为薄弱，有必要进一步加强。

第三，关于茶业。

明代茶业研究方面，重要的著作主要有刘淼《明代茶业经济研究》⑪，对明代的茶政、茶业、茶户、茶课、茶马贸易等进行了较为深入的研究。

明代茶业研究的论文主要有：章传政《明代茶叶科技、贸易、文化研究》⑫，孙洪升《明清时期的茶叶焙制与加工技术探析》⑬，施由明《明代赣东北的种茶与茶害述论》⑭，赵驰《明代徽州茶业发展研究》⑮，

① 张学亮：《明代茶马贸易与边政探析》，《东北师大学报》2005 年第 1 期。
② 邓前程：《明代"限制边茶以制之"立法及其治藏主旨》，《四川师范大学学报》2006 年第 2 期。
③ 马冠朝：《明代官营茶马贸易体制的理论探析——制度建构》，《农业考古》2007 年第 5 期。
④ 魏志静：《明代茶法研究》，中国政法大学博士论文，2007 年。
⑤ 陶德臣：《元明茶叶市场管理机构述略》，《广东茶业》2008 年第 Z1 期。
⑥ 王平平：《明代茶马互市研究》，西北师范大学硕士论文，2010 年。
⑦ 敏政：《从明代汉藏间的茶马互市看明代的治藏政策》，《青海民族研究》2011 年第 4 期。
⑧ 敏政：《明代茶马互市若干问题研究》，西北师范大学硕士论文，2011 年。
⑨ 周重林：《从俺答汗求茶看茶在明朝的政治地位》，《青海民族研究》2012 年第 4 期。
⑩ 金燕红、武沐：《明初茶马贸易衰败原因的再辨析》，《西藏研究》2014 年第 2 期。
⑪ 刘淼：《明代茶业经济研究》，汕头大学出版社1997 年版。
⑫ 章传政：《明代茶叶科技、贸易、文化研究》，南京农业大学博士论文，2007 年。
⑬ 孙洪升：《明清时期的茶叶焙制与加工技术探析》，《古今农业》2009 年第 3 期。
⑭ 施由明：《明代赣东北的种茶与茶害述论》，《农业考古》2009 年第 5 期。
⑮ 赵驰：《明代徽州茶业发展研究》，安徽农业大学硕士论文，2010 年。

蒋钤铃《明清江西茶业研究》① 等。

明代茶业的研究总体十分薄弱，例如南方产茶各省的茶业研究竟只有涉及到江西、安徽的寥寥数篇论文，明代茶业在经济中的重要地位以及对社会的作用也未见充分论述，在此方面进一步拓展研究的空间还很大。

第四，关于茶文化。

明代茶文化研究的成果亦可分为著作和论文两类。

著作方面较重要的目前有 4 种。中国台湾学者吴智和《明清时代饮茶生活》② 其实是作者本人的一部论文集，收录了作者创作的明清茶文化论文 11 篇，钩沉史料，用力颇勤，选题新颖，另辟蹊径，将饮茶与社会、文化、哲理联系起来，该著作中的论文对之后的茶文化研究有很强的开创性意义，实为明代茶文化研究之滥觞。吴智和《明人饮茶生活文化》③ 从明代茶书、文集、笔记中收罗了大量史料，从茶书、茶事、茶寮、茶会、茶人几个方面论述了明代的饮茶生活文化，填补了明代社会生活史的一个空白，作者自称在研究过程中是"千山万水踽踽独行……是个人研究明史近三十年来的一种尝试"，以期"由饮茶生活解开明人文化的内涵"。中国台湾学者廖建智《明代茶酒文化之研究》④分为两篇，第一篇是《明代茶文化》，第二篇是《明代酒文化》，《明代茶文化》部分对明代的茶叶制作、饮茶内容、茶的精神、茶叶礼俗、茶寮、茶书等进行了广泛研究。廖建智《明代茶文化艺术》⑤ 其实是对前书"明代茶文化"部分的深化拓展，特别引人注目的是收集了明代茶画数十幅并进行了研究解读。20 世纪 80 年代以来，另外还有大量著作对明代茶文化有一定涉及，因为过于浩繁，且并不以明代茶文化研究为主，这里不再一一列举。

---

① 蒋钤铃：《明清江西茶业研究》，中央民族大学硕士论文，2013 年。
② 吴智和：《明清时代饮茶生活》，博远出版有限公司 1990 年版。
③ 吴智和：《明人饮茶生活文化》，明史研究小组，1996 年版。
④ 廖建智：《明代茶酒文化之研究》，万卷楼图书股份有限公司 2005 年版。
⑤ 廖建智：《明代茶文化艺术》，秀威资讯科技股份有限公司 2007 年版。

　　明代茶文化研究的论文主要有：吴智和《晚明茶人集团的饮茶性灵生活》①，吴智和《明代的茶人集团》②，吴智和《明代茶人的茶寮意匠》③，吴智和《明代茶人集团的社会组织——以茶会类型为例》④，吴智和《明代文人集团的茶文化生活》⑤，寇丹《芥茶与明代茶文化》⑥，胡长春、龙晨红、真理《从明代茶书看明人的茶文化取向》⑦，施由明《论明清文人与中国茶文化》⑧，施由明《明清中国皇室的饮茶生活》⑨，郑培凯《〈金瓶梅词话〉与明代饮茶文化》⑩，施由明《试析明清中国市民的生活情怀与市民茶文化》⑪，刘双《明代茶艺初探》⑫，徐国清《明朝时期浙江茶文化研究》⑬，邓爱红《试论明代熊明遇的罗芥茶诗》⑭，林玉洁《明代茶诗与明代文人的精神生活》⑮，王秀萍《明清茶美学思想研究》⑯，朱海燕、王秀萍、刘仲华《朱权〈茶谱〉的"清逸"审美思想》⑰，鲁烨《明代诗歌中的茶文化》⑱，袁薇《明中晚期文

---

　　①　吴智和：《晚明茶人集团的饮茶性灵生活》，《社会科学战线》1992 年第 4 期。
　　②　吴智和：《明代的茶人集团》，《传统文化与现代化》1993 年第 6 期。
　　③　吴智和：《明代茶人的茶寮意匠》，《史学集刊》1993 年第 3 期。
　　④　吴智和：《明代茶人集团的社会组织——以茶会类型为例》，《明史研究》第 3 辑，1993 年版。
　　⑤　吴智和：《明代文人集团的茶文化生活》，《中华食苑》第九集，中国社会科学出版社 1996 年版。
　　⑥　寇丹：《芥茶与明代茶文化》，《农业考古》1996 年第 4 期。
　　⑦　胡长春、龙晨红、真理：《从明代茶书看明人的茶文化取向》，《农业考古》2004 年第 4 期。
　　⑧　施由明：《论明清文人与中国茶文化》，《农业考古》2005 年第 4 期。
　　⑨　施由明：《明清中国皇室的饮茶生活》，《农业考古》2006 年第 5 期。
　　⑩　郑培凯：《〈金瓶梅词话〉与明代饮茶文化》，《中国文化》2006 年第 2 期。
　　⑪　施由明：《试析明清中国市民的生活情怀与市民茶文化》，《农业考古》2007 年第 5 期。
　　⑫　刘双：《明代茶艺初探》，华中师范大学硕士论文，2008 年。
　　⑬　徐国清：《明朝时期浙江茶文化研究》，中国农业科学院研究生院硕士论文，2009 年。
　　⑭　邓爱红：《试论明代熊明遇的罗芥茶诗》，《农业考古》2009 年第 5 期。
　　⑮　林玉洁：《明代茶诗与明代文人的精神生活》，中南大学硕士论文，2010 年。
　　⑯　王秀萍：《明清茶美学思想研究》，湖南农业大学博士论文，2010 年。
　　⑰　朱海燕、王秀萍、刘仲华：《朱权〈茶谱〉的"清逸"审美思想》，《湖南农业大学学报》第 2 期，2011 年。
　　⑱　鲁烨：《明代诗歌中的茶文化》，江南大学硕士论文，2011 年。

人饮茶生活的艺术精神》①，胡长春《明清时期中国茶文化的变革与发展》②，周向频、刘源源《晚明尚茶之风对江南文人园林的影响》③，张岳《养生视角下的中国明代茶文化研究》④，王建平《崇新改易 自成一家——屠隆与他的〈茶说〉》⑤ 等。

中国台湾学者吴智和是较早对明代茶文化进行深入研究的先行者，在20 世纪 90 年代取得了较大成就。沉寂一段时间以后，近年来一些学者从多角度对明代茶文化进行研究，也取得了一些成果。明代茶文化的研究成果虽然已经较为丰富，但对明代茶书中蕴含的茶文化以及茶书与当时社会的关系研究得还远远不够。如明代茶书中体现的茶叶的种植、采摘、制作、收藏，水的选择和评品，茶具的炉、盏、壶，茶艺中的泡茶、品茶以及品茗的环境及伴侣，茶书与儒、释、道的关系，茶书与明代隐逸之风的关系，茶书与明代士人的关系，茶书与商品经济的发展等方面还值得进一步探讨。明代茶书在种数上约占中国古代茶书的一半，如从文字篇幅上看也约占一半，而且茶书是茶文化最集中、最全面、最丰富的体现，从茶书角度研究茶文化及当时社会意义很大，在这方面研究的薄弱是一个很大的缺憾，这是笔者选择"明代茶书研究"为选题的重要原因。

三　本书结构和主要内容

下面列出本书的提纲，该提纲能反映本书的结构和主要内容。

绪论

一　选题依据和意义

---

① 袁薇：《明中晚期文人饮茶生活的艺术精神》，杭州师范大学 2011 年硕士论文。

② 胡长春：《明清时期中国茶文化的变革与发展》，《农业考古》2012 年第 5 期。

③ 周向频、刘源源：《晚明尚茶之风对江南文人园林的影响》，《同济大学学报》2012年第 5 期。

④ 张岳：《养生视角下的中国明代茶文化研究》，中国中医科学院硕士论文，2012 年。

⑤ 王建平：《崇新改易 自成一家——屠隆与他的〈茶说〉》，《农业考古》2012 年第 5期。

本书主要分为六部分，第一部分是绪论，第二到第五部分是正文的

第一到第四章，第六部分是结语。

绪论主要阐述本书的选题依据以及研究的意义、目前已有的相关研究成果、本书的框架结构和大致内容、研究的方法和创新点。第一章是明代茶书的综述，包括茶书的版本、种类和作者几个方面，茶书的版本主要论述古代（截止到 1912 年）流传到现在的版本，茶书的种类从以下几个角度论述：原创性、内容和地域，茶书作者从作者的身份、籍贯和时代这几个角度论述。第二章主要论述明代茶书的内容，包括茶、水、茶具、茶艺几个方面。茶的方面，涉及到茶叶的种植、采摘、制作以及收藏。水的方面，一是水的选择标准，主要是清、流、轻、甘、寒，二是对天下之水的品评，包括等次派和美恶派，三是水的保存。茶具方面，明代茶具最重要的无疑是炉、盏和壶。茶艺方面，除了泡茶的技艺和品茶的技艺，环境以及茶侣的选择也非常重要。第三章论述明代茶书与儒家、佛教和道家（道教）的关系。明代儒士撰写了大量茶书，这些茶书体现了儒家丰富的和谐、中庸、礼仪和人格等思想。明代僧人参与了一些茶书的撰写，许多茶书作者深受佛教思想影响，明代茶书表现了僧人大量开展茶业生产、嗜茶并精于茶艺。许多明代茶书作者深受道家思想影响，大量茶书表现了道士嗜茶、种茶以及道家道法自然、养生乐生的思想。第四章论述明代茶书与明代社会的关系，包括明代茶书与明代隐逸之风、明代茶书与商品经济的发展、明代茶书与明代士人几个方面。

四　研究方法和创新

本书在研究中将采用多学科的方法，论证并且阐发明代茶书中包含的丰富茶文化以及茶书与明代社会的关系。研究方法列举如下：

第一是历史学的方法，本书是史学著作，首先必须运用史学的一些基本方法，如对史料的搜集、整理和阐释，要对史料进行归纳与演绎、对比、分析与综合，要综合运用历史与逻辑的方法，在研究中要将明代茶书放到中国历史的大的政治、经济与文化的脉络中去考察等等。

第二是农学的方法，因为茶叶是一种农作物，缺乏茶叶的种植、加工、成分以及气候、土壤等基本农学知识，研究将无法深入。

第三是考古学的方法，因为本书要涉及到中国古代的茶具，而茶具的主流是陶瓷，有必要吸收考古学中大量有关陶瓷的研究内容和方法。

第四是哲学的方法，中国古代的茶文化深受儒家、佛教、道家思想的影响，文人常将自己的一些哲理思想赋予茶叶之中，茶书的写作者也普遍受到儒释道三家的深刻影响，会潜移默化地反映到茶书之中。

第五是文艺学和艺术学的方法，一些茶书本身就是优美的文学作品，研究中还要涉及到许多文学体裁的作品如诗歌、散文、小说和戏剧等，另外本书的研究还要结合中国古代一些反映茶文化内容的绘画、书法作品，所以本书需要借助文艺学和艺术学的理论和方法。

本书研究思路如下：

第一步，原始资料的收集。史料是史学研究的基础，没有史料，研究就成了无本之木、无源之水。包含有关这一论题的史料散见于各种正史、杂史、专史、方志、类书、笔记杂说和资料档案汇编等各类著作之中。《四库全书》《续修四库全书》《四库存目丛书》《四库禁毁书丛刊》《四库未收书辑刊》《丛书集成初编》《丛书集成续编（上海书店出版）》《丛书集成续编（新文丰出版公司出版）》《丛书集成三编》《丛书集成新编》等丛书以及《中国丛书综录》《中国古籍善本书目》能够为史料的搜集起到很大引导作用。

第二步，充分掌握前人研究成果。前人研究成果是进一步研究的基础，只有最大限度了解并掌握这一领域前人的研究成果，才有可能在充分尊重前人的基础上超越前人，进行理论和学术创新，避免重复研究。前人研究成果可通过图书馆和网络（如中国知网、读秀网站、万方数据库、超星数字图书馆等）进行查阅。

第三步，观点的提出和著作的撰写。在此阶段的任务是对史料进行分析、鉴别、阐释，参考前人研究成果，充分利用历史学并借鉴农学、考古学、哲学、文艺学、艺术学等多学科的方法，在前人基础上酝酿自己的观点，最后形成尽可能接近客观真实和历史原貌的研究成果。

本书的创新点及特色主要在以下三个方面：

一是通过明代茶书的研究来深入探讨并挖掘明代的茶文化。明代茶书是明代茶文化最全面和集中的体现，但目前的研究主要集中在版本和校雠方面；至于茶书中蕴含的丰富茶文化，要么是零星涉及，要么是些通俗性的介绍，通过茶书来全面研究明代茶文化的成果尚付阙如。本书的研究能够深化对中国茶史和明代历史的认识。

二是从明代茶书的角度来研究明代社会，这是本书最大的创新点。茶书能够反映许多明代文人的思想，一些文人写作茶书也有其特定的时代背景和动机。中国古代半数茶书出现于明代，明代绝大多数茶书又出现在嘉靖以后的晚明时期，这与明后期许多文人的隐逸思想有关，也与晚明社会的转型、商品经济的发展以及出版业的繁荣密切相关。

三是明代茶书的研究有很强的现实意义。笔者希望本书的研究在一定程度上可以起到促进茶业经济的发展、弘扬传统文化的作用。

第一章　明代茶书的版本、种类和作者

　　根据《中国古籍善本书目》和一些大型丛书统计，现存的明代茶书共有 50 种，其版本截止至 1912 年。明代文人流行撰写茶书，现存明代茶书只能是历史上曾经存在过的茶书的一小部分，大量茶书湮没于历史风尘。明代茶书的种类，可从原创性、内容和地域三个角度来区分。从原创性角度看，明代茶书可分为原创茶书、半原创半汇编茶书、汇编茶书三类；从内容角度看，明代茶书可分为综合类茶书和专题类茶书，相关专题有茶叶、水、茶具、茶艺、茶文学、茶人和茶法；从地域角度看，明代茶书可分为全国性茶书和地域性茶书。明代茶书的作者从身份看，无官职的文人占半数强，官僚占半数弱；从籍贯来看，茶书作者绝大部分是南方人，南方各省中南直隶和浙江两省最多，其次为江西和福建两省；从年代看，茶书作者绝大部分生活于嘉靖以后的晚明时期，而且年代越往后，茶书作者越密集。

第一节　茶书的版本

　　明代是中国古代史上茶书的高峰时期。明末清初黄虞稷编纂的《千顷堂书目》已收录了大批茶书。该书卷九记载的明代茶书有："胡彦《茶马类考》六卷，陈讲《茶马志》四卷（遂宁人，嘉靖缺，进士，山西提学副使），谭宣《茶马志》（蓬溪人），徐彦登《历朝茶马奏议》四卷……夏树芳《酒颠》四卷又《茶董》四卷（图1－1），宁献王权《臞山茶谱》[1] 一卷，顾元庆《茶具图》一卷又《大石山房十友谱》一卷又《茶谱》二卷，田艺蘅《煮泉小品》一卷（图1－2），徐㶶《茗笈》三十卷，张源《茶录》一卷（字伯渊）…… 屠本畯《茗笈》三卷，陆树声《茶寮记》一卷，许然明《岕茶疏》一卷，冯可宾《岕茶笺》一卷，高元濬《茶乘》四卷，陈克勤《茗林》一卷，罗廪《茶解》一卷，朱曰藩、盛时泰《茶事汇辑》四卷（一名《茶薮》），万邦宁《茗史》二卷，程伯二《品茶要录补》一卷。”[2] 另外该书卷十五收录了司马奉编辑的丛书《文献汇编》，该丛书中亦有数种明代茶书，包括顾元庆《茶谱》、钱椿年《茶谱》和朱存理《茶具谱》。[3] 去除重复，共得茶书23种。

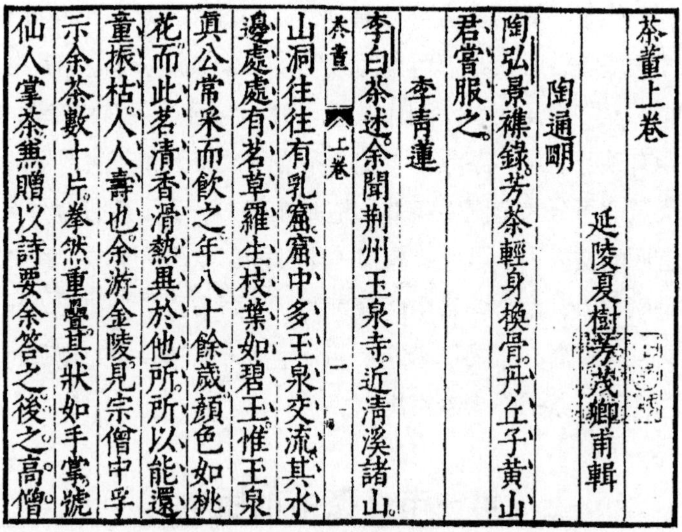
茶董上卷
延陵夏樹芳茂卿甫輯
陶通明
陶弘景雜錄芳茶輕身換骨丹丘子黄山
君嘗服之
李青蓮
李白茶述余聞荆州玉泉寺近清溪諸山
茶董　上卷　一
山洞往往有乳窟窟中多玉泉交流其水
邊處處有茗草羅生枝葉如碧玉惟玉泉
眞公常采而飲之年八十餘歲顔色如桃
花而此茗清香滑熟異於他所所以能還
童振枯人人壽也余游金陵見宗僧中孚
示余茶數十片拳然重疊其狀如手掌號
仙人掌茶兼贈以詩要余答之後之高僧

图1－1　夏树芳《茶董》书影

---

① 按宁献王朱权号臞仙，此处书名有误，应为《臞仙茶谱》，非《臞山茶谱》。

② （清）黄虞稷：《千顷堂书目》卷9，《景印文渊阁四库全书》第676册，台湾商务印书馆1986年版。

③ （清）黄虞稷：《千顷堂书目》卷15，《景印文渊阁四库全书》第676册，台湾商务印书馆1986年版。

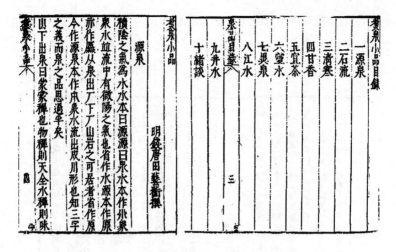

图 1 - 2　田艺蘅《煮泉小品》书影

编纂于清乾隆年间的《钦定续通志·艺文略》亦记载了若干明代茶书："《茶马类考》六卷（明胡彦撰）①……《水品》二卷（明徐献忠撰）（图 1 - 3），《茶寮记》一卷（明陆树声撰），《煮泉小品》一卷（明田艺蘅撰），《茶约》一卷（明何彬然撰），《别本茶经》三卷（明汤显祖撰），《茶董》二卷（明夏树芳撰），《茗笈》二卷（明屠本峻撰），《茗史》二卷（明万邦宁撰），《茶疏》一卷（明许汝纾撰）……以上见《四库全书存目》。"② 共计茶书 10 种，这些茶书均是被《四库全书》存目的图书，其中将《茗笈》作者屠本畯误为"屠本峻"，将《茶疏》的作者许次纾误为"许汝纾"。《钦定续文献通考·经籍考》则共记载明代茶书 9 种："胡彦《茶马类考》六卷（彦沔阳人，嘉靖进士，官巡察茶马御史）……徐献忠《水品》二卷（献忠见史类），陆树声《茶寮记》一卷（树声见杂家类）（图 1 - 4），田艺衡《煮泉小品》一卷（艺衡见经类），何彬然《茶约》一卷（彬然字文长，一字宁野，蕲州人），夏树

----

① 本处《钦定续通志·艺文略》和下文《钦定续文献通考·经籍考》引文中括号内的内容为原作者对正文的注文。

② （清）嵇璜、曹仁虎等：《钦定续通志》卷 159《艺文略》，《景印文渊阁四库全书》第 394 册，台湾商务印书馆 1986 年版。

芳《茶董》二卷（树芳见史类），屠本畯《茗笈》二卷、《闽中海错疏》三卷（本畯见杂家类），万邦宁《茗史》二卷（邦宁奉节人，天启进士），许次纾《茶疏》一卷（次纾字然明，钱塘人）。”①

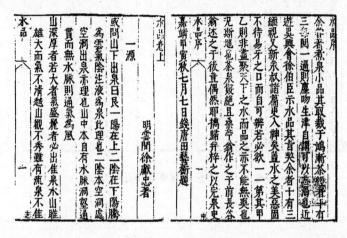

水品序
余嘗著煮泉小品其取裁于鴻漸茶經者十有
三每閲一過則塵吻生津自謂可以忘渴也近
遊吳興會徐伯臣示水品其旨契余者十有三
緬視又新永叔諸篇更入神矣蓋水之美惡固
不待易牙之口而自可辨若必欲一一第其甲
乙則非盡聚天下之水而品之亦不能無爽也
況斯地茶泉雙絶且桑苧翁作之于前長谷
翁述之于後豈偶然耶攜歸并梓之以完泉史
嘉靖甲寅秋七月七日錢唐田藝蘅題
水品序 一

水品卷上
明雲間徐獻忠著
一源
或問山下出泉曰艮一陽在上二陰在下陽騰
爲雲氣陰注液爲泉此理也二陰本空洞處
空洞出泉亦理也山中本自有水脉洞壑通
貫而無水脉則通氣爲風
山深厚者若大者氣盛麗者必出佳泉水山雖
雄大而氣不清越山觀不秀雖有流泉不佳
水品 一

图 1－3 徐献忠《水品》书影

茶寮記
明華亭陸樹聲著
園居敞小寮於嘯軒埤垣之西中設茶竈凡瓢
汲罌注濯拂之具咸庀擇一人稍通茗事者主
之一人佐炊汲客至則茶烟隱隱起竹外其禪
客過從予者每與余相對結跏趺坐啜茗汁舉
無生話終南僧明亮者近從天池來餉余天池
苦茶授余烹點法甚細余嘗受其法於陽羨士
人大率先火候其次候湯所謂蟹眼魚目參沸
茶寮記 一 二
沫沉浮以驗生熟者法皆同而僧所烹點絶味
清乳面不黟是具入清淨味中三昧者要之此
一味非眠雲跂石人未易領略余方遠俗雅意
禪棲安知不因是遂悟入趙州耶時杪秋旣望
適園無諍居士與五臺僧演鎮終南僧明亮同
試天池茶於茶寮中謾記
煎茶七類
一人品
煎茶非漫浪要須其人與茶品相得故其法每

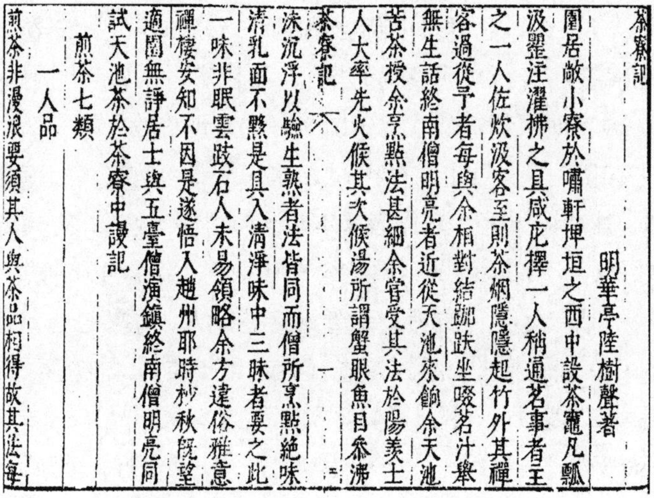

图 1－4 陆树声《茶寮记》书影

① （清）嵇璜、曹仁虎等《钦定续文献通考》卷 168、181《经籍考》，《景印文渊阁四库全书》第 630 册，台湾商务印书馆 1986 年版。

　　《千顷堂书目》《钦定续通考》《钦定续文献通考》等古籍记载的
茶书实际只是明代曾出现过的茶书的一小部分，经过几百年的时光，大
量茶书（包括少量上述茶书）散佚，但现存明代茶书数量仍大大超过
这几种著作的收录。《四库全书》没有著录明代茶书，根据《中国古籍
善本书目》《四库全书存目丛书》《续修四库全书》《丛书集成初编》
《丛书集成新编》《丛书集成续编》（新文丰出版公司出版）《丛书集成
续编》（上海书店出版社出版）和《古今图书集成》可以统计出现存明
代茶书的数量以及相关版本信息。参见表 1 至表 8：

表1　　　　　　　　《中国古籍善本书目》中明代茶书版本信息①

书名	作者	版本信息
《茶谱》	朱权	《艺海汇函》九十二种一百六十一卷（明梅纯编，明抄本）
《茶谱》	顾元庆	《茶书》二十七种三十三卷（明喻政编，明万历四十一年刻本），《山居杂志》二十三种四十一卷（明汪士贤辑，明万历汪氏刻本），《说郛续》四十六卷（明陶珽编，清顺治三年李际期宛委山堂刻本），《百家名书》一百种二百二十三卷（明胡文焕编，明万历胡氏文会堂刻本），《居家必备》（明末刻本），《欣赏续编》十种十卷（明茅一相编，明万历八年茅一相刻本），《顾氏明朝四十家小说》四十种四十三卷（顾元庆编，明嘉靖十八年至二十年顾氏大石山房刻本）
《水辨》	真清	明万历十六年秋水斋刻本，明乐元声刻本，《山居杂志》二十三种四十一卷（明汪士贤辑，明万历汪氏刻本）
《茶经外集》	真清	明嘉靖二十二年柯□刻本
《煮泉小品》	田艺蘅	《茶书》二十七种三十三卷（明喻政编，明万历四十一年刻本），《说郛续》四十六卷（明陶珽编，清顺治三年李际期宛委山堂刻本），《锦囊小史》四十一种四十二卷（明末刻本）

　　① 中国古籍善本书目编辑委员会：《中国古籍善本书目》，上海古籍出版社 1989、1990、1993、1994、1996、1998 年出版。

书名	作者	版本信息
《水品》	徐献忠	《茶书》二十七种三十三卷（明喻政编，明万历四十一年刻本），《说郛续》四十六卷（明陶珽编，清顺治三年李际期宛委山堂刻本），《夷门广牍》一百七种一百六十五卷（明周履靖编，明万历二十五年金陵荆山书林刻本）①
《茶寮记》	陆树声	《茶书》二十七种三十三卷（明喻政编，明万历四十一年刻本），《程氏丛刻》九种十三卷（明程百二编，明万历四十三年程百二、胡之衍刻本），《说郛续》四十六卷（明陶珽编，清顺治三年李际期宛委山堂刻本），《亦政堂镌陈眉公普秘籍》一集五十种八十八卷（明陈继儒编，明刻本）②，《枕中秘》二十二种二十二卷（清卫泳编，明末刻本），《夷门广牍》一百七种一百六十五卷（明周履靖编，明万历二十五年金陵荆山书林刻本）
《煎茶七类》	徐渭	《说郛续》四十六卷（明陶珽编，清顺治三年李际期宛委山堂刻本），《居家必备》（明末刻本），《锦囊小史》四十一种四十二卷（明末刻本），《水边林下》五十九种不分卷（题湖南漫士辑，清初刻本）
《茶考》	陈师	《茶书》二十七种三十三卷（明喻政编，明万历四十一年刻本）
《茶经外集》	孙大绶	明万历十六年秋水斋刻本，《山居杂志》二十三种四十一卷（明汪士贤辑，明万历汪氏刻本）
《茶谱外集》	孙大绶	明万历十六年秋水斋刻本，《山居杂志》二十三种四十一卷（明汪士贤辑，明万历汪氏刻本）
《茶说》	屠隆	《茶书》二十七种三十三卷（明喻政编，明万历四十一年刻本），《广百川学海》一百三十种一百五十六卷（明冯可宾编，明末刻本）③，《锦囊小史》四十一种四十二卷（明末刻本）④
《茶集》	胡文焕	《百家名书》一百种二百二十三卷（明胡文焕编，明万历胡氏文会堂刻本）
《茶录》	张源	《茶书》二十七种三十三卷（明喻政编，明万历四十一年刻本）

---

① 《夷门广牍》版本中书名标为《水品全秩》。
② 《亦政堂镌陈眉公普秘籍》版本中书名标为《陈眉公订正茶寮记》。
③ 《广百川学海》版本中书名标为《茶笺》。
④ 《锦囊小史》版本中书名标为《茶笺》。

续表

书名	作者	版本信息
《茶疏》	许次纾	《茶书》二十七种三十三卷（明喻政编，明万历四十一年刻本），《说郛续》四十六卷（明陶珽编，清顺治三年李际期宛委山堂刻本），《雪堂韵史》七十六种七十九卷（明王道焜编，明崇祯竹屿刻本），《广百川学海》一百三十种一百五十六卷（明冯可宾编，明末刻本），《锦囊小史》四十一种四十二卷（明末刻本），《亦政堂镌陈眉公普秘籍》一集五十种八十八卷（明陈继儒编，明刻本）①
《茶话》	陈继儒	《茶书》二十七种二十三卷（明喻政编，明万历四十一年刻木）
《茶经》	张丑	《张氏藏书》十二种十五卷（明张丑编，明万历刻本，清丁丙跋），《张氏藏书》十二种十五卷（明张丑编，明万历刻本，叶德辉、叶启勋、叶启发跋）
《茶录》	冯时可	《说郛续》四十六卷（明陶珽编，清顺治三年李际期宛委山堂刻本）
《茶乘》	高元濬	明天启刻本（南京大学图书馆藏）
《茶乘拾遗》②	高元濬	明天启刻本（南京大学图书馆藏）
《茶录》	程用宾	明万历三十二年戴凤仪刻本
《罗岕茶记》	熊明遇	《说郛续》四十六卷（明陶珽编，清顺治三年李际期宛委山堂刻本）
《茶笺》	闻龙	《说郛续》四十六卷（明陶珽编，清顺治三年李际期宛委山堂刻本）
《茶解》	罗廪	《茶书》二十七种三十三卷（明喻政编，明万历四十一年刻本），明万历刻本，《说郛续》四十六卷（明陶珽编，清顺治三年李际期宛委山堂刻本），
《茗笈》	屠本畯	《茶书》二十七种三十三卷（明喻政编，明万历四十一年刻本），《山居小玩》十种十四卷（明毛晋编，明末毛氏汲古阁刻本），《群芳清玩》十二种十六卷（明李屿编，明末毛氏汲古阁刻本）

---

① 《亦政堂镌陈眉公普秘籍》版本中书名标为《陈眉公订正许然明先生茶疏》。

② 朱自振等《中国古代茶书集成》（上海文化出版社 2010 年版，第 269 页）将《茶乘拾遗》作为《茶乘》的组成部分，未单列为茶书，方健《中国茶书全集校证》（中州古籍出版社 2015 年版，第 1179 页）亦作此处理。本书认为将《茶乘拾遗》作为独立茶书更合适。

书名	作者	版本信息
《茗笈品藻》①	王嗣奭等人	《茶书》二十七种三十三卷（明喻政编，明万历四十一年刻本），《山居小玩》十种十四卷（明毛晋编，明末毛氏汲古阁刻本），《群芳清玩》十二种十六卷（明李羽编，明末毛氏汲古阁刻本）
《蔡端明别纪》②	徐㶿	《茶书》二十七种三十三卷（明喻政编，明万历四十一年刻本）
《茗谭》	徐㶿	《茶书》二十七种三十三卷（明喻政编，明万历四十一年刻本）
《茶董》	夏树芳	明万历夏氏清远楼刻本，明万历刻本（北京大学图书馆藏）
《茶董补》	陈继儒	明万历刻本（北京大学图书馆藏）
《蒙史》	龙膺	《茶书》二十七种三十三卷（明喻政编，明万历四十一年刻本），
《茶集》	喻政	《茶书》二十七种三十三卷（明喻政编，明万历四十一年刻本）
《烹茶图集》③	喻政	《茶书》二十七种三十三卷（明喻政编，明万历四十一年刻本）
《茶书》	喻政	《茶书》二十七种三十三卷（明喻政编，明万历四十一年刻本）

---

① 《茗笈品藻》本为王嗣奭等人对屠本畯《茗笈》的评论，《茗笈》的最早版本万历四十一年刻喻政《茶书》本已将《茗笈品藻》单独列出作为一种茶书，故本书把《茗笈品藻》作为独立的茶书，而不作为《茗笈》的附录。《中国古籍善本书目》将之作为单独茶书，标为"《茗笈品藻》一卷，王嗣奭等撰"，而万国鼎《茶书总目提要》（王思明等《万国鼎文集》，中国农业科学技术出版社 2005 年版，第 351 页）将《茗笈品藻》作为《茗笈》的附录，未作为单独茶书，朱自振等《中国古代茶书集成》（上海文化出版社 2010 年版，第 332—343 页）和方健《中国茶书全集校证》（中州古籍出版社 2015 年版，第 865 页）亦将《茗笈品藻》作为《茗笈》的附录部分。

② 该茶书本为徐㶿《蔡端明别纪》的卷 7 部分《茶癖》，喻政编纂《茶书》时将之辑出收入，书名仍定为《蔡端明别纪》，只是正文中书名后另起一行有次标题《茶癖》。朱自振等《中国古代茶书集成》（上海文化出版社 2010 年版，第 326—331 页）为避免与原书发生混淆误解，将书名改题为《蔡端明别纪·茶癖》，方健《中国茶书全集校证》（中州古籍出版社 2015 年版，第 831 页）亦作此处理，本书下文叙述时从之。

③ 《中国古籍善本书目》将之作为独立茶书，标为"《烹茶图集》一卷，明喻政辑"，方健《中国茶书全集校证》（中州古籍出版社 2015 年版，第 922 页）亦将之作为独立茶书，而万国鼎《茶书总目提要》（王思明等《万国鼎文集》，中国农业科学技术出版社 2005 年版，第 353 页）将《烹茶图集》作为喻政《茶集》的附录，不列为独立茶书，朱自振等《中国古代茶书集成》（上海文化出版社 2010 年版，第 383—405 页）亦将《烹茶图集》作为喻政《茶集》的附录部分，但《烹茶图集》在内容上与喻政《茶集》并无直接关联，作为独立茶书更合适。

续表

书名	作者	版本信息
《茶说》	黄龙德	《程氏丛刻》九种十三卷（明程百二编，明万历四十三年程百二、胡之衍刻本），
《品茶要录补》	程百二	《程氏丛刻》九种十三卷（明程百二编，明万历四十三年程百二、胡之衍刻本）
《历朝茶马奏议》	徐彦登	明万历刻本（南京大学图书馆藏）
《茗史》	万邦宁	清抄本（南京图书馆藏）
《运泉约》	李日华	《说郛续》四十六卷（明陶珽编，清顺治三年李际期宛委山堂刻本）
《岕茶笺》	冯可宾	《说郛续》四十六卷（明陶珽编，清顺治三年李际期宛委山堂刻本），《广百川学海》一百三十种一百五十六卷（明冯可宾编，明末刻本），《锦囊小史》四十一种四十二卷（明末刻本），《水边林下》五十九种不分卷（题湖南漫士辑，清初刻本），《别编五十种》五十卷（清杨复吉编，稿本）
《茶谱》	朱祐槟	《清媚合谱》十六卷（明朱祐槟编，明崇祯刻本）
《品茶八要》	华淑	《闲情小品》二十七种二十八卷附录一卷（明华淑编，明刻本）①
《阳羡茗壶系》	周高起	《一瓻笔存》一百十三种（清管庭芬编，稿本）
《洞山岕茶系》	周高起	清乾隆卢文弨抄本（清卢文弨、丁丙跋），《一瓻笔存》一百十三种（清管庭芬编，稿本）
《茶酒争奇》	邓志谟	《七种争奇》二十卷（清邓志谟辑②，清春雨堂刻本）
《茶苑》	黄履道	清抄本（北京图书馆藏）
《茶书》	醉茶消客	《茶书》七种七卷（明抄本，南京图书馆藏）
《茶书》	佚名	《茶书》十三种十五卷（明末刻本，山东省图书馆藏）

---

① 明《闲情小品》本《品茶八要》题为"武陵华淑辑，昆陵张玮订"。
② 按此处有误，邓志谟是明人，不是清人，生活年代未入清。

表2　　　　　　《四库全书存目丛书》中的明代茶书版本信息①

书名	作者	版本信息	册次
《马政志》②	陈讲	四川省图书馆藏明嘉靖刻本	史部第 276 册
《茶寮记》	陆树声	湖南图书馆藏明万历四十一年刻《茶书》二十种本	子部第 79 册
《茶董》	夏树芳	中国科学院图书馆藏明刻本	子部第 79 册
《茗笈》	屠本畯	湖南图书馆藏明万历四十一年刻《茶书》二十种本	子部第 79 册
《茗笈品藻》③	屠本畯	湖南图书馆藏明万历四十一年刻《茶书》二十种本	子部第 79 册
《茗史》	万邦宁	南京图书馆藏清钞本	子部第 79 册
《茶疏》	许次纾	湖南图书馆藏明万历四十一年刻《茶书》二十种本	子部第 79 册
《水品》	徐献忠	湖南图书馆藏明万历四十一年刻《茶书》二十种本	子部第 79 册

---

① 《四库全书存目丛书》编纂委员会：《四库全书存目丛书》，齐鲁书社 1995 年版。

② 此版本的《马政志》仅残存卷 1、卷 4 部分。万国鼎《茶书总目提要》指出，"《茶马志》见《千顷堂书目》典故类。按此即《四库全书总目提要》（政书类存目）所说《马政志》四卷"（王思明等《万国鼎文集》，中国农业科学技术出版社 2005 年版，第 343 页）。王河、朱黎明《陈讲与〈茶马志〉》和方健《中国茶书全集校证》亦均认为陈讲《马政志》即黄虞稷《千顷堂书目》收录的陈讲《茶马志》。至于为何一书有二名，王河、朱黎认为此书原本名《马政志》，但"（《千顷堂书目》首先将《马政志》著录成《茶马志》。后《明史·艺文志》亦著录成为'陈讲《茶马志》四卷'。故以后相沿成习，《马政志》书名反多不被人知晓"（《陈讲与〈茶马志〉》，《农业考古》，2005 年第 2 期，第 250—260 页）。方健亦认为此书本名《马政志》，"是书，《千顷堂书目》卷九、《明史》卷九七皆著录为《茶马志》，实误"（《中国茶书全集校证》，中州古籍出版社 2015 年版，第 3056—3057 页）。另外，《续修四库全书》版本的《马政志》书后有钤印"成都李一氓"之题字曰"《明史·艺文志》有陈讲《茶马志》四卷，当即是书，卷合而异名，或重修时改易今名欤？杨时乔别有《马政志》十二卷，见《明史·艺文志》。陈讲四川遂宁人"（《续修四库全书》第 859 册，上海古籍出版社第 57 页）。李一氓为今人，曾任国务院古籍整理出版规划小组组长。李一氓提出此书有可能本名《茶马志》，后重修时易名《马政志》。以上诸人的观点并不完全相同，共同点是认为，陈讲《马政志》即陈讲的《茶马志》，但此结论并无确凿证据，仅为揣测。其实，并不能排除陈讲除著有《马政志》四卷外，确实另外还著有《茶马志》四卷的可能性，或者《马政志》卷 1 部分《茶马》曾以《茶马志》四卷的形式存在过也是一种可能。存疑待考。本书姑且认为《马政志》即为陈讲《茶马志》。

③ 《茗笈品藻》附于屠本畯《茗笈》之后，未单列为一种茶书。

续表

书名	作者	版本信息	册次
《煮泉小品》	田艺蘅	湖南图书馆藏万历四十一年刻《茶书》二十种本	子部第 80 册
《茶经》①	汤显祖	台湾汉学研究中心明刻本	补编第 95 册

表 3　　　　　　《续修四库全书》中的明代茶书版本信息②

书名	作者	版本信息	册次
《茶谱》	顾元庆	南京图书馆藏明刻本	子部·谱录类第 1115 册
《茶乘》	高元濬	南大图书馆藏明天启刻本	子部·谱录类第 1115 册
《茶乘拾遗》③	高元濬	南大图书馆藏明天启刻本	子部·谱录类第 1115 册
《茗史》	万邦宁	南京图书馆清抄本	子部·谱录类第 1115 册
《马政志》④	陈讲	天一阁藏明嘉靖三年刻本	史部·政书类第 859 册

表 4　　　　　　《丛书集成初编》中的明代茶书版本信息⑤

书名	作者	版本信息	册次
《茶疏》	许次纾	《宝颜堂秘籍》本	应用科学·饮食第 1480 册
《茶寮记》	陆树声	《夷门广牍》本	应用科学·饮食第 1480 册
《茶董补》	陈继儒	《海山仙馆丛书》本	应用科学·饮食第 1480 册

表 5　　　　　　《丛书集成新编》中的明代茶书版本信息⑥

书名	作者	版本信息	册次
《水品全秩》⑦	徐献忠	《夷门广牍》本	应用科学类第 47 册

---

① 纪昀等《钦定四库全书总目》（卷 116《子部二十六·谱录类存目》）中书名标为《别本茶经》。

② 《续修四库全书》编纂委员会：《续修四库全书》，上海古籍出版社 2002 年版。

③ 《茶乘拾遗》附于《茶乘》之后。

④ 该版本《马政志》残存卷 1、卷 2 和卷 4 部分。一般认为陈讲《马政志》即黄虞稷《千顷堂书目》收录的陈讲《茶马志》。

⑤ 王云五：《丛书集成初编》，商务印书馆 1936 年版。

⑥ 新文丰出版公司：《丛书集成新编》，新文丰出版公司 1986 年版。

⑦ 该书即徐献忠《水品》。

续表

书名	作者	版本信息	册次
《煮泉小品》	田艺蘅	《宝颜堂秘籍》本	应用科学类第 47 册
《茶疏》	许次纾	《宝颜堂秘籍》本	应用科学类第 47 册
《茶寮记》	陆树声	《夷门广牍》本	应用科学类第 47 册
《茶董补》	陈继儒	《海山仙馆丛书》本	应用科学类第 47 册

表 6 《丛书集成续编》（新文丰出版公司出版）中的明代茶书版本信息①

书名	作者	版本信息	册次
《岕茶笺》	冯可宾	《昭代丛书》本	应用科学类第 86 册
《洞山岕茶系》	周高起	《常州先哲遗书》本	应用科学类第 86 册
《阳羡茗壶系》	周高起	《常州先哲遗书》本	应用科学类第 90 册

表 7 《丛书集成续编》（上海书店出版社出版）中的明代茶书版本信息②

书名	作者	版本信息	册次
《岕茶笺》	冯可宾	《昭代丛书》本	子部·农家类·作物之属第 79 册
《洞山岕茶系》	周高起	《常州先哲遗书》本	子部·农家类·作物之属第 79 册
《阳羡茗壶系》	周高起	《常州先哲遗书》本	子部·工艺类·日用器物之属第 79 册
《品茶八要》	华淑	《闲情小品》本	子部·艺术类·饮食之属第 87 册

表 8 《古今图书集成》中的明代茶书版本信息③

书名	作者	册次，类别
《水品》	徐献忠	第 053 册，方舆汇编·坤舆典第 25 卷泉部·汇考一
《煮泉小品》	田艺蘅	第 053 册，方舆汇编·坤舆典第 31 卷泉部·汇考一
《茶寮记》	陆树声	第 699 册，经济汇编·食货典第 290 卷茶部·汇考七
《茶谱》	顾元庆	第 699 册，经济汇编·食货典第 290 卷茶部·汇考七

---

① 新文丰出版公司：《丛书集成续编》，新文丰出版公司 1988 年版。
② 上海书店出版社：《丛书集成续编》，上海书店出版社 1994 年版。
③ （清）陈梦雷：《古今图书集成》，中华书局 1934 年版。

续表

书名	作者	册次，类别
《茶录》	冯时可	第699册，经济汇编·食货典第290卷茶部·汇考七
《罗岕茶记》	熊明遇	第699册，经济汇编·食货典第290卷茶部·汇考七
《茶疏》	许次忬①	第699册，经济汇编·食货典第290卷茶部·汇考七
《茶笺》	闻龙	第699册，经济汇编·食货典第290卷茶部·汇考七
《茶解》	罗廪	第699册，经济汇编·食货典第290卷茶部·汇考七

　　去除重复，共计现存明代茶书有50种，分别是：朱权《茶谱》、陈讲《茶马志》、顾元庆《茶谱》、真清《水辨》、真清《茶经外集》、田艺蘅《煮泉小品》、徐献忠《水品》、陆树声《茶寮记》、徐渭《煎茶七类》、陈师《茶考》、孙大绶《茶经外集》、孙大绶《茶谱外集》、屠隆《茶说》、胡文焕《茶集》、张源《茶录》、许次纾《茶疏》、汤显祖《茶经》、陈继儒《茶话》、张丑《茶经》、冯时可《茶录》、高元濬《茶乘》、高元濬《茶乘拾遗》、程用宾《茶录》、熊明遇《罗岕茶记》、闻龙《茶笺》、罗廪《茶解》、屠本畯《茗笈》、王嗣奭等《茗笈品藻》、徐㶿《蔡端明别纪·茶癖》、徐㶿《茗谭》、夏树芳《茶董》、陈继儒《茶董补》、龙膺《蒙史》、喻政《茶集》、喻政《烹茶图集》，喻政《茶书》、黄龙德《茶说》、程百二《品茶要录补》、徐彦登《历朝茶马奏议》②、万邦宁《茗史》、李日华《运泉约》、冯可宾《岕茶笺》、朱祐槟《茶谱》、华淑《品茶八要》、周高起《阳羡茗壶系》、周高起《洞山岕茶系》、邓志谟《茶酒争奇》、黄履道《茶苑》、醉茶消客《茶书》、佚名《茶书》。

　　在此，对醉茶消客《茶书》和佚名《茶书》的书名有必要特别说明一下。有些学者认为醉茶消客《茶书》书名是《茶书七种》，佚名

---

　　① 《古今图书集成》将《茶疏》作者标为许次忬，误，应为许次纾。

　　② 方健《中国茶书全集校证》（中州古籍出版社2015年版，第3793页）疑《历朝茶马奏议》已佚，误，参见黄吉宏《儒士"茶法马政"的对策性考略——以徐彦登〈历朝茶马奏议〉为中心》（《农业考古》，2016年第2期，第166—170页）。

《茶书》是《茶书十三种》，这其实是错误的。《中国古籍善本书目》凡收录的丛书常会在书名后加上"若干种若干卷"字样，这是表明这种著作的信息，并非书名，如"《山居杂志》二十三种四十一卷"①"《芝园秘录初刻》七种十四卷"② 等等。醉茶消客和佚名分别所编图书书名应该都为《茶书》。③

但一些现代人统计的现存明代茶书数量却往往并不符合 50 这个数字。这是两方面的因素造成的。

一是出于种种原因很多学者并没有把某些明代茶书计入现存茶书的总数。这做的是减法。如朱自振等《中国古代茶书集成》在《凡例》中声称"本书所收仅限于与茶叶、茶饮有关的茶书"，主要记述茶马制度的茶马志等与茶叶、茶饮无直接关系的茶书不收，内容与该书所收茶书重复的如明代《茶书十三种》（即佚名《茶书》）也不收。所以《中国古代茶书集成》未收陈讲《茶马志》、徐彦登《历朝茶马奏议》（图1－5）、汤显祖《茶经》和佚名《茶书》，前两种茶书都是有关茶马制度的，后两种内容与《中国古代茶书集成》所收书重复。汤显祖《茶经》内容主要为《茶经》（唐陆羽撰）（卷1）、《水辨》（卷2）和《茶经外集》（卷3），佚名《茶书》则汇集了唐宋时期的 13 种茶书。《中国古代茶书集成》的做法自然有其道理，因为任何古籍汇编类著作收录文献都要有一定的范围。但从茶书统计的角度来说，这么做却并不合适，因为有关茶马制度的图书也是茶书，另外从出版的角度，汤显祖《茶经》和佚名《茶书》都是客观存在过的汇编类著作，不能因为内容重复而将其抹杀。

―――――――――

① 中国古籍善本书目编辑委员会：《中国古籍善本书目·子部下》，上海古籍出版社1994 年版，第460 页。
② 中国古籍善本书目编辑委员会：《中国古籍善本书目·丛部》，上海古籍出版社 1989年版，第302 页。
③ 中国古籍善本书目编辑委员会：《中国古籍善本书目·子部上》，上海古籍出版社1994 年版，第474—475 页。

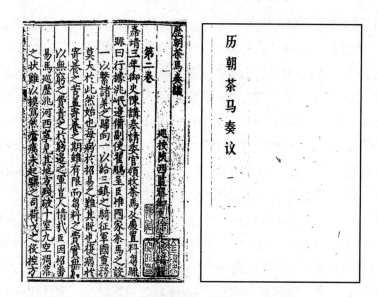

图 1-5　徐彦登《历朝茶马奏议》书影

　　二是一些学者将现代某些从明代著作中辑出的涉茶文字也算作现存明代茶书，计入总数。这做的是加法。如章传政等《明清的茶书及其历史价值》① 统计明代茶书 79 种，剔除失佚和性质不明的茶书后，仍有现存茶书 56 种。郭孟良《晚明茶书的出版传播考察》② 仅统计嘉靖以后的晚明茶书就达到 85 种，除佚 28 种，现存 57 种。这两篇论文的共同特点是将一些从明代著作中辑出的涉茶文字算作茶书列入统计。主要有高濂《茶笺》（从《遵生八笺》中辑出）、李日华《竹懒茶衡》（从《紫桃轩杂缀》中辑出）、曹学佺《茶谱》（从《蜀中广记》中辑出）、顾起元《茶略》（从《说略》中辑出）、卢之颐《茗谱》（从《本草乘雅半偈》中辑出）和文震亨《香茗志》（从《长物志》辑出）

---

　　① 章传政、朱自振、黎星辉：《明清的茶书及其历史价值》，《古今农业》2006 年第 3 期，第 66—71 页。

　　② 郭孟良：《晚明茶书的出版传播考察》，《浙江树人大学学报》2011 年第 1 期，第 71—78 页。

等。朱自振等《中国古代茶书集成》亦将前 4 种作为独立茶书收入。[1]
方健《中国茶书全集校证》除收入卢之颐《茗谱》外，还从姚可成
《食物本草》卷 1、卷 2 辑出一些涉茶文字名之曰《食物本草·宜茶之
水》作为茶书收入。[2] 其实，某些现代学者很早就已开始将某些有关茶
的文字辑出作为单独茶书，例如胡山源 1941 年编纂《古今茶事》[3] 时
就已将《遵生八笺》和《本草纲目》中的有关内容辑出分别命名为
《遵生八笺·茶》和《本草纲目·茶》收入。现代学者从古籍中辑出某
些内容作为独立著作当然未尝不可，但明代的茶书研究要有固定的范
围，否则的话任何人都可以从某种著作中辑出一些涉茶文字作为茶书，
茶书研究将没有了确定的对象。为何不同学者统计的存世明代茶书数字
大不一样？最重要的原因就是将一些现代人从古籍辑出的内容作为独立
茶书计入，这在一定程度上使统计失去标准。实际上明代著述中包含有
一定涉茶文字的著作很多，若都将逐渐辑出，将会不胜其烦。其实万国
鼎 1958 年在撰写《茶书总目提要》时就已认识到了这个问题，他在论
及《总目》为何没有收录陆廷灿《续茶经》卷下《九之略》《茶事著
述名目》中的部分所谓茶书时指出："有的不是谈茶专书，不在本总目
收录范围。"[4] 因此，本书将明代现存茶书的范围限定为在古代（截止
到 1912 年）曾作为独立的茶书存在过的图书，1912 年之后现代人辑出
的不再列入。例如屠隆《茶说》虽也是从《考盘馀事》辑出，但早在
明代就已被喻政编纂的《茶书》收入，李日华《运泉约》亦从《紫桃
轩杂缀》辑出，但明末清初就已被陶珽编辑的丛书《说郛续》收入，
所以均列入茶书统计，而高濂《茶笺》、李日华《竹懒茶衡》、曹学佺
《茶谱》、顾起元《茶略》和卢之颐《茗谱》等在古代从没作为独立茶
书存在过，不再计入。

---

① 朱自振等：《中国古代茶书集成》，上海文化出版社 2010 年版。

② 方健：《中国茶书全集校证》，中州古籍出版社 2015 年版。

③ 胡山源：《古今茶事》，世界书局 1941 年版。

④ 万国鼎：《茶书总目提要》，王思明等《万国鼎文集》，中国农业科学技术出版社
2005 年版，第 359 页。

明代文人撰写茶书的风气很盛，现存茶书可以肯定只是曾经存世茶书的一小部分。明人诗歌对当时文人撰写茶书的情况多有反映。下举数例：元末明初陶宗仪《乐静草堂为卫叔静赋》一诗反映卫叔静著茶书："屋绕芙蓉九迭屏，日长客去掩闲庭。……温火试香删旧谱，汲泉煮茗续遗经。"① 李东阳主要生活于成化、弘治和正德年间，他的《寄题惠山第二泉》反映了邵国贤创作茶书："江神夜泣山林啸，帝遣神工凿山窍。……江边老弱不知姓，手著茶经亲鉴定。"② 成化、正德间人吴俨《寄堵邦宁》描绘了堵邦宁写茶书："碧梧翠竹水云乡，中有幽人行最方。……春来秉笔修茶谱，花发随时具酒觞。"③ 正德、嘉靖年间的王立道《寿陆颐斋七十》诗曰："七十健逢迎，知君善养生。……鹤唳闻应惯，茶经著始成。"《陆节之夫妇七十双寿》诗："奕奕金章客，归来两鬓星。仰天窥鹤唳，闭户著茶经。"④ 这两首诗均表现了陆节之写作茶书的情况。明末杨鹤《春日游百泉王信卿留酌赋别》诗曰："碧涧千堆雪，苍烟九叠屏。……禅心参水观，韵事补茶经。"⑤ 该诗描绘了王信卿撰写茶书的情况。明末清初吴伟业《寿陆孟凫七十》诗："讲授山泉遗户庭，苎翁无事为中泠，偶支鹤俸分鱼俸，闲点茶经补水经。"⑥ 陆孟凫年届70时还在点《茶经》、补《水经》。上述诗歌中不管是"著茶经""补茶经""续茶经"其实都表现的是创作茶书，唐陆羽《茶经》对后世产生极大影响，之后的茶书往往模仿、围绕《茶书》创作，故称"补茶经"

---

① （清）张豫章等：《御选明诗》卷72，《景印文渊阁四库全书》第1442—1444 册，台湾商务印书馆1986 年版。

② （明）李东阳：《怀麓堂集》卷51，《景印文渊阁四库全书》第1250 册，台湾商务印书馆1986 年版。

③ （明）吴俨：《吴文肃摘稿》卷2，《景印文渊阁四库全书》第1259 册，台湾商务印书馆1986 年版。

④ （明）王立道：《具茨集》卷2，《景印文渊阁四库全书》第1277 册，台湾商务印书馆1986 年版。

⑤ （清）张豫章等：《御选明诗》卷94，《景印文渊阁四库全书》第1442—1444 册，台湾商务印书馆1986 年版。

⑥ （清）吴伟业：《梅村集》卷11，《景印文渊阁四库全书》第1312 册，台湾商务印书馆1986 年版。

"续茶经"，至于"著茶经"是诗人对对方恭维的一种说法。

在撰写茶书蔚为风气的情况下，自然有些明代文人为没有写成茶书而感到遗憾。如明代人郭孝懿在《正觉山茗泉记》一文中就为没有写成茶书而惭愧："余尝读书此间，汲泉烹茗，气味甘美。……欲效陆羽著《茶经》而弗获，空惭泉茗知己也。"① 程敏政在《追思旧游寄浙江左时翔佥政十绝次草庭都尉韵》诗中也隐晦地表达了类似看法："一瓯龙井寒，未续茶经笔。林外忽闻香，僧房焙茶日。"②

但到今天，上述卫叔静、邵国贤、堵邦宁、陆节之、王信卿和陆孟鼍等人所写的茶书已经完全无迹可寻，湮没于历史风尘之中。现存明代茶书只能是当时成书的一小部分而已。

第二节　茶书的种类

明代茶书数量较为庞大，从不同角度可对茶书作出不同的分类。吴智和《明人饮茶生活文化》③ 将明代茶书分为六类：自成一家类型（包括朱权《茶谱》、陆树声《茶寮记》、张源《茶录》等 10 种）、汇抄成篇类型（包括陈师《茶考》、陈继儒《茶话》、冯时可《茶录》等 13 种）、删节增广类型（包括顾元庆《茶谱》、孙大绶《茶谱外集》、夏树芳《茶董》等 6 种）、水品汇著类型（包括田艺蘅《煮泉小品》、徐献忠《水品》、孙大绶《茶经水辨》3 种）、茗壶著述类型（包括周高起《阳羡茗壶系》1 种）、茶书汇编类型（包括喻政《茶书全集》1 种）。廖建智《明代茶文化艺术》④ 将明代茶书分为五类：专

---

① （清）花映均、魏元燮等：《（咸丰）隆昌县志》卷五《山川》，《中国地方志集成·四川府县志辑》第 31 册，巴蜀书社 1992 年版。

② （明）程敏政《篁墩文集》卷 77，《景印文渊阁四库全书》第 1253 册，台湾商务印书馆 1986 年版。

③ 吴智和：《明人饮茶生活文化》，明史研究小组 1996 年版，第 86—87 页。

④ 廖建智：《明代茶文化艺术》，秀威资讯科技股份有限公司 2007 年版，第 250—273 页。

门钻研茶学的茶书（包括朱权《茶谱》、屠本畯《茗笈》、喻政《茶书全集》等6种）、专论茶与泉的茶书（包括田艺蘅《煮泉小品》、徐献忠《水品》、张源《茶录》等8种）、专论茶与文学的茶书（包括孙大绶《茶经外集》、夏树芳《茶董》、陈继儒《茶董补》等8种）、专论品茗环境和烹茶要诀的茶书（包括陆树声《茶寮记》、徐渭《煎茶七类》、陈继儒《茶话》等6种）、专论岕茶和紫砂壶的茶书（包括熊明遇《罗岕茶记》、闻龙《茶笺》、周高起《阳羡茗壶系》、周高起《洞山岕茶系》4种）。郭孟良《晚明茶书的出版传播考察》将嘉靖以后的晚明茶书分为撰述类、编辑类、汇抄类三种。"所谓撰述类茶书，是指立足当代茶事实践和个人经验，长期钻研，自行一家的著作。"如许次纾《茶疏》、张源《茶录》、罗廪《茶解》等。"所谓编辑类，是对茶事文献分类整理的茶书，包括集编体、丛书类、类书类等。"如张谦德（即张丑）《茶经》、高元濬《茶乘》等。"所谓汇抄类茶书，是指杂抄类茶书，是指杂抄茶事资料、不分朝代，不注出处、了无新意之书。"①

　　吴智和、廖建智对明代茶书的分类看似详细，但实际不太合理。例如吴智和的"自成一家类型""汇抄成篇类型""删节增广类型"是从茶书原创性角度而言的（分别为原创、汇编、半原创半汇编茶书），而"水品汇著类型""茗壶汇著类型"是从茶书内容角度而言的（分别为水品和茗壶的专题类茶书），互相并列在一起并不合适。廖建智是从内容角度来分类，分为专门钻研茶学、专论茶与泉、专论茶与文学、专论品茗环境和烹茶要诀、专论岕茶和紫砂壶几类，但这几种内容互有交叉重叠，是否可并列在一起也大可商榷。至于郭孟良将晚明茶书分为撰述类、编辑类、汇抄类几种，是从茶书的原创性角度来分类的，撰述类是原创茶书，编辑类和汇抄类都是汇编茶书。郭孟良认为汇抄类茶书是"杂抄类茶书……了无新意之书"，似乎失之苛刻，因为任何人在编辑

---

① 郭孟良：《晚明茶书的出版传播考察》，《浙江树人大学学报》2011年第1期，第71—78页。

文献时都会有一定的方法、观点，汇抄类其实可以并入编辑类。

本书从原创性、内容、地域这三种不同的角度对明代茶书分类。从原创性角度看，明代茶书分为原创茶书、半原创半汇编茶书、汇编茶书几类；从内容角度看，可分为综合性茶书和专题性茶书（主要有茶叶专题、水专题、茶具专题、茶艺专题、茶文学专题、茶人专题和茶法专题）两类；从地域角度看，可分为全国性茶书和地域性茶书。

一 从原创性角度看茶书

明代茶书从原创性角度可分为原创茶书、半原创半汇编茶书、汇编茶书几类，有必要说明的是，本书判断这几种分类的标准是作者的撰写意图，也即作者在撰写茶书时是当作什么类型的茶书来写的，即便有些茶书因袭前人的内容较多，但作者自认为是在创新，也列入原创茶书。下列明代茶书原创性角度分类表（表9）：

表9　　　　　　　　　**明代茶书原创性角度分类表**

茶书分类	茶书名称	数量
原创茶书	朱权《茶谱》、陈讲《茶马志》、顾元庆《茶谱》、田艺蘅《煮泉小品》、徐献忠《水品》、陆树声《茶寮记》、陈师《茶考》、屠隆《茶说》、张源《茶录》、许次纾《茶疏》、张丑《茶经》、程用宾《茶录》、熊明遇《罗岕茶记》、闻龙《茶笺》、罗廪《茶解》、王嗣奭等《茗笈品藻》、黄龙德《茶说》、李日华《运泉约》、冯可宾《岕茶笺》、周高起《阳羡茗壶系》、周高起《洞山岕茶系》	21种
半原创半汇编茶书	邓志谟《茶酒争奇》	1种
汇编茶书	真清《水辨》、真清《茶经外集》、徐渭《煎茶七类》、孙大绶《茶经外集》、孙大绶《茶谱外集》、胡文焕《茶集》、陈继儒《茶话》、冯时可《茶录》、高元濬《茶乘》、高元濬《茶乘拾遗》、屠本畯《茗笈》、徐㶿《蔡端明别纪·茶癖》、徐㶿《茗谭》、夏树芳《茶董》、陈继儒《茶董补》、龙膺《蒙史》、喻政《茶集》、喻政《烹茶图集》、喻政《茶书》、程百二《品茶要录补》、徐彦登《历朝茶马奏议》、万邦宁《茗史》、朱祐槟《茶谱》、华淑《品茶八要》、汤显祖《茶经》、黄履道《茶苑》、醉茶消客《茶书》、佚名《茶书》	28种

根据表9，计明代现存原创茶书21种，半原创半汇编茶书1种，汇编茶书28种，原创和半原创茶书占半数弱，汇编茶书占半数强。

《钦定四库全书总目》是中国古代有关古籍评价权威性的著作，但该书对明代茶书的评价总体却很低，认为因袭重复前人的东西太多，编辑无法，错误也颇多。《四库全书·史部》存目了明代茶书1种，即陈讲《马政志》（一般认为此《马政志》即为陈讲《茶马志》），此处不作讨论。《四库全书·子部》著录了古代茶书7种，其中唐代茶书2种，宋代茶书4种，清代茶书1种，没有明代茶书，存目了古代茶书11种，其中唐代茶书1种，明代茶书9种，清代茶书1种。《钦定四库全书总目》除对何彬然《茶约》（今已佚）没有明确的评价性语言外，对另外《子部》的8种明代茶书都作出了较为负面的评价。对陆树声《茶寮记》的评价是："均寥寥数言，姑以寄意而已，不足以资考核也。"对汤显祖《别本茶经》的评语是："编次无法，疏舛颇多。……冗杂颠倒，毫无体例，显祖似不至此，殆庸劣坊贾托名欤。"对夏树芳《茶董》的评语是："其书不及采造、煎试之法，但摭诗句、故实，然踈漏特甚，舛误亦多。"对屠本畯《茗笈》（图1-6）的评语是："割裂饾饤……核其体例，似疏解《茶经》，又不似疏解《茶经》，似增删《茶经》，又不似增删《茶经》，纷纭错乱，殊不解其何意也。"对万邦宁《茗史》（图1-7）的评语为："是书不载焙造煎试诸法，唯杂采古今茗事。多从类书撮录而成，未为博奥。"对许次纾《茶疏》为："中间择水一条，误以金山顶上井为中冷泉，考证殊为疏舛。"对徐献忠《水品》评价为："亦自有见，然时有自相矛盾者。……恐亦一时兴到之言，不必尽为典要也。"对田艺蘅《煮泉小品》评语为："大抵原本旧文，未能标异於《水品》《茶经》之外。"①

① （清）纪昀等：《钦定四库全书总目》卷116《子部二十六·谱录类存目》，《景印文渊阁四库全书》第1—6册，台湾商务印书馆1986年版。

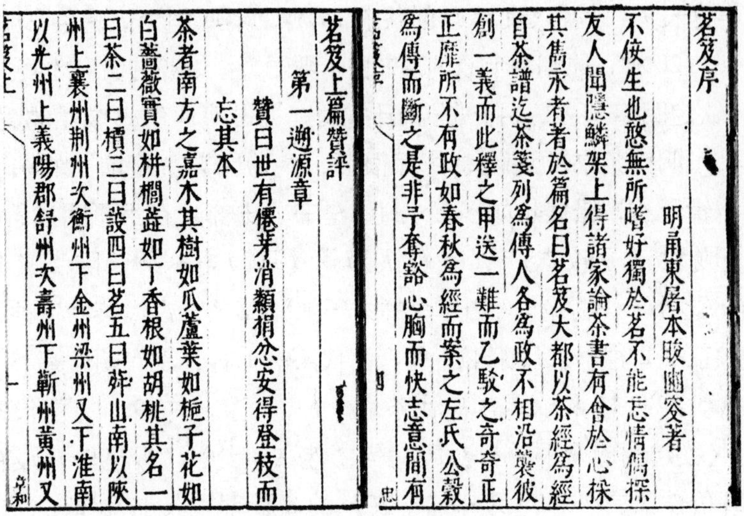

茗笈序

明甬東屠本畯幽棲者

不佞生也懲無所嗜好獨於茗不能忘情偶探
友人間隱鱗架上得諸家論茶書有會於心株
其雋永者於篇上得名曰茗笈大都以茶經為經
自茶譜迄茶箋列為傳人各為政不相沿襲彼
劍一義而此釋之甲送一難而乙駁之奇奇正
正靡所不有政如春秋為經而案之左氏公穀
為傳而斷之是非子奉嵇心胸而快志意間有

茗笈上篇贊評

第一溯源章

贊曰世有懹芽消瀨捐忿安得蹙枝而
忘其本

茶者南方之嘉木其樹如瓜蘆葉如梔子花如
白薔薇實如栟櫚蔕如丁香根如胡桃其名一
日茶二日檟三日蔎四日茗五日荈山南以陝
州上襄州荆州次衡州下金州梁州又下淮南
以光州上義陽郡舒州次壽州下蘄州又下黃州又

图 1-6　屠本畯《茗笈》书影

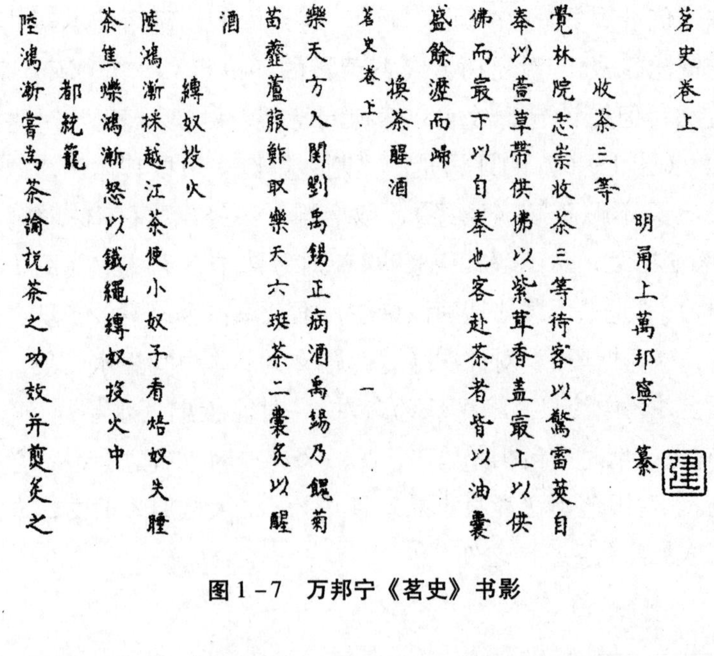

茗史卷上

明甬上萬邦寧　纂

收茶三等

覺林院志崇收茶三等待客以驚雷莢自
奉以萱草帶供佛以紫茸香蓋最上以供
佛而寡下以白奉也客赴茶者皆以油囊
盛餘瀝而歸

換茶醒酒

樂天方入閩劉禹錫正病酒禹錫乃餛菊
苗蘆菔鮓取樂天六班茶二囊炙以醒

酒

縛奴投火

陸鴻漸採越江茶使小奴子看焙奴失瞪
茶焦蹀鴻漸怒以鐵繩縛奴投火中

都統籠

陸鴻漸嘗為茶論說茶之功效并煎炙之

图 1-7　万邦宁《茗史》书影

　　但四库馆臣对明代茶书的评价却并非尽皆公正。例如《钦定四库全书总目》对屠本畯《茗笈》评价为"割裂饾饤""纷纭错乱"，实在失之严苛。《茗笈》作为一部汇编类的著作，分为《溯源》《得地》《乘时》《揆制》《藏茗》《品泉》《侯火》《定汤》《点瀹》《辨器》《申忌》《防滥》《戒淆》《相宜》《衡鉴》《玄赏》十六章，每章前有四字四句的赞语，正文先引一段陆羽《茶经》原文，再引其他茶书文字参照，结尾是屠本畯所下的评语。总体结构严整，评语多有精辟独到的论断。又如《钦定四库全书总目》对许次纾《茶疏》评价为"考证殊为疏舛"，但这其实不过是白璧微瑕，不足以掩盖这本茶书的较高价值。《茶疏》较完整全面记述了炒青散茶的采摘、制作、收藏、饮用等方面的要领，提出了一些前人没有论及的重要观点，是一部优秀的原创茶书。再如《钦定四库全书总目》对《煮泉小品》评价为："大抵原本旧文，未能标异於《水品》《茶经》之外。"但这并不符合实际。通观《煮泉小品》全文，在文字上与陆羽《茶经》少有重复，至于在观点上对《茶经》也多有修正。例如在《源泉》中指出："山厚者泉厚，山奇者泉奇，山清者泉清，山幽者泉幽，皆佳品也。不厚则薄，不奇则蠢，不清则浊，不幽则喧，必无佳泉。"[①] 这与陆羽《茶经》概括性地认为"上水上，江水中，井水下"相异。《煮泉小品》更不可能承袭徐献忠《水品》的文字和观点。田艺蘅在《水品》的序中说："余尝著《煮泉小品》……近游吴兴，会徐伯臣示《水品》，其旨契余者，十有三。"[②] 这说明田艺蘅是在《煮泉小品》完稿后才看到《水品》一书的。

既然明代茶书质量并非如四库馆臣评价的那般低劣，为何会出现这些过于苛责的评语呢？根本原因在于受正统观念影响，四库馆臣对茶书存在轻视鄙夷的思想。按今人观念，茶书最应该放在《四库全书·子部》十四类中的"农家类"。但四库馆臣竟有这样的看法："茶事一类，与农家稍近，然龙团凤饼之制，银匙玉碗之华，终非耕织者所事，今亦

---

① （明）田艺蘅：《煮泉小品》，《四库全书存目丛书·子部》第80册，齐鲁书社1997年版。

② （明）徐献忠：《水品》，《四库全书存目丛书·子部》第80册，齐鲁书社1997年版。

别人谱录类，明不以末先本也。"① 但"谱录类"的书地位并不高，是收录一些难以归类的杂书。四库馆臣对"谱录类"的解释是："以收诸杂书之无可系属者，门目既繁，检寻亦病于琐碎，故诸物以类相从，不更以时代次焉。"② 而在《四库全书》中，著录的茶书又是放在"谱录类"的附录中，这自然是更加等而下之了。鄙薄茶书是明清一些自认为正统的文人的常见观点。明李维桢《茶经序》中说："其笔诸书，尊为经而人以功归之，实自鸿渐始。……而以拟经，故为世诟病，鸿渐品茶小技，与经相提而论，安得人无异议？"③ 又如清代章学诚认为："若陆氏《茶经》，张氏《棋经》，酒则有《甘露经》，货则有《相贝经》，是乃以文为谐戏，本无当于著录之指。……此皆若有若无，不足议也。"④《明史·艺文志》只收录了胡彦《茶马类考》、陈讲《茶马志》、徐彦登《历朝茶马奏议》这三部有关茶马的茶书，并非没有原因。⑤

现代学者对明代茶书的评价分歧仍然较大，有的学者给予了总体很高的评价，但仍有很多人评价不高。如余悦在《研书》中对明代茶书就给予了十分积极的评价："明代的确很重视对前人成果的继承和资料的搜集。……另一方面，明代的许多茶学著作又是另辟蹊径、标新立异的。……明代茶叶著作的创造性和突出贡献，就在于全面展示了明代茶业和茶政空前发展、中国茶文化继往开来的崭新局面。……增删和修订，也许从一个侧面反映了明代人对茶著精益求精的态度吧！总之，因袭和创新的融合构成了明代茶书的基调。"⑥

但很多学者仍未改变对明代茶书的传统偏见。如游修龄在给《中

---

① （清）纪昀等：《钦定四库全书总目》卷102《子部十二·农家类》，《景印文渊阁四库全书》第1—6册，台湾商务印书馆1986年版。
② （清）纪昀等：《钦定四库全书总目》卷115《子部二十五·谱录类》，《景印文渊阁四库全书》第1—6册，台湾商务印书馆1986年版。
③ （清）徐国相、官梦仁：《（康熙二十三年）湖广通志》卷62《艺文·序》，吴觉农《中国地方志茶叶历史资料选辑》，农业出版社1990年版，第384页。
④ （清）章学诚：《文史通义》卷1《内篇一》，上海书店出版社1988年版，第28页。
⑤ （清）张廷玉等：《明史》卷97《艺文志二》，中华书局1974年版，第2393页。
⑥ 余悦：《研书》，浙江摄影出版社1996年版，第51—55页。

国古代茶书集成》所作的《序》中就认为："在明朝两百七十余年里，茶书共产生 57 种……其实这里面潜藏着很多名不副实的内容。……属于辑录前人茶书的比重最多……总的看来，明朝的茶书尽管种类增加，其实内容没有大的突破，难以与前人的权威著作如陆羽的《茶经》、蔡襄的《茶录》、赵佶的《大观茶论》等并驾齐驱，这也意味着明朝是茶书从盛转衰的转折期。"① 章传政在《明代茶叶科技、贸易、文化研究》中也认为："由于明代辑集类茶书风行，也造成了明代茶书良莠不齐、较为混乱。"他指出明代茶书存在的一些问题，如："不著不述，专抄专辑，随便饾饤成书。……作者抄，书贾抄，抄袭之书和伪书充斥。"② 方健在《中国茶书全集校证》在高度评价唐宋茶书之后，如此评价明代茶书："更多平庸之作，尤其是文名很高的作者，'辗转稗贩，以致冗琐舛讹'，'大抵剽窃饾饤，无资实用'……一位前贤曾以十分生动的妙喻评骘宋明之学：宋人著述，如开采优质矿石，往往可精炼成真金白银；明人治学，如走街穿巷收购废铜烂铁，回炉冶炼，终究富含杂质，成色不足。此喻如移用于对宋明两代茶书的评价，也非常贴切。"③

上述观点其实并不公正。首先，明代产生了一批原创性的优秀茶书，如朱权《茶谱》、田艺蘅《煮泉小品》、徐献忠《水品》、张源《茶录》（图 1-8）、许次纾《茶疏》（图 1-9）和罗廪《茶解》（图 1-10）等。明代茶叶的生产、饮用与唐宋时期相比有很大变化，这充分反映到了明代茶书之中，这些茶书比之前代内容有重大突破，它们完全可以和唐陆羽《茶经》、宋蔡襄《茶录》相提并论。明代原创茶书占茶书总量的接近一半。其次，明代汇编类茶书也有很大的价值和意义。这些茶书对前代留下的大量各种形式的茶文献进行了收集、整理，有利于古代文献的保存，也有利于茶文献资料的利用。而且明代汇编茶书数量多，很大程

---

① 朱自振等：《中国古代茶书集成》游修龄《序》，上海文化出版社 2010 年版。

② 章传政：《明代茶叶科技、贸易、文化研究》，南京农业大学博士论文，2007 年，第32 页。

③ 方健：《中国茶书全集校证》之《导言》，中州古籍出版社 2015 年版，第42—43 页。

度是当时茶文化繁荣，社会有很大需求的结果，这恐怕不能看作是坏事。其实，从中国第一部茶书陆羽《茶经》开始，中国古代茶文献汇编的工作就已经发轫了，《茶经》之《七之事》收入了前代茶文献 40 余条。受《茶经》影响，唐宋明清皆有一定数量的汇编茶书。即使到了今天，一些学者仍然在从事着茶文献汇编的工作，如陈彬藩主编的《中国茶文化经典》① 就是到目前为止辑录茶文献数量最多、篇幅最大的一部汇编茶书，现代仅有关茶诗的汇编茶书就有赵方任《唐宋茶诗辑注》②，蔡镇楚、施兆鹏《中国名家茶诗》③，叶羽《中国茶诗》④ 等。将汇编茶书看作无意义的抄袭这是不正确的。明代汇编茶书数量较大，难免泥沙俱下，出现一些低劣作品，这是难以避免的事情。

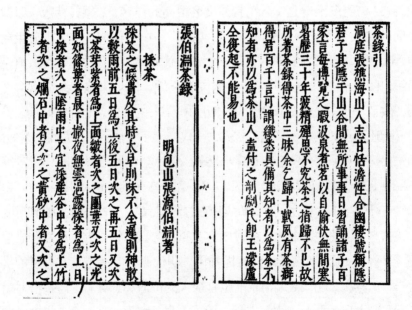

图 1-8　张源《茶录》书影

---

① 陈彬藩：《中国茶文化经典》，光明日报出版社 1999 年版。
② 赵方任：《唐宋茶诗辑注》，中国致公出版社 2002 年版。
③ 蔡镇楚、施兆鹏：《中国名家茶诗》，中国农业出版社 2003 年版。
④ 叶羽：《中国茶诗》，中国轻工业出版社 2004 年版。

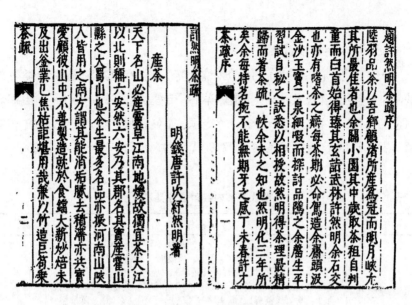

图1-9　许次纾《茶疏》书影

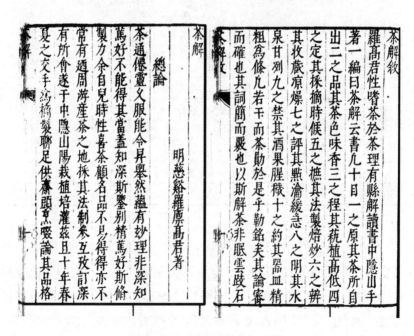

图1-10　罗廪《茶解》书影

二 从内容角度看茶书

从内容角度看，明代茶书可分为综合类茶书和专题类茶书。综合类茶书是在内容上全面论述茶叶相关问题的茶书，专题类茶书是就茶叶某一相关问题论述的茶书，主要有茶叶专题、水专题、茶具专题、茶艺专题、茶文学专题、茶人专题和茶法专题茶书。下列明代茶书内容角度分类表（表10）：

表10 明代茶书内容角度分类表

茶书分类		茶书	数量	
综合类茶书		朱权《茶谱》、顾元庆《茶谱》、陈师《茶考》、屠隆《茶说》、张源《茶录》、许次纾《茶疏》、汤显祖《茶经》、陈继儒《茶话》、张丑《茶经》、冯时可《茶录》、高元濬《茶乘》、高元濬《茶乘拾遗》、程用宾《茶录》、熊明遇《罗岕茶记》、闻龙《茶笺》、罗廪《茶解》、屠本畯《茗笈》、徐㶿《茗谭》、陈继儒《茶董补》、喻政《茶书》、黄龙德《茶说》、程百二《品茶要录补》、万邦宁《茗史》、冯可宾《岕茶笺》、朱祐槟《茶谱》、黄履道《茶苑》、佚名《茶书》	27种	
专题类茶书	茶叶专题	周高起《洞山岕茶系》	1种	23种
	水专题	真清《水辨》、田艺蘅《煮泉小品》、徐献忠《水品》、龙膺《蒙史》、李日华《运泉约》	5种	
	茶具专题	周高起《阳羡茗壶系》	1种	
	茶艺专题	陆树声《茶寮记》、徐渭《煎茶七类》、华淑《品茶八要》	3种	
	茶文学专题	真清《茶经外集》、孙大绶《茶经外集》、孙大绶《茶谱外集》、胡文焕《茶集》、喻政《茶集》、喻政《烹茶图集》、王嗣奭等《茗笈品藻》、邓志谟《茶酒争奇》、醉茶消客《茶书》	9种	
	茶人专题	徐㶿《蔡端明别纪·茶癖》、夏树芳《茶董》	2种	
	茶法专题	陈讲《茶马志》、徐彦登《历朝茶马奏议》	2种	

明代综合类茶书共27种，占现存明代茶书的54%，专题类茶书23种，为现存明代茶书的46%。这说明，在明代茶学研究中综合性的研究更占优势，但专题性的研究成果也很丰富。中国历史上第一部茶书陆羽《茶经》即为综合类茶书，包括种茶、采茶、制茶、茶具、水、烹茶技艺、品茗技艺、茶文献、茶业地理等方面。这对后世产生了极大影响。明代的综合类茶书或多或少围绕以上内容的几个方面展

开论述。至于专题性茶书，茶叶专题、水专题、茶具专题、茶艺专题、茶文学专题、茶人专题可以说都渊源于陆羽《茶经》。茶叶毫无疑问是茶学最为核心的部分，陆羽《茶经》的《一之源》《二之造》主要内容为论述茶叶，茶叶专题茶书渊源于此。《茶经》的《五之煮》有涉及水的内容，提出"用山水上，江水次，井水下"的总原则，是后世水专题茶书的滥觞。《茶经》之《四之器》较全面论述了陆羽生活年代的茶具，是茶具类茶书的源头。《茶经》之《五之煮》《六之饮》主要论述烹茶技艺、品茗技艺等方面的茶艺内容，茶艺专题茶书实起源于此。《茶经》虽然并没有论述茶文学的问题，但他文学修养很高，多与文人学士往来，《茶经》本来就是十分优美的文学作品。茶文学专题茶书也是渊源于此。《茶经》之《七之事》大部分内容记述的是历史上的茶人茶事，茶人专题也起源于此。《茶经》中并没有茶叶专卖、茶马贸易等茶法的内容，很可能这并非陆羽有意的忽略，而是因为陆羽生活的唐代中期茶法还处于创始和萌芽阶段，并无太多相关内容可记。①

　　为方便与唐宋茶书对比，本书制作了唐宋茶书内容角度分类表，这些茶书是根据朱自振等《中国古代茶书集成》统计的（去除了辑佚的茶书）（表11）。

表11　　　　　　　　　　　**唐宋茶书内容角度分类表**

朝代	茶书分类		茶书	数量	
唐	综合类茶书		陆羽《茶经》、温庭筠《采茶录》	2种	
	专题类茶书	水专题	张又新《煎茶水记》	1种	3种
		茶艺专题	苏廙《十六汤品》	1种	
		茶文学专题	王敷《茶酒论》②	1种	

---

　　① （唐）陆羽：《茶经》，《丛书集成新编》第47册，新文丰出版公司1985年版。

　　② 方健《中国茶书全集校证》（中州古籍出版社2015年版，第245页）认为王敷应为五代、宋初人。

朝代	茶书分类		茶书	数量	
宋	综合类茶书		陶毂《荈茗录》①、蔡襄《茶录》、赵佶《大观茶论》	3 种	
	专题类茶书	茶叶专题	宋子安《东溪试茶录》、黄儒《品茶要录》、熊蕃《宣和北苑茶录》、赵汝砺《北苑别录》	4 种	8 种
		水专题	叶清臣《述煮茶泉品》②	1 种	
		茶法专题	沈括《本朝茶法》	1 种	
		茶具专题	审安老人《茶具图赞》	1 种	
		茶艺专题	唐庚《斗茶记》	1 种	

对比表 10 和表 11，可得出以下结论：第一，明代综合类茶书不管在数量还是比例上比唐宋都有很大的提升。唐、宋综合类茶书数量分别为 2 种和 3 种，明代增加到 27 种。从比例上看，唐代综合类茶书占总数的 40%（2/5），宋代为 27%（3/11），而明代上升到 54%（27/50）。说明明代不但茶学成就大大超过唐宋，而且总体而言更为注重综合性的研究。第二，明代专题性茶书除增加茶人专题外，在内容上变化不大，茶叶专题、水专题、茶具专题、茶艺专题、茶文学专题和茶法专题茶书在唐宋都已出现。第三，明代茶叶专题茶书数量比宋代有很大降低，仅区区一种。唐代无茶叶专题茶书，宋代竟达 4 种，超过综合性茶书数量，这是因为作为贡茶，建州建安的茶叶得到特别的重视，穷极精巧，于是出现了丰富的研究成果，而随着明代取消团茶的进贡，再也没有一种茶叶象宋代建安团茶那样处于独尊的地位，茶叶的研究成果基本反映到了综合性茶书中，在茶学大发展的背景下，茶叶专题茶书反而只有周

---

① 明喻政首次将宋人陶毂《清异录》中的"茗荈"一门辑出作为单独的茶书，定书名为《荈茗录》，列入他编纂的《茶书》。朱自振等《中国古代茶书集成》（上海文化出版社2010 年版，第 89 页）将陶毂《荈茗录》更名为《茗荈录》。本书叙述时仍按该书的原始书名《荈茗录》。

② 宛委山堂刊本《说郛》（元末陶宗仪编，清初陶珽重编）首次将叶清臣《述煮茶泉品》收入作为独立的茶书，但名称为《述煮茶小品》，本书在叙述时仍按通行名称《述煮茶泉品》。

高起《洞山岕茶系》（图1-11）1 种。第四，明代水专题茶书数量比唐宋时期有很大增加。唐、宋水专题茶书分别仅 1 种，而明代增加到了5 种，明代茶书总量约为宋代的 4—5 倍，增长幅度比较一致。水在茶文化中占据极重要的地位，茶艺实际是茶、水、火的交融。第五，明代茶文学专题茶书数量较多，居各类专题茶书之首。唐代仅有茶文学专题茶书 1 种，即王敷《茶酒论》，宋代阙如，但明代达到 9 种，这其中除邓志谟《茶酒争奇》卷 1 部分（共 2 卷）和王嗣奭等《茗笈品藻》为原创外，其他茶书皆为汇编，这反映经过唐宋元明数代的积累，茶文学作品已经极为丰富，需要大力搜集整理，也反映明代社会对茶文学的极大喜好以及茶文化的繁荣，社会需求的引导下产生了大量此类茶书。

图 1-11　周高起《洞山岕茶系》书影

三　从地域角度看茶书

从地域角度，明代茶书可分为全国性茶书和地域性茶书。下列明代茶书地域角度分类表（表12）：

表12   明代茶书地域角度分类表

茶书分类	茶书	数量
全国性茶书	朱权《茶谱》、陈讲《茶马志》、顾元庆《茶谱》、真清《水辨》、真清《茶经外集》、田艺蘅《煮泉小品》、徐献忠《水品》、陆树声《茶寮记》、徐渭《煎茶七类》、陈师《茶考》、孙大绶《茶经外集》、孙大绶《茶谱外集》、屠隆《茶说》、胡文焕《茶集》、张源《茶录》、许次纾《茶疏》、汤显祖《茶经》、陈继儒《茶话》、张丑《茶经》、冯时可《茶录》、高元濬《茶乘》、高元濬《茶乘拾遗》、程用宾《茶录》、闻龙《茶笺》、罗廪《茶解》、屠本畯《茗笈》、王嗣奭等《茗笈品藻》、徐𤊶《蔡端明别纪·茶癖》、徐𤊶《茗谭》、夏树芳《茶董》、陈继儒《茶董补》、龙膺《蒙史》、喻政《茶集》、喻政《烹茶图集》、喻政《茶书》、黄龙德《茶说》、程百二《品茶要录补》、徐彦登《历朝茶马奏议》、万邦宁《茗史》、李日华《运泉约》、朱祐槟《茶谱》、华淑《品茶八要》、邓志谟《茶酒争奇》、黄履道《茶苑》、醉茶消客《茶书》、佚名《茶书》	46种
地域性茶书	熊明遇《罗岕茶记》、冯可宾《岕茶笺》、周高起《阳羡茗壶系》、周高起《洞山岕茶系》	4种

　　明代全国性茶书占现存明代茶书的绝大部分，达46种，而地域性茶书仅为4种。《罗岕茶记》（图1-12），熊明遇著，罗岕是当时浙江省湖州府长兴县的地名，位于长兴县与宜兴县（属南直隶常州府）的临界处，万历年间熊明遇在长兴任知县，著有此书。《岕茶笺》（图1-13），冯可宾著，明代在全国影响很大的岕茶产于长兴、宜兴一带，天启年间，冯可宾在湖州（长兴为其属县）任官，在此期间写作了此书。《洞山岕茶系》，周高起著，洞山是宜兴县的地名，明末洞山茶的声名已逐渐超过罗岕，但因为长兴、宜兴两县茶山犬牙交错，这本茶书也并非全记洞山茶，也兼及长兴。《阳羡茗壶系》，作者也是周高起，阳羡也即宜兴，这本茶书是专记宜兴茗壶的，也即到现代还声名赫赫的宜兴紫砂壶，创作于崇祯年间。

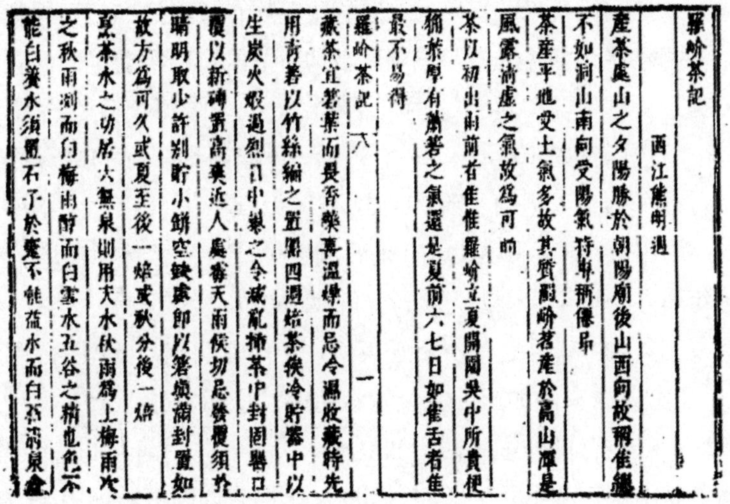
羅岕茶記
西江熊明遇
產茶處山之夕陽勝於朝陽廟後山西向故稱佳總
不如洞山南向受陽氣特專稱僊品
茶產平地受土氣多故其質濁岕茗產於高山渾是
風露清虛之氣故為可尚
茶以初出雨前者佳惟羅岕立夏開園吳中所貴梗
觕葉厚有蕭箬之氣還是夏前六七日如雀舌者佳
最不易得
藏茶宜箬葉而畏香藥喜溫燥而忌冷濕收藏時先
用青箬以竹絲編之置罌四週焙茶俟冷貯器中以
生炭火煅過烈日中暴之令滅亂插茶中封固罌口
覆以新磚置高爽近人處霉天雨候切忌發覆須於
晴明取少許別貯小缾空缺處即以箬填滿封置如
故方為可久或夏至後一焙或秋分後一焙
烹茶水之功居大無泉則用天水秋雨為上梅雨次
之秋雨冽而白梅雨醇而白雪水五谷之精也色不
能白養水須置石子於甕不能益水而白石清泉會
羅岕茶記　六　一

图 1－12　熊明遇《罗岕茶记》书影

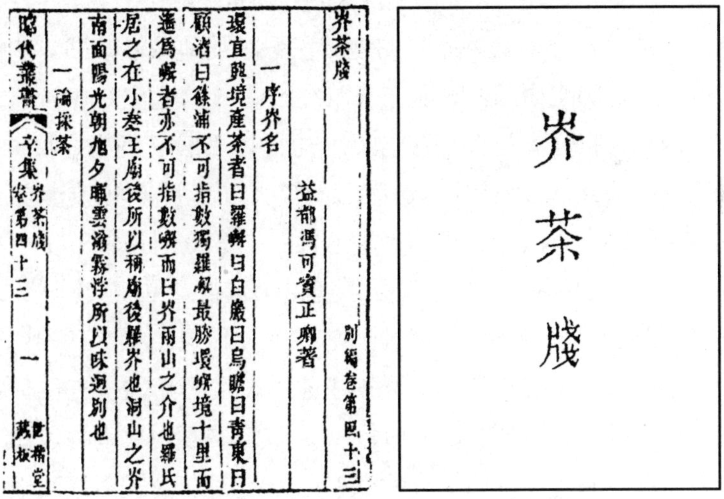
岕茶牋　別編卷第四十三
益都馮可賓正卿著
一序岕名
環宜興境產茶者曰羅嶰曰白巖曰烏瞻曰青東曰
顧渚曰篠浦不可指數獨羅嶰最勝環嶰境十里而
遙為嶰者亦不可指數嶰而曰岕兩山之介也羅氏
居之在小秦王廟後所以稱廟後羅岕也洞山之岕
南面陽光朝旭夕暉雲滃霧浡所以味迥別也
一論採茶
昭代叢書　辛集　岕茶牋　卷第四十三　一　世楷堂藏板

岕茶牋

图 1－13　冯可宾《岕茶笺》书影

为何明代会出现三部记述长兴、宜兴茶的地域性茶书（周高起《阳羡茗壶系》专记茶具除外）？

原因一是明代长兴、宜兴是重要的贡茶所在地，这在相当程度上促进了茶业的发展和茶叶的精益求精。当地茶业的实践需要经验的总结和理论的提升。这是现实原因。《明会典》记载全国每年征收贡茶4000斤，其中就包括宜兴100斤，长兴30斤。① 但当地实际的进贡数量要远远超过这个数字。例如《明宣宗实录》就记载："（宣德六年秋七月壬午），常州府知府莫愚奏：'宜兴旧额岁进叶茶一百斤，后增至五百斤，近年彩办，增至二十九万余斤，除纳外欠九万七千斤，乞以所欠茶分派产茶州县均办，且定每岁所进茶例，免差官督责。'上谕行在户部臣曰：'不意茶之害民如此，所欠者悉免追，今后岁办，于二十九万斤减半徵纳，一委有司提督，朝廷勿复遣人。'"② 在明前期的宣宗时期，宜兴贡茶就由规定的100斤增加到500斤，再变为匪夷所思的29万斤。大量的贡茶当然沉重加大了人民的负担，但也有利于当地茶叶品质的提升。长兴和宜兴在唐代本来就是负有盛名的主要贡茶所在地，但宋元时期由于贡茶基地转到建州建安而衰落，明代再重新崛起。

原因二是唐宋时期《茶经》的地域意识以及地域性茶书对明代茶书的影响。这是历史原因。陆羽在《茶经》之《八之出》中论述了当时的茶业地理，将全国分为山南、淮南、浙西、剑南、浙东、黔中、江南、岭南几个部分，每地茶业又分为若干等次，说明陆羽已经认识到了茶业的地域差异。宋代产生了4种地域性茶书，分别是宋子安《东溪试茶录》、黄儒《品茶要录》、熊蕃《宣和北苑茶录》、赵汝砺《北苑别录》，均记述的是建州建安的茶业。宋代之所以会产生这几部记载建安茶的专门茶书，原因是宋代的贡茶基地由唐代的长城（五代吴越时改名长兴）、义兴（北宋时改名宜兴）二县转向纬度更靠南的建安（与宋代气候比唐更寒冷有关），朝廷派专门官员管理，建安茶得到极大的重视。上述茶书对明代地域性茶书的出现是有相当影响的。

---

① （明）申时行等：《明会典》卷113《岁进》，中华书局1989年版，第599页。
② 《明宣宗实录》卷81，台北"中央研究院"历史语言研究所，1962年版。

第三节　茶书的作者

明代茶书的作者可从身份、籍贯、年代几个角度分析。明代茶书的作者身份可分为宗室、官僚、文人、僧道几类，以文人数量最多，官僚居次。作者的籍贯南方各省占绝大部分，北方省份寥寥，而南方诸省中又以南直隶、浙江居多。作者的年代以嘉靖以后的晚明时期占绝大部分，而且年代逾往后，出现的茶书越多。

一　作者的身份

下面根据相关史料制作明代茶书作者身份表（表13）。有必要说明的是，表中的"文人"是指基本没有为官经历的茶书作者，"官僚"是指曾经较长时间为官的作者，即便所著茶书并非在任官期间所写，也列入"官僚"。

表13　　　　　　　　　　　　明代茶书作者身份表

茶书	作者	身份	史料来源
《茶谱》	朱权	宗室	明·焦竑《献征录》卷1
《茶马志》	陈讲	官僚	清·纪昀等《钦定四库全书总目》卷84
《茶谱》	顾元庆	文人	明·王穉登《青雀集》卷下
《水辨》	真清	僧道	明嘉靖二十二年柯口刻本《茶经》鲁彭《刻茶经叙》
《茶经外集》	真清	僧道	明嘉靖二十二年柯口刻本《茶经》鲁彭《刻茶经叙》
《煮泉小品》	田艺蘅	文人	清·张廷玉等《明史》卷287
《水品》	徐献忠	官僚	明·王世贞《弇州四部稿》卷89
《茶寮记》	陆树声	官僚	清·张廷玉《明史》卷216
《煎茶七类》	徐渭	文人	明·焦竑《献征录》卷115
《茶考》	陈师	官僚	明·李绍文《皇明世说新语》卷4
《茶经外集》	孙大绶	文人	明秋水斋本《茶经》王寅《序》
《茶谱外集》	孙大绶	文人	明秋水斋本《茶经》王寅《序》
《茶说》	屠隆	官僚	清·张廷玉等《明史》卷288

续表

茶书	作者	身份	史料来源
《茶集》	胡文焕	文人	清·纪昀《四库全书总目》卷114
《茶录》	张源	文人	明·张源《茶录》顾大典《引》
《茶疏》	许次纾	文人	清·厉鹗《东城杂记》卷上
《茶经》	汤显祖	官僚	清·张廷玉等《明史》卷230
《茶话》	陈继儒	文人	清·张廷玉等《明史》卷298
《茶经》	张丑	文人	清·朱彝尊《明诗综》卷72
《茶录》	冯时可	官僚	清·张廷玉等《明史》卷209
《茶乘》	高元濬	文人	方健《中国茶书全集校证》第1179页①
《茶乘拾遗》	高元濬	文人	方健《中国茶书全集校证》第1179页
《茶录》	程用宾	不详	
《罗岕茶记》	熊明遇	官僚	清·张廷玉等《明史》卷257
《茶笺》	闻龙	文人	清·朱彝尊《明诗综》卷68
《茶解》	罗廪	文人	明·罗廪《茶解》
《茗笈》	屠本畯	官僚	清·郝玉麟、谢道承《福建通志》卷29
《茗笈品藻》	王嗣奭等	官僚	清·郝玉麟、谢道承《福建通志》卷22
《蔡端明别纪·茶癖》	徐𤊻	文人	清·张廷玉等《明史》卷286
《茗谭》	徐𤊻	文人	清·张廷玉等《明史》卷286
《茶董》	夏树芳	官僚	明·李维桢《大泌山房集》卷13
《茶董补》	陈继儒	文人	清·张廷玉等《明史》卷298
《蒙史》	龙膺	官僚	清·迈柱、夏力恕《湖广通志》卷50
《茶集》	喻政	官僚	清·谢旻、陶成《江西通志》卷55
《烹茶图集》	喻政	官僚	清·谢旻、陶成《江西通志》卷55
《茶书》	喻政	官僚	清·谢旻、陶成《江西通志》卷55
《茶说》	黄龙德	文人②	明·黄龙德《茶说》
《品茶要录补》	程百二	文人	明·李维桢《大泌山房集》卷15
《历朝茶马奏议》	徐彦登	官僚	清·王同《唐栖志》卷11

---

① 方健《中国茶书全集校证》认为："从其交友考察，似未出仕。"（中州古籍出版社2015年版，第1179页）

② 黄龙德生平不详，方健《中国茶书全集校证》经过考证认为似乎"作者乃未入仕的一介布衣，隐于山林的'草根'知识分子"（中州古籍出版社2015年版，第1058页）。

续表

茶书	作者	身份	史料来源
《茗史》	万邦宁	官僚	清·纪昀等《四库全书总目》卷116
《运泉约》	李日华	官僚	清·张廷玉等《明史》卷288
《岕茶笺》	冯可宾	官僚	清·嵇曾筠、沈翼机《浙江通志》卷151
《茶谱》	朱祐槟	宗室	清·张廷玉等《明史》卷119
《品茶八要》	华淑	文人	明·华淑《闲情小品》之《题闲情小品序》
《阳羡茗壶系》	周高起	文人	清·龚之怡、沈清世等《（康熙二十二年）江阴县志》卷14《忠义传》
《洞山岕茶系》	周高起	文人	清·龚之怡、沈清世等《（康熙二十二年）江阴县志》卷14《忠义传》
《茶酒争奇》	邓志谟	文人	清·陈天爵、沈廷枚等《（道光）安仁县志》卷8《隐逸》
《茶苑》	黄履道	文人	明·黄履道《茶苑》张楫琴《序》
《茶书》	醉茶消客	不详	
《茶书》	佚名	不详	

　　根据表13，可以统计得出，明代现存茶书 50 种，作者 50 人次（同一作者如著两或三本茶书按 2 或 3 人次计），除身份不详者 3 人次外，47 人次中文人 24 人次，官僚 19 人次，宗室 2 人次，僧道 2 人次。

　　依据表13，可得出以下结论：

　　第一，终生未仕的文人占茶书作者的近一半（24/50），是茶书撰写的主体力量。这种现象的出现，实与嘉靖以后的晚明弥漫士林的隐逸风气有关。"有明中叶以后，山人墨客，标榜成风，稍能书画诗文者，下则厕食客之班，上则饰隐君之号。借士大夫以为利，士大夫亦借以为名。"① 当时有些人认为："山人以才不遇而所抱有以自乐，游公卿间泊然无所求乃称其高。"② 例如陈继儒："通明高迈，年甫二十九，取儒衣冠焚弃之。

_____

　　① （清）纪昀等：《钦定四库全书总目》卷 180《集部·别集类存目七》，《景印文渊阁四库全书》第 1—6 册，台湾商务印书馆 1986 年版。

　　② 同上。

隐居昆山之阳，构庙祀二陆，草堂数椽，焚香晏坐，意豁如也。"① 他在给夏树芳《茶董》所作的《茶董小序》中说："余以茶星名馆，每与客茗战，自谓独饮得茶神，两三人得茶趣，七八人乃施茶耳。"夏树芳是在他的提议下才撰写《茶董》的。② 后陈继儒又撰写了《茶董补》（图1-14）。茶事活动和撰写茶书是他生活的重要组成部分。又如田艺蘅，赵观在给他撰写的《煮泉小品》的《叙》中说："田子艺夙厌尘嚣，历览名胜，窃慕司马子长之为人，穷搜逷讨。固尝饮泉觉爽，啜茶忘喧，谓非膏粱纨绮可语。爰著《煮泉小品》，与漱流枕石者商焉。"③

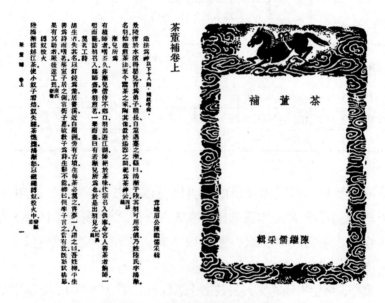

图1-14　陈继儒《茶董补》书影

　　第二，官僚是茶书撰写的重要力量，在明代茶书的作者中比例超过三分之一（19/50），他们多为进士、举人，文化素质较高，繁忙政务和

　　① （清）张廷玉等：《明史》卷298《隐逸传·陈继儒传》，中华书局1974年版，第7631页。

　　② （明）夏树芳：《茶董》，《四库全书存目丛书·子部》第79册，齐鲁书社1997年版。

　　③ （明）田艺蘅：《煮泉小品》，《四库全书存目丛书·子部》第80册，齐鲁书社1997年版。

官场倾轧之余，往往以热衷茶事为休闲的方式，以著茶书为心灵的慰藉。例如陆树声在《茶寮记》中说："园居敞小寮于啸轩坤垣之西。……其禅客过从予者，每与余相对结跏趺坐，啜茗汁，举无生话。……余方远俗，雅意禅栖，安知不因是遂悟入赵州耶？"① 饮茶亦是屠隆休闲生活的重要部分："构一斗室，相傍书斋。内设茶具，教一童子专主茶役，以供长日清谈，寒宵兀坐。幽人首务，不可少废者。"② 屠隆著有《茶说》一书。③ 万邦宁在其所著的《茗史》中说："须头陀邦宁，谛观陆季疵《茶经》、蔡君谟《茶谱》，而采择收制之法、品泉嗜水之方咸备矣。……余癖嗜茗，尝舣舟接它泉，或抱瓮贮梅水。二三朋侪，羽客缁流，剥击竹户，聚话无生，余必躬治茗碗，以佐幽韵。"④ 朱之蕃称述其师龙膺："吾师龙夫子，与舒州白力士铠，夙有深契，而于瀹茗品泉，不废净缘。顷治兵湟中，夷虏款塞，政有馀闲，纵观泉石，扶剔幽隐。得北泉，甚甘烈，取所携松萝、天池、顾渚、罗岕、龙井、蒙顶诸名茗尝试之"。⑤ 龙膺即便在十分繁忙的政务活动中仍然不废茶事。

第三，明代茶书作者中有两位宗室，分别是宁献王朱权和益端王朱祐槟，这与明代宗室不被允许为官和从事生产，而他们又多财力雄厚，很多人热衷文化有关。史称朱权"日与文学士相往还，托志翀举，自号臞仙"，作为在明初政局中权倾一时的藩王将精力转向文化也与明成祖、明宣宗对他的猜忌与打压有关，"已而人告（朱）权巫蛊诽谤事，密探无验，得已。自是日韬晦，构精庐一区，鼓琴读书其间，终成祖世得无患"。⑥ 朱权在《茶谱》中说："本是林下一家生活，傲物玩世之

① （明）陆树声：《茶寮记》，《四库全书存目丛书·子部》第79册，齐鲁书社1997年版。
② （明）屠隆：《茶说》，喻政《茶书》，明万历四十一年刻本。
③ 屠隆《茶说》本为屠隆《考槃馀事》卷4的一部分，喻政编《茶书》时将之抽出成为独立的茶书。④ （明）万邦宁：《茗史》，《四库全书存目丛书·子部》第79册，齐鲁书社1997年版。
⑤ （明）龙膺：《蒙史》，喻政《茶书》，明万历四十一年刻本。
⑥ （清）张廷玉等：《明史》卷117《诸王二·宁献王朱权传》，中华书局1974年版，第3591—3592页。

事，岂白丁可共语哉？予尝举白眼而望青天，汲清泉而烹活火，自谓与天语以扩心志之大，符水火以副内炼之功，得非游心于茶灶，又将有裨于修养之道矣，其惟清哉。"① 茶事是朱权韬晦避祸而又表现孤傲不屑的一种手段。朱祐槟是明宪宗第六子，建藩于建昌，也热心文化。史载："性俭约，巾服浣至再，日一素食。好书史，爱民重士，无所侵扰。"②

为与唐宋茶书作者对比，下列唐宋茶书作者身份表（表14）：

表14 　　　　　　　　　　唐宋茶书作者身份表

朝代	茶书	作者	身份	史料来源
唐	《茶经》	陆羽	文人	宋·欧阳修、宋祁《新唐书》卷196
	《煎茶水记》	张又新	官僚	宋·欧阳修、宋祁《新唐书》卷175
	《十六汤品》	苏廙	不详	
	《茶酒论》	王敷	官僚（存疑）	唐·王敷《茶酒论》
	《采茶录》	温庭筠	官僚	宋·欧阳修、宋祁《新唐书》卷91
宋	《荈茗录》	陶穀	官僚	元·脱脱《宋史》卷269
	《述煮茶泉品》	叶清臣	官僚	元·脱脱《宋史》卷295
	《茶录》	蔡襄	官僚	元·脱脱《宋史》卷320
	《东溪试茶录》	宋子安	不详	
	《品茶要录》	黄儒	官僚	清·纪昀等《钦定四库全书总目》卷115
	《本朝茶法》	沈括	官僚	元·脱脱《宋史》卷331
	《斗茶记》	唐庚	官僚	元·脱脱《宋史》卷443
	《大观茶论》	赵佶	皇帝	元·脱脱《宋史》卷19—22
	《宣和北苑茶录》	熊蕃	官僚	元·脱脱《宋史》卷445
	《北苑别录》	赵汝砺	宗室（存疑）③	清·纪昀等《钦定四库全书总目》卷115
	《茶具图赞》	审安老人	不详	

---

① （明）朱权：《茶谱》，《艺海汇函》，明抄本。

② （清）张廷玉等：《明史》卷119《诸王四·益端王祐槟传》，中华书局1974年版，第3641页。

③ 方健《中国茶书全集校证》（中州古籍出版社2015年版，第401页）考证赵汝砺为宋宗室成员应无疑义。

　　唐代茶书《茶酒论》的作者题名为"乡贡进士王敷"，说明他很可能为官，但不能确定，故存疑。《北苑别录》作者赵汝砺生平不详，《钦定四库全书总目》认为："汝砺行事无所见，唯《宋史》宗室世系表汉王房下有汉东侯宗楷曾孙汝砺，意者即其人欤?"[①] 说明他很可能是宗室，但也不能确定。

　　对比唐宋茶书和明代茶书作者身份，可以发现唐宋时期官僚是茶书撰写的主体，这与明代无官职的文人占据茶书作者的半数大不一样。唐代茶书作者 5 人，除陆羽是无官职文人以及 1 人身份不详外，官僚 3 人（1 人存疑），占 60%（3/5）。宋代作者 11 人，除 1 人为皇帝、1 人为宗室（存疑）、2 人身份不详外，官僚 7 人，占 64%（7/11）。除皇帝、宗室各 1 人以及身份不详者外，唐宋时期文人身份的茶书作者竟只有陆羽 1 人。明代文人之所以能够在茶书的撰写中占主导地位，根本原因在于明代中期以后，市民社会兴起，一批不在官场的文人在商品经济的浪潮中如鱼得水，他们售卖书画以谋生，经商以牟利，在文化领域形成很大的力量，出于种种目的，如为表现自己的清高脱俗、为刻售以获利，他们大量撰写茶书，成为茶书作者的主体。而唐宋时期的情况却大不相同，文化的主导力量在官僚手中，文人的自我意识没有觉醒。例如，唐代即便终身未官的陆羽，也实际深具儒家情怀，极为关注天下形势的变化，怀揣建功立业的理想。"自禄山乱中原，为《四悲诗》；刘展窥江淮，作《天之未明赋》，皆见感激，当时行哭涕泗。"[②] 他写的《茶经》对此亦有隐晦地表现，如他设计的风炉，三足中的"一足云'圣唐灭胡明年铸'"，三窗上书"伊公羹，陆氏茶"六字。[③] "圣唐灭胡明年"指的是平定安史之乱的第二年，即广德二年（764 年）。"伊公羹"是

---

　　① （清）纪昀等：《钦定四库全书总目》卷 115《子部二十五·谱录类·附录》，《景印文渊阁四库全书》第 1—6 册，台湾商务印书馆 1986 年版。

　　② （宋）李昉等：《文苑英华》卷 793《陆文学自传》，《景印文渊阁四库全书》第 1340 册，台湾商务印书馆 1986 年版。

　　③ （唐）陆羽：《茶经》卷中《四之器》，《丛书集成新编》第 47 册，新文丰出版公司 1985 年版。

一个典故，史载："伊尹名阿衡。……负鼎俎，以滋味说汤，致于王道。"① 陆羽将自己的"陆氏茶"与"伊公羹"相并列，是希望通过茶事已达到治国的理想。再来看宋代，11 种茶书，竟有 4 种表现的是建安的贡茶，分别是宋子安《东溪试茶录》、黄儒《品茶要录》、熊蕃《宣和北苑茶录》、赵汝砺《北苑别录》，另外蔡襄撰写《茶录》为的是献给当时的皇帝宋仁宗，"此仆妾爱其主之事耳"②，至于《大观茶论》本身为皇帝所写，沈括《本朝茶法》记述的是有关治国理政的茶法。

二 作者的籍贯

下列明代茶书作者籍贯表（表15）：

表15 **明代茶书作者籍贯表**

茶书	作者	籍贯	史料来源
《茶谱》	朱权	南直隶应天	明·焦竑《献征录》卷1
《茶马志》	陈讲	四川遂宁	清·纪昀等《钦定四库全书总目》卷84
《茶谱》	顾元庆	南直隶长洲	明·王穉登《青雀集》卷下
《水辨》	真清	南直隶歙县	明嘉靖二十二年柯口刻本《茶经》鲁彭《刻茶经叙》
《茶经外集》	真清	南直隶歙县	明嘉靖二十二年柯口刻本《茶经》鲁彭《刻茶经叙》
《煮泉小品》	田艺蘅	浙江钱塘	清·张廷玉《明史》卷287
《水品》	徐献忠	南直隶华亭	明·王世贞《弇州四部稿》卷89
《茶寮记》	陆树声	南直隶华亭	清·张廷玉《明史》卷216
《煎茶七类》	徐渭	浙江山阴	清·张廷玉《明史》卷288
《茶考》	陈师	浙江钱塘	明·李绍文《皇明世说新语》卷4

---

① （汉）司马迁：《史记》卷3《殷本纪第三》，中华书局1959年版，第94页。
② （清）纪昀等：《钦定四库全书总目》卷115《子部二十五·谱录类·附录》，《景印文渊阁四库全书》第1—6册，台湾商务印书馆1986年版。

续表

茶书	作者	籍贯	史料来源
《茶经外集》	孙大绶	南直隶徽州或浙江严州①	明·孙大绶《茶经外集》
《茶谱外集》	孙大绶	南直隶徽州或浙江严州	明·孙大绶《茶谱外集》
《茶说》	屠隆	浙江鄞县	清·张廷玉等《明史》卷288
《茶集》	胡文焕	浙江钱塘	清·纪昀等《钦定四库全书总目》卷114
《茶录》	张源	南直隶吴县	明·张源《茶录》顾大典《引》
《茶疏》	许次纾	浙江钱塘	明·冯梦祯《快雪堂集》卷13
《茶经》	汤显祖	江西临川	清·张廷玉等《明史》卷230
《茶话》	陈继儒	南直隶华亭	清·张廷玉等《明史》卷298
《茶经》	张丑	南直隶昆山，一说长洲，另一说吴县	清·纪昀等《钦定四库全书总目》卷113，清·朱彝尊《明诗综》卷72，清·嵇璜、曹仁虎等《钦定续文献通考》188
《茶录》	冯时可	南直隶华亭	清·张廷玉等《明史》卷209
《茶乘》	高元濬	福建龙溪	明·高元濬《茶乘拾遗》
《茶乘拾遗》	高元濬	福建龙溪	明·高元濬《茶乘拾遗》
《茶录》	程用宾	南直隶徽州或浙江严州②	明·程用宾《茶录》
《罗岕茶记》	熊明遇	江西进贤	清·张廷玉等《明史》卷257
《茶笺》	闻龙	浙江鄞县	清·朱彝尊《明诗综》卷68
《茶解》	罗廪	浙江慈溪	明·罗廪《茶解》
《茗笈》	屠本畯	浙江鄞县	清·郝玉麟、谢道承《福建通志》卷29
《茗笈品藻》	王嗣奭等	浙江鄞县	清·嵇曾筠、沈翼机《浙江通志》卷140
《蔡端明别纪·茶癖》	徐𤊹	福建闽县	清·张廷玉等《明史》卷286
《茗谭》	徐𤊹	福建闽县	清·张廷玉等《明史》卷286

---

　　①　孙大绶的籍贯署为新都，新都一般指汉末三国时的古地名新都郡，大致相当于明代的南直隶徽州和浙江严州的范围。

　　②　程用宾自称新都人，新都一般指徽州和严州一带，但方健《中国茶书全集校证》（中州古籍出版社2015年版，第801页）认为也不排除程用宾为四川新都人的可能性。

续表

茶书	作者	籍贯	史料来源
《茶董》	夏树芳	南直隶江阴	清·嵇璜、曹仁虎《钦定续文献通考》卷165
《茶董补》	陈继儒	南直隶华亭	清·张廷玉等《明史》卷298
《蒙史》	龙膺	湖广武陵	清·觉罗石麟、储大文《山西通志》卷86
《茶集》	喻政	江西南昌	清·谢旻，陶成《江西通志》卷55
《烹茶图集》	喻政	江西南昌	清·谢旻，陶成《江西通志》卷55
《茶书》	喻政	江西南昌	清·谢旻，陶成《江西通志》卷55
《茶说》	黄龙德	南直隶上元①	明·黄龙德《茶说》
《品茶要录补》	程百二	南直隶徽州	明·李维桢《大泌山房集》卷15
《历朝茶马奏议》	徐彦登	浙江仁和	清·王同《唐栖志》卷11
《茗史》	万邦宁	四川奉节	清·纪昀《四库全书总目》卷116
《运泉约》	李日华	浙江嘉兴	清·张廷玉等《明史》卷288
《岕茶笺》	冯可宾	山东益州	清·嵇曾筠、沈翼机《浙江通志》卷151
《茶谱》	朱祐槟	北直隶顺天	清·张廷玉等《明史》卷119
《品茶八要》	华淑	南直隶无锡	清·张豫章《御选明诗》之《姓名爵里七》
《阳羡茗壶系》	周高起	南直隶江阴	清·龚之怡、沈清世等《（康熙二十二年）江阴县志》卷14《忠义传》
《洞山岕茶系》	周高起	南直隶江阴	清·龚之怡、沈清世等《（康熙二十二年）江阴县志》卷14《忠义传》
《茶酒争奇》	邓志谟	江西安仁②	清·陈天爵、沈廷枚等《（道光）安仁县志》卷8《隐逸》
《茶苑》	黄履道	南直隶毗陵	明·黄履道《茶苑》张楫琴《序》

① 黄龙德在其所著茶书《茶说》中自署号大城山樵，大城山在南直隶应天府上元县境内，他和友人也活动于南京一带，故作此推测。

② 朱自振等《中国古代茶书集成》（上海文化出版社2010年版，第473页）认为邓志谟是饶州饶安人，误，明代饶州无饶安地名。方健《中国茶书全集校证》（中州古籍出版社2015年版，第3802页）认为邓志谟是沧州饶安人，亦误。邓志谟为江西饶州安仁县人，其自署的籍贯"饶安"指的是饶州安仁，参见管桂铨《明末小说家邓志谟是江西人》（《文献》，1989年第1期，第46页）和吴圣昔《邓志谟乡里、字号、生年探考》（《明清小说研究》，1992年第2期，第143—156页）。

续表

茶书	作者	籍贯	史料来源
《茶书》	醉茶消客	不详	
《茶书》	佚名	不详	

根据表 15 统计，明代茶书作者 50 人次，除二人籍贯不详外，南直隶（今江苏、安徽）18—21 人次；浙江 12—15 人次，江西 6 人次，福建 4 人次，四川 2 人次，湖广（今湖北、湖南）1 人次，山东 1 人次，北直隶（今河北）1 人次。可以得出结论：第一，就全国各省而言，南直隶和浙江毫无疑问是茶书作者的最核心地区，分别所占比例竟达 36%—42%（18/50—21/50）和 24%—30%（12/50—15/50），也即分别为四成左右和接近三成。江西和福建是次核心地区，比例分别为 12%（6/50）和 8%（4/50）。以上四省作者近乎包揽了全国的名额。第二，南方地区的茶书作者占总数的绝大部分，比例达 92%（46/50）。北方仅有寥寥的山东 1 人次和北直隶 1 人次。

为何会出现上述情况，原因分析如下：

第一，包括南直隶、浙江、江西、福建四省的东南是全国茶业的核心地区，而南直隶、浙江又是最核心的所在。例如屠隆《茶说》所载的几种名茶皆产于东南，虎丘茶产于南直隶苏州，天池茶亦产苏州，阳羡茶产浙江长兴，六安茶产南直隶六安，龙井茶产浙江杭州，天目亦产杭州。① 明代茶书仅记述长兴、宜兴一带芥茶的茶书就达 3 种。东南一带籍贯的文人官僚生长于斯，熟悉当地的茶叶状况，当然更容易形诸笔墨，撰写出茶书。即便北方籍贯的寥寥两个作者，他们之所以能写出茶书，也是因为他们长期在南方生活，熟悉了南方的茶事。例如冯可宾虽然是山东人，但他曾任官江南，《芥茶笺》就是他在湖州司理任上写的。朱祐槟建藩于江西建昌，长期生活于此，他的《茶谱》也是在此

---

① （明）屠隆：《茶说》，喻政《茶书》，明万历四十一年刻本。

期间编纂的。

第二，明代文化的重心位于包括南直隶、浙江、江西和福建在内的东南数省。例如有明一代各省籍的进士总数，位列前四的分别为南直隶、浙江、江西、福建（3667 人、3391 人、2690 人、2192 人）。《明史·文苑传》记载的 223 位明代文豪，居前四位的也是这几省（97 人、48 人、22 人、14 人）。① 明代茶书作者数量按省籍的排序与明代进士、文豪的排序完全一致，这绝非偶然。文化的昌盛，经济的富庶，使更多人有能力和兴趣去研究茶事，形成文字。明代茶书作者绝大部分是南方人，而南方又最集中于南直隶、浙江两省，此两省则又特别集中在所谓的江南六府（苏州府、松江府、常州府、杭州府、嘉兴府、湖州府）。方健在《中国茶书全集校证》中分析："明代茶书的作者，多为今江南即明代的苏、松等六府之文人。在环太湖的长江三角洲地区，历来就是名优茶的产区，茶文化的积淀很深，兼具有人文荟萃的传统，此乃退休官僚、文人学士、书画名家、释道隐士聚居之地，讲究烹饮环境，注重茶、水、器的相得益彰。"② 方健认为明代茶书作者大多为江南六府之人，此观点过于夸张不甚符合实际（见表15），但由于该地区文化的昌盛，促使长江三角洲地区茶书作者大量涌现确实是历史的真实。

第三，明代特别是嘉靖以后的晚明时期，出版业极为繁荣，出版业的重心在南直隶、浙江和福建几省。东南地区的南京、苏州、建阳、杭州、徽州再加上北方的北京，这几个地方是全国书坊的主要集中地。据郭孟良统计，仅江苏书坊达 351 家，浙江 95 家，福建 257 家，徽州 30 家，北京 23 家，占据了全国的绝大部分。③ 明代中期以后，市民社会兴起，对茶书等文化产品有极大的需求，南

---

① （清）张廷玉等：《明史》卷 285—288《文苑传》，中华书局 1974 年版，第 7307—7406 页。

② 方健：《中国茶书全集校证》之《导言》，中州古籍出版社 2015 年版，第 42 页。

③ 郭孟良：《晚明商业出版》，中国书籍出版社 2011 年版，第 9—23 页

直隶、浙江、福建出版业的发达自然大大促进了当地茶书的撰写和出版。

为与唐宋茶书作者对比，下列唐宋茶书作者籍贯表（"籍贯"栏括号内为相当于明代的省籍）（表16）：

表16　　　　　　　　　　**唐宋茶书作者籍贯表**

朝代	茶书	作者	籍贯	史料来源
唐	《茶经》	陆羽	复州竟陵（湖广）	宋·欧阳修、宋祁《新唐书》卷196
	《煎茶水记》	张又新	深州陆泽（北直隶）	宋·欧阳修、宋祁《新唐书》卷175
	《十六汤品》	苏廙	不详	
	《茶酒论》	王敷	不详	
	《采茶录》	温庭筠	太原祁县（山西）	宋·欧阳修、宋祁《新唐书》卷91
宋	《荈茗录》	陶毂	邠州新平（陕西）	元·脱脱《宋史》卷269
	《述煮茶泉品》	叶清臣	苏州长洲（南直隶）	元·脱脱《宋史》卷295
	《茶录》	蔡襄	兴化仙游（福建）	元·脱脱《宋史》卷320
	《东溪试茶录》	宋子安	建州建安（福建）	宋·宋子安《东溪试茶录》（明·喻政万历刻《茶书》本）
	《品茶要录》	黄儒	建州建安（福建）	清·纪昀等《钦定四库全书总目》卷115
	《本朝茶法》	沈括	杭州钱塘（浙江）	元·脱脱《宋史》卷331
	《斗茶记》	唐庚	眉州丹棱（四川）	元·脱脱《宋史》卷443
	《大观茶论》	赵佶	开封（河南）	元·脱脱《宋史》卷19—22
	《宣和北苑茶录》	熊蕃	建州建安（福建）	元·脱脱《宋史》卷445
	《北苑别录》	赵汝砺	开封（存疑）（河南）	清·纪昀等《钦定四库全书总目》卷115
	《茶具图赞》	审安老人	不详	

为方便与明代比较，以下唐宋茶书作者籍贯皆按明代省籍表述。根据上表统计，唐代茶书作者籍贯，除2人不详外，3人中1人为湖广，1人为北直隶，1人为山西。在确定籍贯的茶书作者中，北方占了三分

之二，而作为唐代茶业重心所在地的南直隶和浙江竟无 1 人。这与明代的情况有很大不同。根本原因在于唐代文化的重心并不在江南地区，还在中原一带，尚未南移，经济的重心也在中原，江南还显得有些偏远落后。虽然江南一带茶业发达，但这并不是大量茶书产生于此的充分条件。

到宋代，情况又发生了巨大的变化，确定籍贯的 10 名茶书作者中，福建 4 人，南直隶 1 人，浙江 1 人，四川 1 人，陕西 1 人，河南 2 人。按南北方划分，南方地区共 7 人，北方 3 人，考虑到河南省籍的 2 人分别为皇帝和宗室，情况特殊，如去除这两位天潢贵胄，南方省籍作者占据了总数的绝大部分。为何茶书作者从唐代的主要是北方人变为主要为南方人，分析其原因，在于到宋代，中国的经济和文化中心彻底南移，经济的发展和文化的繁荣加之当地茶业的兴盛，促成了大量茶书作者的出现。宋代情况和之后的明代比，有一点很大的不同，那就是出现茶书作者最多的省份是福建，原因在于宋代的贡茶基地设在建安，皇家极为重视，再加上宋代年均气温比唐代稍低，福建比南直隶和浙江更适合茶叶的生长，故福建成了全国茶业的首善省份，再加上福建一带文化昌盛，这里出现了最多的茶书作者。到明代，朝廷最主要的贡茶基地又转到了江浙一带，福建的文化和经济也不如前者繁荣，所以在全国茶书作者的比例中大大下降，远远不如南直隶和浙江两省。

三　作者的年代

下列明代茶书成书年代表（表 17）。之所以不列茶书作者年代表，是因为很多作者生卒时间很难详考，列出了茶书的成书年代，大致也能反映出作者的生活年代。下表中"万国鼎考证年代"栏目是根据万国鼎 1958 年著的《茶书总目提要》①，"朱自振等考证年代"是根据朱自振等编的《中国古代茶书集成》。茶书成书的年代，如有和万国鼎、朱

---

① 万国鼎：《茶书总目提要》，王思明等《万国鼎文集》，中国农业科学技术出版社 2005 年版，第 311—360 页。

自振不一致的，则在"备注"中列出。本表茶书排列的顺序除成书年代不可考者外，按时间先后排序，排序主要依照朱自振等考证的年代，另外也参照万国鼎考证的年代和备注内的内容。

表 17　　　　　　　　　　　明代茶书成书年代表

茶书	作者	万国鼎考证年代	朱自振等考证年代	备注
《茶谱》	朱权	1440 年前后	1430—1448 年	
《茶苑》①	黄履道		1489 年②	
《茶马志》	陈讲	1524 年		1523 年③
《茶谱》	朱祐槟	1529 年前后	1539 年之前	
《茶谱》	顾元庆	1541 年	1541 年	
《水辨》	真清		1542 年	
《茶经外集》	真清		1542 年	
《煮泉小品》	田艺蘅	1554 年	1554 年	
《水品》	徐献忠	1554 年	1554 年	
《茶寮记》	陆树声	1570 年前后	1570 年前后	
《茶经外集》	孙大绶	1588 年	1588 年	
《茶谱外集》	孙大绶	1588 年	1588 年	
《茶说》	屠隆	1590 年前后	1590 年前后	1591—1605 年④
《茶录》	程用宾	1604 年	1592 年或更早	
《煎茶七类》	徐渭	1575 年前后	1592 年	
《茶考》	陈师	1593 年	1593 年或稍前	
《历朝茶马奏议》	徐彦登	1643 年以前		1593 年⑤

---

① 方健《中国茶书全集校证》（中州古籍出版社 2015 年版，第 3803—3804 页）经考证认为《茶苑》是清代茶书，约成书于康熙二十年。观点是否正确难以遽断，姑存疑。

② 朱自振等《中国古代茶书集成》（上海文化出版社 2010 年版，第 601 页）认为该书虽成书于 1489 年，但在清初有大量增补的内容。

③ 方健：《中国茶书全集校证》，中州古籍出版社 2015 年版，第 3056 页

④ 丁以寿：《明代几种茶书成书年代再补》，《农业考古》2009 年第 5 期，第 280—282 页。

⑤ 王河：《关于徐彦登与廖攀龙〈历朝茶马奏议〉》，《农业考古》2006 年第 5 期，第 244—246 页。

茶书	作者	万国鼎考证年代	朱自振等考证年代	备注
《茶集》	胡文焕	1596 年前后	1593 年	
《茶录》	张源	1595 年前后	1595 年前后	1595 年前①
《茶话》	陈继儒	1595 年前后	1595—1613 年	
《茶经》	张丑	1596 年	1596 年	
《茶疏》	许次纾	1597 年	1597 年	1596—1602 年②
《茶乘》	高元濬	1630 年左右以前	1602 年	1623 年或稍前③
《茶乘拾遗》	高元濬		1602 年	
《罗岕茶记》	熊明遇	1608 年前后	1605—1615 年	1602—1607 年④
《茶录》	冯时可	1609 年前后	1609 年前后	
《茶解》	罗廪	1609 年	1609 年	1608 年前后⑤
《蔡端明别纪·茶癖》	徐𤊘	1613 年	1609 年或稍前	
《茶笺》	闻龙	1630 年前后	1610 年前	1608 年前后⑥，1613 年前⑦
《茗笈》	屠本畯	1610 年	1610 年	1609 年⑧，疑为 1610—1611 年或稍前⑨
《茗笈品藻》	王嗣奭等	1610 年	1610 年	
《茶董》	夏树芳	1610 年前后	1610 年	
《茶董补》	陈继儒	1612 年前后	1610 年后稍晚	
《蒙史》	龙膺	1612 年	1612 年	1612 年或稍前⑩

---

① 丁以寿：《明代几种茶书成书年代再补》，《农业考古》2009 年第 5 期，第 280—282 页。

② 方健：《中国茶书全集校证》，中州古籍出版社 2015 年版，第 765 页。

③ 同上书，第 1179 页。

④ 同上书，第 807 页。

⑤ 丁以寿：《明代几种茶书成书年代再补》，《农业考古》2009 年第 5 期，第 280—282 页。

⑥ 同上。

⑦ 方健：《中国茶书全集校证》，中州古籍出版社 2015 年版，第 885—986 页。

⑧ 丁以寿：《明代几种茶书成书年代再补》，《农业考古》2009 年第 5 期，第 280—282 页。

⑨ 方健：《中国茶书全集校证》，中州古籍出版社 2015 年版，第 865 页。

⑩ 同上书，第 899 页。

续表

茶书	作者	万国鼎考证年代	朱自振等考证年代	备注
《茶集》	喻政	1613 年	1612 年或稍前	
《烹茶图集》	喻政			1611 年①
《茶书》	喻政	1613 年	1613 年	
《茗谭》	徐𤊹	1613 年	1613 年	
《茶说》	黄龙德	1630 年左右以前	1615 年	
《品茶要录补》	程百二	1643 年前后②	1615 年或稍前	
《茶经》	汤显祖			1616 年之前③
《运泉约》	李日华		1620 年或稍前	
《茗史》	万邦宁	1630 年前后	1621 年	
《品茶八要》	华淑		1621—1627 年	
《岕茶笺》	冯可宾	1642 年前后	1623 年或前后一年	
《阳羡茗壶系》	周高起		稍晚于 1640 年	
《洞山岕茶系》	周高起	1640 年前后	1640 年以后	
《茶酒争奇》④	邓志谟	1643 年前后	1643 年前后	1624 年⑤
《茶书》	佚名			1643 年前⑥
《茶书》⑦	醉茶消客			嘉靖以后⑧

---

①　方健：《中国茶书全集校证》，中州古籍出版社 2015 年版，第 922—923 页。

②　方健《中国茶书全集校证》（中州古籍出版社 2015 年版，第 1012 页）疑万国鼎《茶书总目提要》文中"1643 年前后"乃万历四十三年（1615 年）之误。

③　汤显祖去世于万历四十四年（1616 年），故本书作此推论。

④　方健《中国茶书全集校证》（中州古籍出版社 2015 年版，第 3802 页）认为邓志谟《茶酒争奇》是清代茶书，误。邓志谟约生于 1559 年，生活年代未入清，邓志谟非清人，《茶酒争奇》更非清代茶书，参见吴圣昔《邓志谟乡里、字号、生年探考》（《明清小说研究》，1992 年第 2 期，第 143—156 页）。

⑤　潘建国《晚明七种争奇小说的作者与版本》（《文学遗产》，2007 年第 4 期，第 78—88 页）认为《茶酒争奇》的成书时间是天启甲子即 1624 年，但该文同时认为《茶酒争奇》的作者非邓志谟，而是朱永昌。

⑥　章传政：《明代茶叶科技、贸易、文化研究》，南京农业大学博士论文，2007 年，第 29 页。

⑦　方健《中国茶书全集校证》认为："是书所收诗文止于明末，故颇疑'醉茶消客'乃明末清初之江南文士。"（中州古籍出版社 2015 年版，第 3797 页）

⑧　从醉茶消客《茶书》辑录的诗文作者生活年代来看，该茶书应成书于嘉靖以后。

有明一代共 276 年（1368—1644 年），如平均分为三个阶段，则 1368—1459 年为前期，1460—1551 年为中期，1552—1644 年为后期，每个阶段 92 年。统计上表，明代前期产生茶书 1 种，明代中期产生茶书 6 种，明代后期产生茶书 43 种，说明明代茶书作者主要生活于明代后期，他们撰写的茶书占总数的 86%（43/50）。如把明代后期又平均分为两个阶段，每一阶段 46 年，则第一阶段（1552—1597 年）产生茶书 15 种，第二阶段（1598—1644 年）产生 28 种。说明明代时代愈往后，产生的茶书越多，密度不断增加。对晚明的时间段，不同学者有不同看法，如把嘉靖元年（1522 年）作为晚明时代的开始，晚明共 123 年（1522—1644 年），共占明代时间段的 45%，但产生茶书 48 种，占总量的 96%（48/50）。

为何明代茶书主要产生于晚明时期，这个时期会出现这么多茶书作者，主要原因如下：

第一，晚明茶业经济和茶业科技的发展，需要实践经验的总结和理论的提升。当时有一批悉心研究茶事者，甚至数十年不辍。如《茶录》的作者张源，顾大典在给《茶录》所作的《引》中说："洞庭张樵海山人，志甘恬澹，性合幽栖，号称隐君子。其隐于山谷间，无所事事，日习诵诸子百家言。每博览之暇，汲泉煮茗，以自愉快。无间寒暑，历三十年，疲精殚思，不究茶之指归不已，故所著《茶录》，得茶中三昧。"[①] 张源之所以能够写出富有真知灼见的作者，是与他既注重吸收前人理论（"日习诵诸子百家言"），又注重经验的积累（"疲精殚思，不究茶之指归不已"）分不开的。又如罗廪，他也亲自参加茶叶生产活动，他自述："余自儿时性喜茶，顾名品不易得，得亦不常有，乃周游产茶之地，采其法制，参互考订，深有所会，遂于中隐山阳栽植培灌，兹且十年。"[②] 他写的《茶解》得到后世很高的评价。明代茶书在茶叶的种植、茶园的管理、茶叶的采摘、茶叶的制作、茶叶的饮用等方面形成了较为系统的理论。当然，茶书中的丰富内容，也不能单纯看作是作者的发明创造，

---

① （明）张源：《茶录》，喻政《茶书》，明万历四十一年刻本。
② 同上。

也是建立在对前人观点的吸收以及对社会实践经验总结的基础上。

第二，晚明出版业的发达和书商的活跃，为茶书的大量印行奠定了基础。晚明出版业是特别繁荣的，是中国出版史上的高峰。古代遗留到现代的古籍共约十余万，明代出版的就达 35000 种左右，而晚明出版的又占明代的将近九成。晚明时期，全国各城市书坊数量至少超过 500 家，聚集的编辑、刻印和销售人员多达成千上万。① 晚明商品经济发达，形成市民阶层，他们普遍有相当的文化程度，出于实用需求或怡情悦性的需要，对书籍等文化产品较为热衷，这其中自然包括茶书，社会需求量很大。这是茶书在晚明大量出现的重要历史背景。有些茶书的诞生，其实几乎完全是出于书坊主售卖牟利的需要，如胡文焕、程百二、华淑都是颇负名气的书坊主，他们分别编写了《茶集》《品茶要录补》《品茶八要》。署名玉茗堂主人（汤显祖）的《茶经》（图 1－15）也可能是书坊主射利托名的产物。《钦定四库全书总目》指出："《别本茶经》。……冗杂颠倒，毫无体例，显祖似不至此，殆庸劣坊贾托名欤。"②

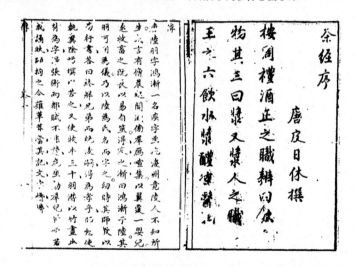

图 1－15　汤显祖《茶经》书影

① 郭孟良：《晚明商业出版》，中国书籍出版社 2011 年版，第 6—23 页。
② （清）纪昀等：《钦定四库全书总目》卷 116《子部二十六·谱录类存目》，《景印文渊阁四库全书》第 1—6 册，台湾商务印书馆 1986 年版。

第三，晚明思想观念发生变化，致用之学盛行，这也是茶书大量涌现的重要原因。明代历史进入后期，政治、军事和社会都发生各种危机，一些文人官僚开始厌弃空疏的心学，为挽大厦于将倾，注重实学，认真研究现实问题，钻研科技。晚明是我国传统科技的总结时期，出现了一些总结性的科技著作如《本草纲目》《农政全书》《天工开物》《徐霞客游记》等。茶学其实也不例外，出现了徐献忠《水品》、许次纾《茶疏》、张源《茶录》、罗廪《茶解》等代表性的著作，既把握历史，又立足现实，对中国传统茶学进行了探索性的总结。进入清代，再也没有出现影响较大的原创性传统茶学著作，并且在欧风美雨的侵袭下，传统茶学走向终结。

第二章　明代茶书的内容

明代茶书的内容可分为茶、水、茶具和茶艺四个方面。[1] 明代茶书从茶叶的栽培、茶叶的采摘、茶叶的制作和茶叶的收藏几个方面对茶进行了广泛的论述，对茶的认识远远超过了唐宋时期。清、流、轻、甘、寒是明代茶书评价水的几个主要标准，与唐代不同，明代茶书很少再去品第天下之水的等次，而主要是从美恶的角度评价。明代茶书论述最多的茶具是炉、盏、壶，这几种器具在茶具中处于核心的地位。明代茶书对茶艺的认识可分为泡茶的技艺、品茶的技艺、品茶的环境和品茶的伴侣这四个方面。

第一节　茶书中对茶的认识

唐代茶书陆羽《茶经》尚认为野生茶的品质高于种植茶，而在明代茶书中，基本不再提及野生茶，茶叶栽培技术有极大提高，明代茶书对茶叶的种植方法、茶园的管理方法以及茶叶生长环境的选择作了较为全面的论述。关于茶叶的采摘，明代茶书对采茶季节一般提倡清明及其前后，采茶的天气方面主张晴天，采茶的时辰认为日出前的清晨最佳。在茶叶的制作方面，明代茶书普遍反对宋代穷极精巧的团茶，而主张接

---

[1]　包括茶政、茶马等在内的茶法本来也是明代茶书极为重要的一方面内容，但考虑到茶法与茶、水、茶具和茶艺在内容性质上迥然有异，某些茶书研究也常将茶法排除在外，再考虑到本书的篇幅，本章以及下两章论述时一般不涉及茶法。

近自然的散茶，当时的散茶有炒青茶、蒸青茶和晒青茶三种类型，炒青茶最为流行。关于茶叶的收藏，明代茶书对相关内容的论述比唐宋茶书全面丰富，也纠正了某些错误，总体而言的原则是收藏茶叶要尽量让茶叶与空气和光线隔绝，防潮防异味。

一 茶叶的栽培

在唐代茶叶的栽培还不是很普遍，栽培技术也不高，野生茶占有重要地位。唐代陆羽《茶经》曰："茶者，南方之嘉木也。一尺、二尺乃至数十尺。其巴山峡，有两人合抱者，伐而掇之。"一尺、二尺是灌木型，但数十尺的茶叶则为乔木型的，粗壮至两人合抱，需要伐倒采摘，只能是野生茶。"其地，上者生烂石，中者生砾壤，下者生黄土。凡艺而不实，植而罕茂。法如种瓜，三岁可采。野者上，园者次。"陆羽认为栽培的技术不过硬，移栽的茶叶极少有长得茂盛的，野生茶比种植茶品质要高。至于茶叶具体的栽培方法，《茶经》中只有一句简略的描述，"法如种瓜，三岁可采"。[1] 唐代种瓜采用穴播法，一般不移植，说明当时种茶也是采取穴播法。

到明代，茶叶栽培技术有了极大的提高，种植茶基本取代了野生茶。如明代顾元庆《茶谱》[2] 之《艺茶》条指出："艺茶欲茂，法如种瓜，三岁可采。"[3] 种植的茶叶要生长茂盛，方法类似种瓜，没有再提到野生茶。

明代茶书对茶叶的种植方法已有较为详实的论述。罗廪《茶解》之《艺》条曰："种茶，地宜高燥而沃。土沃，则产茶自佳。《经》云'生烂石者上，土者下，野者上，园者次'，恐不然。秋社后摘茶子，

---

① （唐）陆羽：《茶经》卷上《一之源》，《丛书集成新编》第 47 册，新文丰出版公司 1985 年版。

② 朱自振等《中国古代茶书集成》（上海文化出版社 2010 年版，第 185—186 页）考证顾元庆《茶谱》作者为顾元庆、钱椿年，杨东甫《中国古代茶学全书》（广西师范大学出版社 2011 年版，第 157—158 页）认为作者是钱椿年、顾元庆。

③ （明）顾元庆：《茶谱》，《续修四库全书》第 1115 册，上海古籍出版社 2003 年版。

水浮，取沉者，略晒去湿润，沙拌藏竹篓中，勿令冻损。俟春旺时种之。茶喜丛生，先治地平正，行间疏密，纵横各二尺许。每一坑下子一掬，覆以焦土，不宜太厚，次年分植，三年便可摘取。"① 罗廪认为，种茶适宜肥沃的土壤，否定了陆羽《茶经》主张的野生茶品质超过种植茶、生于烂石上的茶叶超过生于土壤上者的主张。茶子要选取水沉者，拌沙藏于竹篓中以防冻，茶叶喜欢丛生，将土地治理平整穴播，第二年分植，第三年就可以摘取。

唐代陆羽《茶经》因为认为野生茶要优于种植茶，故对茶园的管理没有论述。宋代茶书已有一定论述。赵汝砺《北苑别录》之《开畲》条曰："草木至夏益盛，故欲导生长之气，以渗雨露之泽。每岁六月兴工，虚其本，培其土，滋蔓之草、遏郁之木，悉用除之，政所以导生长之气而渗雨露之泽也。此之谓开畲。"② 到夏天草木繁盛，如果要引导茶树生长，渗透雨露，每年六月须动工在茶树的根部培植虚土，阻碍野草的蔓延，有利水对土壤的渗透。

明代罗廪《茶解》之《艺》条对茶园管理作了进一步的论述："茶根土实，草木杂生，则不茂。春时薙草，秋夏间锄掘三四遍，则次年抽茶更盛。茶地觉力薄，当培以焦土。治焦土法：下置乱草，上覆以土，用火烧过，每茶根傍掘一小坑，培以升许。须记方所，以便次年培壅。晴昼锄过，可用米泔浇之。"茶树的根部如果杂草丛生，则会夺去养料，茶树生长不茂盛，春天要将杂草除去，秋、夏间再锄掘三四遍，第二年茶树抽芽会更盛，茶地如果肥力薄弱，应该培以焦土，晴天的白日锄过，可浇以淘米水。罗廪还指出："茶园不宜杂以恶木，唯桂、梅、辛夷、玉兰、苍松、翠竹之类，与之间植，亦足以蔽覆霜雪，掩映秋阳。其下可莳芳兰、幽菊及诸清芬之品。最忌与菜畦相逼，不免秽污渗漉，滓厥清真。"③ 茶园中适宜的树木有桂、梅、辛夷、玉兰、苍松、翠竹

---

① （明）罗廪：《茶解》，喻政《茶书》，明万历四十一年刻本。
② （宋）赵汝砺：《北苑别录》，《丛书集成新编》第47册，新文丰出版公司1985年版。
③ （明）罗廪：《茶解》，喻政《茶书》，明万历四十一年刻本。

等，冬天可遮蔽霜雪，秋天可阻挡阳光的直射，茶园适宜的花草有兰、菊等清芬的植物，十分忌讳与菜园靠近，污秽渗透。

关于茶叶适宜的生长环境，唐代就已有十分经典的论述。陆羽《茶经》曰："阳崖阴林，紫者上，绿者次；笋者上，牙者次；叶卷上，叶舒次。阴山坡谷者，不堪采掇，性凝滞，结瘕疾。"[①] 茶树最适合的生长环境为"阳崖阴林"，也即向阳山坡、林阴覆盖的茶树生长最好，茶树被人工驯化之前，原本生活于热带茂林地区，喜温喜荫，难见阳光的"阴山坡谷"，不适合茶树生长。

宋代茶书对茶叶适宜生长环境的论述有了进一步发展。宋子安《东溪试茶录》曰："茶宜高山之阴，而喜日阳之早。"之所以如此，因为山区向阳之处适应了茶树喜温（向阳之处阳光充足气温高）、爱湿（山区云雾缭绕湿度大）、耐阴（山区树木繁茂阴翳）的特点，另外高山腐殖质丰富，茶树生长需要的养分也很充足。宋子安认为北苑茶之所以品质超群的原因是："今北苑焙，风气亦殊。先春朝隮常雨，霁则雾露昏蒸，昼午犹寒，故茶宜之。……自北苑凤山南，直苦竹园头东南，属张坑头，皆高远先阳处，岁发常早，芽极肥乳，非民间所比。次出壑源岭，高土沃地，茶味甲于诸焙。"宋子安指出茶树不同生长环境会对茶叶的品质影响极大："独北苑连属诸山者最胜。北苑前枕溪流，北涉数里，茶皆气弇然，色浊，味尤薄恶，况其远者乎？亦犹橘过淮为枳也。……今书所异者，从二公（指丁谓、蔡襄）纪土地胜绝之目，具疏园陇百名之异，香味精粗之别，庶知茶于草木，为灵最矣。去亩步之间，别移其性。"[②] 宋徽宗赵佶对茶书适宜的生长环境也有论述，《大观茶论》之《地产》条曰："植产之地，崖必阳，圃必阴。盖石之性寒，其叶抑以瘠，其味疏以薄，必资阳和以发之。土之性敷，其叶疏以暴，其味强以肆，必资阴以节之。今圃家皆植木，以资茶之阴。阴阳相济，则茶之滋

---

① （唐）陆羽：《茶经》卷上《一之源》，《丛书集成新编》第 47 册，新文丰出版公司 1985 年版。

② （宋）宋子安：《东溪试茶录》，《丛书集成初编》第 1480 册，中华书局 1985 年版。

长得其宜。"① 茶树种植的环境，山区要在向阳的地方，人工园圃必须要有阴翳，山石寒冷，需要阳光促进它发育，园土肥沃，需要树阴加以节制，以便阴阳相济，茶树生长适得其宜。黄儒《品茶要录》② 在论及建州建安的壑源茶时也指出茶树的生长环境近乎对茶叶品质有决定性的影响："壑源、沙溪，其地相背，而中隔一岭，其势无数里之远，然茶产顿殊。有能出力移栽植之，亦为土气所化。窃尝怪茶之为草，一物尔，其势必由得地而后异。岂水络地脉，偏钟粹于壑源？"③

　　明代茶书对茶树适宜生长环境的论述较之唐宋又前进了一步，一方面仍然普遍十分重视环境对茶叶品质的影响，另一方面有些茶书逐渐意识到了人力对克服环境的作用，不再单纯迷信环境的因素。

　　程用宾《茶录》之《原种》条曰："茶无异种，视产处为优劣。生于幽野，或出烂石，不俟灌培，至时自茂，此上种也。肥园沃土，锄溉以时，萌蘖丰腴，香味充足，此中种也。树底竹下，砾壤黄砂，斯所产者，其第又次之。阴谷胜滞，饮结瘕疾，则不堪掇矣。"④ 程用宾认为茶叶的品种没有差异，茶品质完全取决于生长的环境，最好的环境茶树生于幽野，不待培植，中等的环境是肥沃的园土，按时锄土灌溉，土地贫瘠的树底竹下和砾壤黄砂种出的茶叶又等而下之。程用宾认为的茶叶品种没有差异并不符合实际，但对环境的重视有其合理性。

　　熊明遇《罗岕茶记》曰："产茶处，山之夕阳，胜于朝阳。庙后山西向，故称佳；总不如洞山南向，受阳气特专，称仙品。茶产平地，受土气多，故其质浊。岕茗产于高山，浑是风露清虚之气，故为可尚。"⑤ 熊明遇《罗岕茶记》论述的是浙江省长兴县的罗岕茶，他指出产茶处

---

　　① （宋）赵佶：《大观茶论》，陶宗仪《说郛》卷93，清顺治三年李际期宛委山堂刊本。
　　② 明周履靖《夷门广牍》本将该书题名为《茶品要录》，误，正确书名应为《品茶要录》。
　　③ （宋）黄儒：《品茶要录》，喻政《茶书》，明万历四十一年刻本。
　　④ （明）程用宾：《茶录》，明万历三十二年戴凤仪刻本。
　　⑤ （明）熊明遇：《罗岕茶记》，陶珽《说郛续》卷37，清顺治三年李际期宛委山堂刻本。

山之夕阳胜于山之朝阳，但山之西向处又不如南向处，所以庙后的茶虽称佳，但不如洞山之茶可称仙品，茶产高山胜于平地。

罗廪《茶解》之《原》条曰："唐宋产茶地，仅仅如前所称，而今之虎丘、罗岕、天池、顾渚、松萝、龙井、雁荡、武夷、灵山、大盘、日铸诸有名之茶，无一与焉。乃知灵草在在有之，但人不知培植，或疏于制度耳。嗟嗟！宇宙大矣！"罗廪指出"灵草"也即品质优异的茶叶到处皆有，关键在于人不知道培植，突破了唐宋时期茶叶品质过度注重环境的观点，认为人力的栽种培育也非常重要。《艺》条曰："茶地斜坡为佳，聚水向阴之处，茶品遂劣。故一山之中，美恶相悬。至吾四明海内外诸山，如补陀、川山、朱溪等处，皆产茶而色、香、味俱无足取者。以地近海，海风咸而烈，人面受之不免憔悴而黑，况灵草乎？"① 他认为种茶的环境斜坡为佳，聚水向阴的地方茶品低劣，所以一山之中茶的品质美恶相差极大。

屠本畯《茗笈》之《第一溯源章》曰："开创之功，虽不始于桑苎（指陆羽），而制茶自出至季疵（亦指陆羽）而始备矣。嗣后名山之产，灵草渐繁；人工之巧，佳茗日著，皆以季疵为墨守，即谓开山之祖可也。"② 屠本畯认为唐代陆羽之后中国茶业的日渐发展，除"名山"也即环境的因素外，"人力"也是不可忽略的重要因素，将环境和人力置于同等重要的位置。

冯可宾《岕茶笺》之《序岕名》条曰："环长兴境，产茶者曰罗嶂，曰白岩，曰乌瞻，曰青东，曰顾渚，曰筱浦，不可指数，独罗嶂最胜。……洞山之岕，南面阳光，朝旭夕晖，云滃雾浡，所以味迥别也。"③ 长兴县境内罗嶂之茶最佳，而环罗嶂十里之遥，洞山的岕茶又最胜，根本是因为洞山的环境，面向南方，阳光充沛，云遮雾绕。

周高起《洞山岕茶系》曰："自卢仝隐居洞山，种于阴岭，遂有茗

---

① （明）罗廪：《茶解》，喻政《茶书》，明万历四十一年刻本。
② （明）屠本畯：《茗笈》之《第一溯源章》，喻政《茶书》，明万历四十一年刻本。
③ （明）冯可宾：《岕茶笺》，《丛书集成续编》第 86 册，新文丰出版公司 1988 年版。

岭之目。相传古有汉王者，栖迟茗岭之阳，课童艺茶。踵卢仝幽致，阳山所产，香味倍胜茗岭。"又曰："两峰相阻，介就夷旷者，人呼为岕；云有八十八处。前横大涧，水泉清驶，漱涧茶根，泄山土之肥泽，故洞山为诸岕之最。"古汉王所植茶香味倍胜卢仝，这是因为古汉王所植茶在茗岭之阳，而卢仝植茶在茗岭之阴，山之南坡环境大大优于北坡。洞山茶成为诸岕之最，也是因为其优越的环境。洞山茶本身因为所处环境的不同，又可分为不同品级：第一品是在老庙后，第二品在新庙后、棋盘顶、纱帽顶、手巾条、姚八房及吴江周氏地，第三品在庙后涨沙、大衮头、姚洞、罗洞、王洞、范洞、白石，第四品在下涨沙、梧桐洞、余洞、石场、丫头岕、留青岕、黄龙、炭灶、龙池，另外还有不入品。①

关于明代茶叶的名品，许多明代茶书皆有记述。屠隆《茶说》记载的名茶有虎丘、天池、阳羡、六安、龙井和天目。他对虎丘的评论是"最号精绝，为天下冠"，对天池的评论为："青翠芳馨，啖之赏心，嗅亦消渴，诚可称仙品"，对阳羡的评价："细者其价两倍天池，惜乎难得"，对六安的评价："品亦精，入药最效"，对龙井的评价："大抵天开龙泓美泉，山灵特生佳茗以副之耳"，对天目的评价："为天池龙井之次，亦佳品也"。②

高元濬《茶乘》（图2-1）评论了罗岕、黄山、虎丘、龙井等明代名茶："近时所尚者，为长兴之罗岕，疑即古顾渚紫笋。然岕故有数处，今唯洞山最佳。若歙之松罗，吴之虎丘，杭之龙井，并可与岕颉颃。又有极称黄山者，黄山亦在歙，去松罗远甚。虎丘山窄，岁采不能十斤，极为难得。龙井之山，不过十数亩，外此有茶，皆不及也；即杭人识龙井味者，亦少，以乱真多耳。往时士人皆重天池，然饮之略多，令人胀满。浙之产曰雁宕、大盘、金华、日铸，皆与武夷相伯仲。武夷之外，有泉州之清源，潼州之龙山，倘以好手制之，亦是武夷亚匹。蜀

---

① （明）周高起：《洞山岕茶系》，《丛书集成续编》第86册，新文丰出版公司1988年版。

② （明）屠隆：《茶说》，喻政《茶书》，明万历四十一年刻本。

之产曰蒙山，楚之产曰宝庆，滇之产曰五华，庐之产曰六安，及灵山、高霞、泰宁、鸠坑、朱溪、青鸾、鹤岭、石门、龙泉之类，但有都佳。"高元濬还指出："其他山灵所钟，在处有之，直以未经品题，终不入品，遂使草木有炎凉之感，良可惜也。"① 说明品质优异的茶叶其实很多，只不过许多未经品题不为人所知罢了。

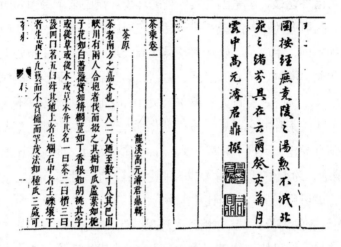

图 2 - 1　高元濬《茶乘》书影

黄龙德《茶说》② 对明代名茶评论曰："若吴中虎丘者上，罗岕者次之，而天池、龙井、伏龙则又次之。新安松萝者上，朗源沧溪次之，而黄山磻溪则又次之。彼武夷、云雾、雁荡、灵山诸茗，悉为今时之佳品。至金陵摄山所产，其品甚佳，仅仅数株，然不能多得。……又有六安之品，尽为僧房道院所珍赏，而文人墨士，则绝口不谈矣。"③ 黄龙德在此评论了虎丘、罗岕、松萝和六安等茶叶。

---

① （明）高元濬：《茶乘》卷1，《续修四库全书》第 1115 册，上海古籍出版社 2003 年版。

② 杨东甫《中国古代茶学全书》（广西师范大学出版社 2011 年版，第 521 页）认为黄龙德《茶说》正确书名应为《国朝茶说》。

③ （明）黄龙德：《茶说》，《中国古代茶道秘本五十种》第 1 册，全国图书馆文献缩微复制中心 2003 年版。

二 茶叶的采摘

唐代茶书陆羽《茶经》就已十分重视采茶季节对茶叶品质的影响。《茶经》曰："采不时，造不精，杂以卉莽，饮之成疾。"茶叶采摘不及时，饮之甚至成疾。《茶经》引东晋郭弘农（郭璞）的话说："早取为茶，晚取为茗，或一曰荈耳。"① 说明早在晋代，采茶就有早晚的区别。陆羽对适宜采茶的季节表述得比较模糊："凡采茶在二月、三月、四月之间。"② 另外，《茶经》之《九之略》提到"若方春禁火之时，于野寺山园"③ 采茶，"禁火之时"也即清明季节。根据今人辑佚的唐末五代毛文锡所著的《茶谱》，当时似乎采茶季节多在清明及其前后。毛文锡《茶谱》曰："邛州之临邛、临溪、思安、火井，有早春、火前、火后、嫩绿等上中下茶。"又曰："（绵州）龙安有骑火茶，最上，言不在火前、不在火后作也。""火"也即清明节气，将茶命名为"火前""火后"和"骑火"等，说明清明很可能是比较标准的采茶时节。毛文锡《茶谱》曰："（渝州）南平县狼猱山茶，黄黑色，渝人重之，十月采贡。"④ 说明当时还有冬季采茶的情况。

宋代茶书主张的采茶季节却比唐代大为提前，在惊蛰及其前后，比唐代可能最提倡的清明要早一个月左右（两个节气）。原因在于反映宋代采茶季节的几部茶书《东溪试茶录》《大观茶论》《北苑别录》均记载的是建州建安的北苑贡茶，建州的地理纬度比唐代的贡茶基地湖州、常州大为偏南，气象更早。宋子安《东溪试茶录》之《采茶》条曰："建溪茶，比他郡最先，北苑、壑源者尤早。岁多暖，则先惊蛰十日即芽；岁多寒，则后惊蛰五日始发。先芽者，气味俱不佳，唯过惊蛰者最

---

① （唐）陆羽：《茶经》卷上《一之源》，《丛书集成新编》第 47 册，新文丰出版公司 1985 年版。

② （唐）陆羽：《茶经》卷上《三之造》，《丛书集成新编》第 47 册，新文丰出版公司 1985 年版。

③ （唐）陆羽：《茶经》卷下《九之略》，《丛书集成新编》第 47 册，新文丰出版公司 1985 年版。

④ （五代）毛文锡：《茶谱》，朱自振等《中国古代茶书集成》，上海文化出版社 2010 年版，第 82 页。

为第一。民间常以惊蛰为候。诸焙后北苑者半月，去远则益晚。"① 赵佶《大观茶论》之《天时》条曰："茶工作于惊蛰，尤以得天时为急。轻寒，英华渐长，条达而不迫，茶工从容致力，故其色味两全。"② 赵汝砺《北苑别录》之《开焙》条曰："惊蛰节，万物始萌，每岁常以前三日开焙，遇闰则反之，以其气候少迟故也。"③

明代茶书对采茶季节的主张又发生了很大变化，一般提倡在谷雨及其前后，比唐代可能主张的清明晚一个节气（半个月左右），比宋代主张的惊蛰更是晚了三个节气（一个半月左右），至于浙江长兴、南直隶宜兴的芥茶，因为要求茶叶不能太细嫩，主张的采茶季节更是晚到了立夏及其前后。根本原因在于唐宋茶书记载的茶叶多为贡茶，为了及时将茶叶送到远隔数千里的北方京城，在季节上采茶有求早的倾向。而明代茶书记载的基本为商品茶，在保证茶叶品质的前提下，过早采茶会极大影响到茶叶的产量和效益，这与唐宋贡茶采制不计成本是大不一样的。其实明代的贡茶采制季节仍是在与唐代一致的清明，"贡茶，即南岳茶也。……县官修贡，期以清明日，入山肃祭，乃始开园采。"④ 这是周高起在《洞山芥茶系》中记载的宜兴贡茶。

明代茶书一般都主张最合适的采茶季节是谷雨及其前后。顾元庆《茶谱》（图2-2）之《采茶》条曰："谷雨前后收者为佳，粗细皆可用。"⑤ 屠隆《茶说》之《采茶》条曰："须在谷雨前后，觅成梗带叶，微绿色而团且厚者为上。……谷雨日晴明采者，能治痰嗽、疗百疾。"⑥ 张丑《茶经》⑦之《采茶》条曰："凡茶，须在谷雨前采者

---

① （宋）宋子安：《东溪试茶录》，《丛书集成初编》第1480册，中华书局1985年版。
② （宋）赵佶：《大观茶论》，陶宗仪《说郛》卷93，清顺治三年李际期宛委山堂刊本。
③ （宋）赵汝砺：《北苑别录》，《丛书集成新编》第47册，新文丰出版公司1985年版。
④ （明）周高起：《洞山芥茶系》，《丛书集成续编》第86册，新文丰出版公司1988年版。
⑤ （明）顾元庆：《茶谱》，《续修四库全书》第1115册，上海古籍出版社2003年版。
⑥ （明）屠隆：《茶说》，喻政《茶书》，明万历四十一年刻本。
⑦ 朱自振等《中国古代茶书集成》（上海文化出版社2010年版，第253页）、杨东甫《中国古代茶学全书》（广西师范大学出版社2011年版，第288页）、方健《中国茶书全集校证》（中州古籍出版社2015年版，第755页）均将张丑《茶经》的作者题名为张谦德，按张丑原名谦德，后改名丑。

为佳。”① 高元濬《茶乘》之《采法》条曰：“岁多暖，则先惊蛰十日即芽；岁多寒，则后惊蛰始发。……今闽人以清明前后，吴越乃以谷雨前后，时与地异也。”② 张源《茶录》之《采茶》曰：“采茶之候，贵及其时。太早则味不全，迟则神散，以谷雨前五日为上，后五日次之，再五日又次之。”③ 程用宾《茶录》曰：“问茶之胜，贵知采候。太早其神未全，太迟其精复涣。前谷雨五日间者为上，后谷雨五日间者次之，再五日者再次之，又再五日者又再次之。白露之采，鉴其新香。长夏之采，适足供厨。麦熟之采，无所用之。”④ 罗廪《茶解》之《采》条曰：“采必期于谷雨者，以太早则气未足，稍迟则气散。入夏，则气暴而味苦涩矣。”⑤ 黄龙德《茶说》之《二之造》条曰：“采茶，应于清明之后，谷雨之前。”⑥

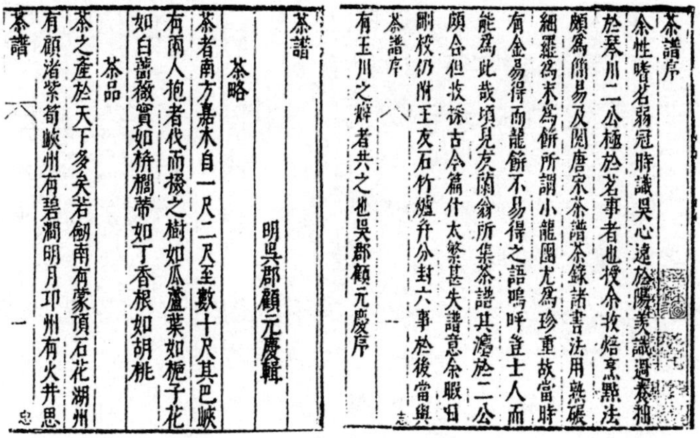
茶譜序
余性嗜茗弱冠時識吳心遠於陽羡識過養拙
於琴川二公極於茗事者也授余收焙烹點法
頗爲簡易及閱唐宋茶譜茶錄諸書法用熟碾
細羅爲末爲餅所謂小龍團尤爲珍重故當時
有金易得而龍餅不易得之語嗚呼豈士人而
能爲此哉頃見友蘭翁所集茶譜其瀍於二公
頗合但收採古今篇什太繁甚失譜意余暇日
刪校仍附王友石竹爐并分封六事於後當與
有玉川之癖者共之也吳郡顧元慶序
茶譜序　一

茶譜
明吳郡顧元慶輯
茶略
茶者南方嘉木自一尺二尺至數十尺其巴峽
有兩人抱者伐而掇之樹如瓜蘆葉如梔子花
如白薔薇實如栟櫚蒂如丁香根如胡桃
茶品
茶之產於天下多矣若劍南有蒙頂石花湖州
有顧渚紫筍峽州有碧澗明月邛州有火井思
茶譜　一

图 2－2　顾元庆《茶谱》书影

---

① （明）张丑：《茶经》，《中国古代茶道秘本五十种》第 2 册，全国图书馆文献缩微复制中心 2003 年版。

② （明）高元濬：《茶乘》卷 1，《续修四库全书》第 1115 册，上海古籍出版社 2003 年版。

③ （明）张源：《茶录》，喻政《茶书》，明万历四十一年刻本。

④ （明）程用宾：《茶录》，明万历三十二年戴凤仪刻本。

⑤ （明）罗廪：《茶解》，喻政《茶书》，明万历四十一年刻本。

⑥ （明）黄龙德：《茶说》，《中国古代茶道秘本五十种》第 1 册，全国图书馆文献缩微复制中心 2003 年版。

　　明代茶书中也有主张可采秋茶和冬茶的情况。陈继儒《茶话》曰："吴人于十月采小春茶，此时不独逗漏花枝，而尤喜月光晴暖，从此蹉过，霜凄雁冻，不复可堪。"① 黄龙德《茶说》曰："又秋后所采之茶，名曰秋露白；初冬所采，名曰小阳春。其名既佳，其味亦美，制精不亚于春茗。"②

　　另外，宜兴、长兴的岕茶的制作有其特殊性，最佳的采茶季节迟至立夏期间，比谷雨又要后一个节气。冯可宾《岕茶笺》曰之《论采茶》条曰："雨前则精神未足，夏后则梗叶大粗……须当交夏时，看风日晴和，月露初收，亲自监采入篮。"③ 谷雨前茶精神未足，立夏以后又过于粗老，立夏期间最合适。周高起《洞山岕茶系》之《贡茶》条曰："岕茶采焙，定以立夏后三日，阴雨又需之。世人妄云'雨前真岕'，抑亦未知茶事矣。"④ 岕茶采制定在立夏后三日，而且阴雨天气还要推迟，周高起明确否认存在谷雨前的岕茶。

　　关于茶叶采摘适宜的天气和时辰，唐代陆羽《茶经》中已有比较简略的论述："凌露采焉。……其日有雨不采，晴有云不采；晴，采之"。⑤ 采茶的天气无云的晴天最佳，有雨不采，晴天多云也不采，采茶的时辰在清晨凌露采最合适。

　　宋代茶书对采茶适宜天气和时辰的论述比唐代有了深化，但观点与陆羽《茶经》不完全相同。宋子安《东溪试茶录》曰："凡采茶必以晨兴，不以日出。日出露晞，为阳所薄，则使芽之膏腴立耗于内，茶及受水而不鲜明，故常以早为最。……民间常以春阴为采茶得时。日出而

---

　　① （明）陈继儒：《茶话》，喻政《茶书》，明万历四十一年刻本。

　　② （明）黄龙德：《茶说》，《中国古代茶道秘本五十种》第1册，全国图书馆文献缩微复制中心2003年版。

　　③ （明）冯可宾：《岕茶笺》，《丛书集成续编》第86册，新文丰出版公司1988年版。

　　④ （明）周高起：《洞山岕茶系》，《丛书集成续编》第86册，新文丰出版公司1988年版。

　　⑤ （唐）陆羽：《茶经》卷上《三之造》，《丛书集成新编》第47册，新文丰出版公司1985年版。

采，则芽叶易损，建人谓之采摘不鲜是也。"① 宋子安认为采茶要在早晨日出之前，这样茶芽内的膏腴就不会损耗，至于采茶的天气以阴天为宜，日出的晴天并不合适，芽叶易受损害，这与陆羽认为采茶最宜晴天的观点并不相同。赵佶《大观茶论》也主张采茶应在日出前的黎明："撷茶以黎明，见日则止。"② 赵汝砺《北苑别录》曰："采茶之法，须是侵晨，不可见日。侵晨则夜露未晞，茶芽肥润，见日则为阳气所薄，使芽之膏腴内耗，至受水而不鲜明。"③ 赵汝砺的观点与宋子安类似，认为采茶要在清晨的原因是防止茶芽被日光的阳气损耗膏腴，影响茶叶的品质。熊蕃《宣和北苑贡茶录》录有熊蕃本人的十首诗歌，其中的几首就表现了北苑御茶园黎明采茶的情形："采采东方尚未明，玉芽同护见心诚。时歌一曲青山里，便是春风陌上声。/纷纭争径蹂新苔，回首龙园晓色开。一尉鸣钲三令趋，急持烟笼下山来（采茶不许见日出）。/红日新升气转和，翠篮相逐下层坡。茶官正要龙芽润，不管新来带露多。"④

明代茶书对采茶天气和时辰的论述基本继承了陆羽的观点，认为采茶最宜晴天，阴雨天极不适宜，时辰最宜日出前的清晨。顾元庆《茶谱》曰："唯在采摘之时，天色晴明"。⑤ 张源《茶录》曰："彻夜无云，浥露采者为上；日中采者次之。阴雨中不宜采。"⑥ 张丑《茶经》曰："其日有雨不采，晴有云不采；晴采矣。又必晨起承日未出时摘之。"⑦ 程用宾《茶录》曰："凌露无云，采候之上。霁日融和，采候之次。积阴重雨，吾不知其可也。"⑧ 罗廪《茶解》曰："雨中采摘，

---

① （宋）宋子安：《东溪试茶录》，《丛书集成初编》第 1480 册，中华书局 1985 年版。

② （宋）赵佶：《大观茶论》，陶宗仪《说郛》卷 93，清顺治三年李际期宛委山堂刊本。

③ （宋）赵汝砺：《北苑别录》，《丛书集成新编》第 47 册，新文丰出版公司 1985 年版。

④ （宋）熊蕃：《宣和北苑贡茶录》，《丛书集成新编》第 47 册，新文丰出版公司 1985 年版。

⑤ （明）顾元庆：《茶谱》，《续修四库全书》第 1115 册，上海古籍出版社 2003 年版。

⑥ （明）张源：《茶录》，喻政《茶书》，明万历四十一年刻本。

⑦ （明）张丑：《茶经》，《中国古代茶道秘本五十种》第 2 册，全国图书馆文献缩微复制中心 2003 年版。

⑧ （明）程用宾：《茶录》，明万历三十二年戴凤仪刻本。

则茶不香。须晴昼采，当时焙……故谷雨前后，最怕阴雨。阴雨宁不采。久雨初霁，亦须隔一两日方可。不然，必不香美。"① 冯可宾《岕茶笺》认为采茶要"须当交夏时，看风日晴和，月露初收，亲自监采入篮"，也即晴日的黎明。② 屠隆《茶说》曰："更须天色晴明，采之方妙。若闽广岭南，多瘴疠之气，必待日出山霁，雾瘴岚气收净，采之可也。"③ 屠隆并未过于拘泥于陆羽的观点，认为在闽广一带采茶，反而要待日出后山中雾霾散去更合适，因为此地多瘴疠之气。

唐代茶书对茶叶采摘的方法已有一定的论述。陆羽《茶经》曰："茶之笋者，生烂石沃土，长四五寸，若薇、蕨始抽，凌露采焉。茶之牙者，发于丛薄之上，有三枝、四枝、五枝者，选其中枝颖拔者采焉。"④ 既然所采茶芽长至四五寸，且要选取长势挺拔的茶芽采，这种茶芽不会太细嫩。毛文锡《茶谱》曰："团黄有一旗二枪之号，言一叶二芽也。"⑤ 当时已有择取一叶二芽采摘的情况。

宋代茶书对茶叶的采摘方法有了进一步的论述，采茶要以甲断，不能指揉，特别注重茶芽的选择。宋子安《东溪试茶录》曰："凡断芽必以甲，不以指。以甲则速断不柔，以指则多温易损。择之必精……一失其度，俱为茶病。"⑥ 宋子安指出断芽要用甲不能用指，这样能迅速摘断不揉损，另外茶芽的选择也很重要。赵佶《大观茶论》曰："用爪断芽，不以指揉，虑气汗薰渍，茶不鲜洁。故茶工多以新汲水自随，得芽则投诸水。凡芽如雀舌谷粒者为斗品，一枪一旗为拣芽，一枪二旗为次之，余斯为下茶。"⑦ 宋徽宗赵佶除指出采茶不能用指揉外，还特别注

---

① （明）罗廪：《茶解》，喻政《茶书》，明万历四十一年刻本。

② （明）冯可宾：《岕茶笺》，《丛书集成续编》第86册，新文丰出版公司1988年版。

③ （明）屠隆：《茶说》，喻政《茶书》，明万历四十一年刻本。

④ （唐）陆羽：《茶经》卷上《三之造》，《丛书集成新编》第47册，新文丰出版公司1985年版。

⑤ （五代）毛文锡：《茶谱》，朱自振等《中国古代茶书集成》，上海文化出版社2010年版，第83页。

⑥ （宋）宋子安：《东溪试茶录》，《丛书集成初编》第1480册，中华书局1985年版。

⑦ （宋）赵佶：《大观茶论》，陶宗仪《说郛》卷93，清顺治三年李际期宛委山堂刊本。

重茶芽的清洁，采后投入水中。他特别追求茶芽的细嫩，认为如雀舌谷粒者是极品，一芽一叶次之，一芽二叶再次之，其余的为下等茶，这与陆羽主张茶芽长到四五寸再采摘的观点大不相同。赵汝砺《北苑别录》曰："大抵采茶亦须习熟，募夫之际，必择土著及谙晓之人，非特识茶发早晚所在，而于采摘亦知其指要。盖以指而不以甲，则多温而易损；以甲而不以指，则速断而不柔。（从旧说也。）故采夫欲其习熟，政为是耳。"① 赵汝砺一方面继承旧说指出采茶要以甲不以指，另外还提出募夫要选择土著和熟谙采茶技巧的人。

明代茶书比唐宋茶书在茶叶的采摘方法方面又有了进一步的论述，主张采茶不能太细也不能太老，但在判断芽叶等次的标准方面观点不尽相同。屠隆《茶说》曰："（采茶）不必太细，细则芽初萌而味欠足；不必太青，青则茶以老而味欠嫩。"② 这是对采茶方法的精辟概括和总结，是对宋代采茶过于追求细嫩的纠正，采茶太细则滋味不足，采茶太老则口感欠佳。张源《茶录》曰："茶芽紫者为上，面皱者次之，团叶又次之，光面如筱叶者最下。"③ 这提出了判断茶芽品质等级的准则，紫者最为上等，面皱者其次，叶团者又次，光面象竹叶的最下等。高元濬《茶乘》曰："凡茶不必太细，细则芽初萌而味欠足；不必太青，青则叶已老而味欠嫩。须择其中枝颖拔，叶微梗、色微绿而团且厚曰中芽，乃一芽带一叶者，号一枪一旗。次曰紫芽，乃一芽带两叶者，号一枪二旗。其带三叶、四叶者，不堪矣。"④ 高元濬认为叶色微绿且团者为最上等，这是一芽一叶的，紫芽其次，一芽二叶，三、四叶的不堪采，这与张源提出的判断茶芽品质的标准并不相同。罗廪《茶解》曰："采茶入箪，不宜见风日，恐耗其真液。亦不得置漆器及瓷器内。"⑤ 采

---

① （宋）赵汝砺：《北苑别录》，《丛书集成新编》第 47 册，新文丰出版公司 1985 年版。
② （明）屠隆：《茶说》，喻政《茶书》，明万历四十一年刻本。
③ 同上。
④ （明）高元濬：《茶乘》卷 1，《续修四库全书》第 1115 册，上海古籍出版社 2003 年版。
⑤ （明）罗廪：《茶解》，喻政《茶书》，明万历四十一年刻本。

茶放入圆竹器，不宜见风见日，会损耗真液，但也不能放入漆器和瓷器，因为会不透气。冯可宾《岕茶笺》曰："（采茶）如烈日之下，又防篮内郁蒸，须伞盖至舍，速倾净匾薄摊，细拣枯枝、病叶、蛸丝、青牛之类，一一剔去，方为精洁也。"① 采茶在烈日下，要防篮内气温过高芽叶变质，需用伞盖着送至房舍，迅速倾出摊开，出于清洁的需要，拣出混杂的枯枝病叶和蛸丝、青牛等昆虫。

三　茶叶的制作

唐代茶书陆羽《茶经》记载的茶叶制作方法是蒸青团茶，制茶程序为："采之，蒸之，捣之，拍之，焙之，穿之，封之。"② 采茶前已论述，封茶（即收藏茶叶）后文将会论述，这里不再论及。蒸茶是将箄铺在甑中，茶的鲜叶放在箄上，甑置于釜上，釜在燃火的灶之上；捣茶是在茶蒸熟后，放入杵臼中捣烂，再将茶泥倒入规（即铁模）之中，形状"或圆，或方，或花"；拍茶是在规下置檐（即油绢、旧衣），放在承（石或木制的承台）之上拍打，因水分未干，置于芘莉（似竹制的土筛）上透干一定的水分；焙茶是将团茶用棨（锥刀）挖孔，用朴（小竹鞭）运送，用贯（削竹为之，长二尺五寸）穿起，放在焙中的棚上焙干；穿茶是用穿（剖竹为之）将团茶串起，便于运输保存。③

宋代茶书记载的制茶方法是研膏团茶，从广义上看仍是蒸青团茶，但制茶程序比唐代更精细，赵汝砺《北苑别录》记载的制茶过程最典型，包括采茶、拣茶、蒸茶、榨茶、研茶、造茶、过黄。采茶这里略而不论。《拣茶》条曰："茶有小芽，有中芽，有紫芽，有白合，有乌蒂，此不可不辨。小芽者，其小如鹰爪，初造龙园胜雪、白茶，以其芽先次蒸熟，置之水盆中，剔取其精英，仅如针小，谓之水芽，是芽中之最精

---

① （明）冯可宾：《岕茶笺》，《丛书集成续编》第 86 册，新文丰出版公司 1988 年版。

② （唐）陆羽：《茶经》卷上《三之造》，《丛书集成新编》第 47 册，新文丰出版公司 1985 年版。

③ （唐）陆羽：《茶经》卷上《二之具》，《丛书集成新编》第 47 册，新文丰出版公司 1985 年版。

者也。中芽，古谓一枪一旗是也。紫芽，叶之紫者是也。白合，乃小芽有两叶抱而生者是也。乌蒂，茶之蒂头是也。凡茶以水芽为上，小芽次之，中芽又次之，紫芽、白合、乌蒂，皆在所不取。"拣茶是对茶芽的选择，取小芽、水芽、中芽，去紫芽、百合、乌蒂。《蒸茶》条曰："茶芽再四洗涤，取令洁净，然后入甑，俟汤沸蒸之。然蒸有过熟之患，有不熟之患。过熟则色黄而味淡，不熟则色青易沉，而有草木之气，唯在得中之为当也。"蒸茶要注意将茶芽洗涤干净，蒸茶不可过熟也不可不熟。《榨茶》条曰："茶既熟谓茶黄，须淋洗数过，（欲其冷也），方入小榨，以去其水，又入大榨出其膏（水芽以马榨压之，以其芽嫩故也）。先是包以布帛，束以竹皮，然后入大榨压之，至中夜取出揉匀，复如前入榨，谓之翻榨。彻晓奋击，必至于干净而后已。盖建茶味远而力厚，非江茶之比。江茶畏流其膏，建茶唯恐其膏之不尽。膏不尽，则色味重浊矣。"榨茶要反复将茶膏榨尽。《研茶》条曰："研茶之具，以柯为杵，以瓦为盆。分团酌水，亦皆有数，上而胜雪、白茶，以十六水，下而拣芽之水六，小龙、凤四，大龙、凤二，其余皆以十二焉。自十二水以上，日研一团，自六水而下，日研三团至七团。每水研之，必至于水干茶熟而后已。水不干则茶不熟，茶不熟则首面不匀，煎试易沉，故研夫犹贵于强而有力者也。"研茶时每个团茶都要加水研磨，不同种类的茶分别加水两次、六次、十二次和十六次。加水十二次的团茶每天才能研磨一团，极为费工费力。《造茶》条曰："凡茶之初出研盆，荡之欲其匀，揉之欲其腻，然后入圈制銙，随笪过黄。有方銙，有花銙，有大龙，有小龙，品色不同，其名亦异，故随纲系之于贡茶云。"造茶是将茶泥放入模圈固定成型的过程。《过黄》条曰："茶之过黄，初入烈火焙之，次过沸汤爁之，凡如是者三，而后宿一火，至翌日，遂过烟焙焉。然烟焙之火不欲烈，烈则面炮而色黑；又不欲烟，烟则香尽而味焦，但取其温温而已。凡火数之多寡，皆视其銙之厚薄。銙之厚者，有十火至于十五火，銙之薄者，亦火数既足，然后过汤上出色。出色之后，当置之密室，急以扇扇之，则色泽自然光莹矣。"① 过黄其实是干燥的过程，先用烈火烘焙，再用沸水烫过，反复三次，之后用温火焙干，最后过汤出色。

研膏团茶的制作最关键在于蒸茶和榨茶。例如宋子安《东溪试茶录》曰："蒸芽必熟，去膏必尽。蒸芽未熟，则草木气存，适口则知。去膏未尽，则色浊而味重。"② 宋徽宗《大观茶论》曰："茶之美恶，尤系于蒸芽压黄之得失。蒸太生则芽滑，故色清而味烈；过熟则芽烂，故茶色赤而不胶。压久则气竭味漓，不及则色暗味涩。蒸芽欲及熟而香。压黄欲膏尽亟止，如此，则制造之功十已得七八矣。"③

明代茶书记载的制茶方法和唐宋茶书相比发生了巨大的变化，不再欣赏制作复杂、成本高昂甚至穷极精巧的团茶，而提倡简易自然的散茶。张丑《茶经》（图 2-3）曰："唐宋时，茶皆碾罗为丸为锭。……已上茶虽碾罗愈精巧，其天趣皆不全。至宣和庚子，漕臣郑可闻始创为银丝冰芽，盖将已熟茶芽再剔去，只取心一缕，用清泉渍之，光莹如银丝，方寸新胯，小龙腕挺其上，号龙团胜雪。去龙脑诸香，极称简便，而天趣悉备，永为不更之法矣。"④ 郑可闻创制了银丝冰芽，这是一种散茶，制作和饮用均比团茶要简便，也更有天趣。此为北宋年间的史实，在当时一些人就已认识到团茶渐趋丧失天然的本性，而倾向散茶。事实正如张丑的判断，散茶到了明代确实成为"永为不更之法"了。明代茶书罗廪《茶解》、黄龙德《茶说》明确反对唐宋时的团茶，主张认同明代的散茶。罗廪《茶解》："唐宋间研膏蜡面，京挺龙团，或至把握纤微，直钱数十万，亦珍重哉。而碾造愈工，茶性愈失，矧杂以香物乎？曾不若今人止精于炒焙，不损本真。故桑苎《茶经》，第可想其

① （宋）赵汝砺：《北苑别录》，《丛书集成新编》第 47 册，新文丰出版公司 1985 年版。
② （宋）宋子安：《东溪试茶录》，《丛书集成初编》第 1480 册，中华书局 1985 年版。
③ （宋）赵佶：《大观茶论》，陶宗仪《说郛》卷 93，清顺治三年李际期宛委山堂刊本。
④ （明）张丑：《茶经》，《中国古代茶道秘本五十种》第 2 册，全国图书馆文献缩微复制中心 2003 年版。

风致，奉为开山，其舂碾罗则诸法，殊不足仿。”① 黄龙德《茶说》曰：“茶事之兴，始于唐而盛于宋。读陆羽《茶经》及黄儒《品茶要录》，其中时代递迁，制各有异。唐则熟碾细罗，宋为龙团金饼，斗巧炫华，穷其制而求耀于世，茶性之真，不无为之穿凿矣。若夫明兴，骚人词客，贤士大夫，莫不以此相为玄赏。至于曰采造，曰烹点，较之唐、宋，大相径庭。彼以繁难胜，此以简易胜；昔以蒸碾为工，今以炒制为工。然其色之鲜白，味之隽永，无假于穿凿，是其制不法唐、宋之法，而法更精奇，有古人思虑所不到。”② 罗廪和黄龙德都认为唐宋时的团茶制作方法不足模仿，而主张简易自然的散茶。

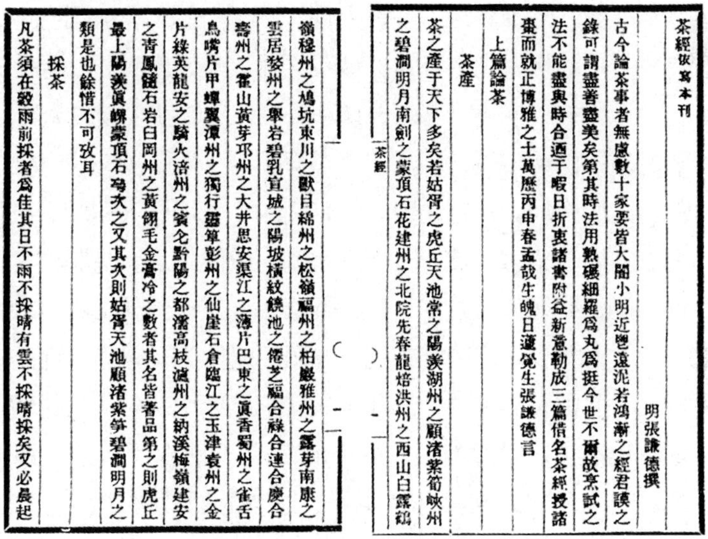
茶經依寫本刊
明張謙德撰
古今論茶事者無慮數十家要皆大闡小明近鬯遠泥若鴻漸之經君謨之
錄可謂盡善盡美矣第其時法用熟碾細羅爲丸爲挺今世不爾故烹試之
法不能盡與時合迺于暇日折衷諸書附益新意勒成三篇借名茶經授諸
棗而就正博雅之士萬歷丙申春孟哉生魄日蘧覺生張謙德言
上篇論茶
茶產
茶之產于天下多矣若姑胥之虎丘天池常之陽羨湖州之顧渚紫筍峽州
之碧澗明月南劍之蒙頂石花建州之北院先春龍焙洪州之西山白露鶴
茶經 一
嶺穆州之鳩坑東川之獸目綿州之松嶺福州之柏巖雅州之露芽南康之
雲居婺州之舉岩碧乳宣城之陽坡橫紋饒池之僊芝福合祿合連合慶合
壽州之霍山黃芽邛州之大井思安渠江之薄片巴東之眞香蜀州之雀舌
鳥嘴片甲蟬翼潭州之獨行靈草彭州之仙崖石倉臨江之玉津袁州之金
片綠英龍安之騎火涪州之賓化黔陽之都濡高枝瀘州之納溪梅嶺建安
之青鳳髓石岩白岡州之黃翎毛金膏冷之數者其名皆著品第之則虎丘
最上陽羨眞蚧蒙頂石花次之又其次則姑胥天池顧渚紫筍碧澗明月之
類是也餘惜不可致耳
採茶
凡茶須在穀雨前採者爲佳其日不雨不採晴有雲不採晴採矣又必晨起

图 2-3　张丑《茶经》书影

明代散茶的制作有炒青、蒸青和晒青三种方法，其中炒青散茶最为流行。张源《茶录》、许次纾《茶疏》、罗廪《茶解》、闻龙《茶笺》、

① （明）罗廪：《茶解》，喻政《茶书》，明万历四十一年刻本。

② （明）黄龙德：《茶说》，《中国古代茶道秘本五十种》第 1 册，全国图书馆文献缩微复制中心 2003 年版。

程用宾《茶录》和黄龙德《茶说》等明代茶书对炒青散茶的制作均有比较详细的记述，总体而言，炒青散茶的制作包括高温杀青、揉捻、复炒和烘干几个程序。

张源《茶录》曰："新采，拣去老叶及枝梗碎屑。锅广二尺四寸，将茶一斤半焙之，候锅极热始下茶。急炒，火不可缓。待熟方退火，彻入筛中，轻团那数遍，复下锅中，渐渐减火，焙干为度。中有玄微，难以言显。火候均停，色香全美，玄微未究，神味俱疲。"① 首先将茶一斤半放入锅中急炒，这是高温杀青过程，熟后倒入筛中"团那数遍"，此为揉捻，再下锅炒并渐渐焙干，是为复炒和烘干的过程。

许次纾《茶疏》曰："生茶初摘，香气未透，必借火力，以发其香。然性不耐劳，炒不宜久。多取入铛，则手力不匀，久于铛中，过熟而香散矣。甚且枯焦，尚堪烹点？炒茶之器，最嫌新铁，铁腥一入，不复有香。尤忌脂腻，害甚于铁，须豫取一铛，专用炊饭，无得别作他用。炒茶之薪，仅可树枝，不用干叶，干则火力猛炽，叶则易焰易灭。铛必磨莹，旋摘旋炒。一铛之内，仅容四两，先用文火焙软，次加武火催之，手加木指，急急钞转，以半熟为度。微俟香发，是其候矣，急用小扇钞置被笼，纯绵大纸衬底，燥焙积多，候冷入瓶收藏。人力若多，数铛数笼，人力即少，仅一铛二铛，亦须四五竹笼。盖炒速而焙迟，燥湿不可相混。混则大减香力，一叶稍焦，全铛无用。然火虽忌猛，尤嫌铛冷，则枝叶不柔，以意消息，最难最难。"② 许次纾认为，每次炒茶不能太多，四两为宜，洁净非常重要，忌铁腥、油腻，不能用炊饭之锅，火力要均匀，不能太猛，也不能突然熄灭，炒茶燥湿不可相混。

罗廪《茶解》曰："炒茶，铛宜热；焙，铛宜温。凡炒，止可一握，候铛微炙手，置茶铛中，札札有声，急手炒匀；出之箕上，薄摊用扇搧冷，略加揉授。再略炒，入文火铛焙干，色如翡翠。若出铛不扇，不免变色。茶叶新鲜，膏液具足，初用武火急炒，以发其香。然

---

① （明）张源：《茶录》，喻政《茶书》，明万历四十一年刻本。
② （明）许次纾：《茶疏》，《四库全书存目丛书·子部》第79册，齐鲁书社1997年版。

火亦不宜太烈，最忌炒制半干，不于铛中焙燥而厚罨笼内慢火烘炙。茶炒熟后，必须揉授。揉授则脂膏镕液，少许入汤，味无不全。铛不嫌熟，磨擦光净，反觉滑脱。若新铛，则铁气暴烈，茶易焦黑。又若年久锈蚀之铛，即加磋磨，亦不堪用。炒茶用手，不惟匀适，亦足验铛之冷热。薪用巨干。初不易燃，既不易熄，难于调适。易燃易熄，无逾松丝。冬日藏积，临时取用。"① 每次炒茶不可太多，只可一握，初炒后略加揉捻，再略炒，最后焙干。罗廪认为炒茶燃料不宜用大的树干，最好的是松针，易燃易熄，这与许次纾"仅可树枝，不用干叶"的观点不同。

闻龙《茶笺》曰："茶初摘时，须拣去枝梗老叶，唯取嫩叶；又须去尖与柄，恐其易焦。此松萝法也。炒时须一人从旁扇之，以祛热气，否则黄色，香味俱减。予所亲试，扇者色翠，不扇色黄。炒起出铛时，置大磁盘中，仍须急扇，令热气稍退，以手重揉之；再散入铛，文火炒干入焙。盖揉则其津上浮，点时香味易出。……予尝构一焙，室高不逾寻，方不及丈，纵广正等。四围及顶，绵纸密糊，无小罅隙。置三四火缸于中，安新竹筛于缸内，预洗新麻布一片以衬之。散所炒茶于筛上，阖户而焙。上面不可覆盖。盖茶叶尚润，一覆则气闷罨黄，须焙二三时，俟润气尽，然后覆以竹箕。焙极干，出缸待冷，入器收藏。后再焙，亦用此法，免香与味不致大减。"② 闻龙特别强调炒茶及茶叶出锅时要以扇扇之，还详细记载了他自己搭建的茶焙。

黄龙德《茶说》曰："采至盈籥即归，将芽薄铺于地，命多工挑其筋脉，去其蒂杪。盖存杪则易焦，留蒂则色赤故也。先将釜烧热，每芽四两作一次下釜，炒去草气。以手急拨不停，睹其将熟，就釜内轻手揉卷，取起铺于箕上，用扇扇冷。俟炒至十馀釜，总复炒之。旋炒旋冷，如此五次。其茶碧绿，形如蚕钩，斯成佳品。若出釜时而不以扇，其色

① （明）罗廪：《茶解》，喻政《茶书》，明万历四十一年刻本。
② （明）闻龙：《茶笺》，陶珽《说郛续》卷37，清顺治三年李际期宛委山堂刻本。

未有不变者。"① 黄龙德提出炒茶前要将茶的筋脉和蒂杪去掉，每次四两下锅炒后，将熟时就在锅内揉卷，取出铺在箕上冷却，多达十余锅时，再一起入锅中复炒，多达五次，每次出锅时一定要以扇扇之。

程用宾《茶录》曰："既采就制，毋令经宿。择去枝梗老败叶屑，以茶芽紫而笋及叶卷者上，绿而芽及叶舒者次。锅广径一尺八九寸，荡涤至洁，炊炙极热，入茶斤许，急炒不住，火不可缓。看熟撤入筐中，轻轻团挪数遍，再解复下锅中，渐渐减火，再炒再挪，透干为度。"②炒茶程序大致也是包括杀青、揉捻、复炒和烘干几个过程。

明代的炒青散茶最典型名气最大的是产于南直隶休宁之松萝山的松萝茶。许多明代茶书皆有记载。龙膺《蒙史》曰："松萝茶，出休宁松萝山，僧大方所创造。予理新安时，入松萝亲见之，为书《茶僧卷》。其制法，用铛磨擦光净，以干松枝为薪，炊热候微炙手，将嫩茶一握置铛中，札札有声，急手炒匀，出之箕上。箕用细篾为之，薄摊箕内，用扇掮冷，略加揉授。再略炒，另入火铛焙干，色如翡翠。"③ 罗廪《茶解》曰："松萝茶，出休宁松萝山，僧大方所创造。其法，将茶摘去筋脉，银铫炒制。今各山悉仿其法，真伪亦难辨别。"④ 程用宾《茶录》："迩时言茶者，多羡松萝萝墩之品。其法取叶腴津浓者，除筋摘片，断蒂去尖，炒如正法。大要得香在乎始之火烈，作色在乎末之火调。逆挪则涩，顺挪则甘。"⑤

明代除炒青散茶外，还存在蒸青散茶，明代蒸青散茶最典型的是南直隶宜兴和浙江长兴一带生产的芥茶。冯可宾《芥茶笺》对芥茶生产技术有较为详细的记载，分为蒸茶和焙茶两道工序。《论蒸茶》条曰："蒸茶须看叶之老嫩，定蒸之迟速。以皮梗碎而色带赤为度，若太熟则

---

① （明）黄龙德：《茶说》，《中国古代茶道秘本五十种》第 1 册，全国图书馆文献缩微复制中心 2003 年版。

② （明）程用宾：《茶录》，明万历三十二年戴凤仪刻本。

③ （明）龙膺：《蒙史》下卷《茶品述》，喻政《茶书》，明万历四十一年刻本。

④ （明）罗廪：《茶解》，喻政《茶书》，明万历四十一年刻本。

⑤ （明）程用宾：《茶录》，明万历三十二年戴凤仪刻本。

失鲜。其锅内汤须频换新水，盖熟汤能夺茶味也。"蒸茶要看茶叶的老嫩来决定时间的长短，不可太熟，要频繁换水。《论焙茶》："茶焙每年一修，修时杂以湿土，便有土气。先将干柴隔宿薰烧，令焙内外干透，先用粗茶入焙，次日，然后以上品焙之。焙上之帘，又不可用新竹，恐惹竹气。又须匀摊，不可厚薄。如焙中用炭，有烟者急剔去。又宜轻摇大扇，使火气旋转。竹帘上下更换。若火太烈，恐糊焦气；太缓，色泽不佳；不易帘，又恐干湿不匀。须要看到茶叶梗骨处俱已干透，方可并作一帘或两帘，置在焙中最高处。过一夜，仍将焙中炭火留数茎于灰烬中，微烘之，至明早可收藏矣。"① 焙茶要防止土气、竹气，火不可太烈也不可太缓，在焙中茶叶要均摊，有烟的炭要剔去。

许次纾《茶疏》也记载了芥茶的制法，《芥中制法》条曰："芥之茶不炒，甑中蒸熟，然后烘焙。缘其摘迟，枝叶微老，炒亦不能使软，徒枯碎耳。亦有一种极细炒芥，乃采之他山，炒焙以欺好奇者。彼中甚爱惜茶，决不忍乘嫩摘采，以伤树本。余意他山所产，亦稍迟采之，待其长大，如芥中之法蒸之，似无不可，但未试尝，不敢漫作。"② 许次纾指出芥茶之所以不炒而是蒸，是因为这种茶叶摘得要迟，硬度大，炒的话不能变软还会枯碎。有一种用细嫩茶叶炒焙的所谓炒芥，许次纾明显对之不以为然。

闻龙《茶笺》曰："诸名茶，法多用炒，唯罗芥宜于蒸焙。味真蕴藉，世竞珍之。即顾渚、阳羡密迩洞山，不复仿此。想此法偏宜于芥，未可概施他茗。而《经》已云蒸之、焙之，则所从来远矣。"③ 闻龙认为在诸多名茶中，只有芥茶宜于蒸焙制作。

罗廪《茶解》也提到蒸青的芥茶："茶无蒸法，唯芥茶用蒸。余尝欲取真芥，用炒焙法制之，不知当作何状。近闻好事者，亦稍稍变其初

---

① （明）冯可宾：《芥茶笺》，《丛书集成续编》第86册，新文丰出版公司1988年版。
② （明）许次纾：《茶疏》，《四库全书存目丛书·子部》第79册，齐鲁书社1997年版。
③ （明）闻龙：《茶笺》，陶珽《说郛续》卷37，清顺治三年李际期宛委山堂刻本。

制矣。"①

明代除炒青茶、蒸青茶，还有晒青茶。田艺蘅《煮泉小品》曰："芽茶以火作者为次，生晒者为上，亦更近自然，且断烟火气耳。况作人手器不洁，火候失宜，皆能损其香色也。生晒茶，瀹之瓯中，则旗枪舒畅，青翠鲜明，尤为可爱。"② 屠隆《茶说》曰："茶有宜以日晒者，青翠香洁，胜以火炒。"③ 田艺蘅和屠隆均认为晒青茶要胜过炒青茶。

明代茶书关于茶叶的制作还有一个很大的创新是对于花茶制法的记载，花茶的制作一般方法是将花与茶搭配在一起，让茶充分吸收花香。

朱权《茶谱》④ 之《熏香茶法》条曰："百花有香者皆可。当花盛开时，以纸糊竹笼两隔，上层置茶，下层置花。宜密封固，经宿开换旧花；如此数日，其茶自有香味可爱。有不用花，用龙脑熏者亦可。"⑤ 将茶与花分置于密封的茶笼上、下层，经过一个晚上换花，茶叶对花香吸收到一定程度，几天后即可制出花茶。

顾元庆《茶谱》记载的花茶制法是："木樨、茉莉、玫瑰、蔷薇、兰蕙、菊花、栀子、木香、梅花皆可作茶。诸花开时，摘其半含半放、蕊之香气全者，量其茶叶多少，摘花为率。花多则太香而脱茶韵，花少则不香而不尽美。三停茶叶一停花始称。假如木樨花，须去其枝蒂及尘垢、虫蚁。用磁罐一层茶、一层花投入至满，纸箸絷固，入锅重汤煮之。取出待冷，用纸封裹。置火上焙干收用。诸花仿此。"⑥ 与朱权《茶谱》相比，顾元庆《茶谱》中的花茶制法更复杂，增加了将茶焙干的工序。另外顾元庆《茶谱》还单独记载了橙茶和莲花茶的制法。"橙茶"："将橙皮切作细丝一斤，以好茶五斤焙干，入橙丝间和，用密麻

---

① （明）罗廪：《茶解》，喻政《茶书》，明万历四十一年刻本。
② （明）田艺蘅：《煮泉小品》，《四库全书存目丛书·子部》第 80 册，齐鲁书社 1997 年版。
③ （明）屠隆：《茶说》，喻政《茶书》，明万历四十一年刻本。
④ 方健《中国茶书全集校证》（中州古籍出版社 2015 年版，第 623 页）认为黄虞稷《千顷堂书目》收入的书名是《臞仙茶谱》，遂采用了此书名。
⑤ （明）朱权：《茶谱》，《艺海汇函》，明抄本。
⑥ （明）顾元庆：《茶谱》，《续修四库全书》第 1115 册，上海古籍出版社 2003 年版。

布衬垫火箱，置茶于上，烘热；净绵被罨之三两时，随用建连纸袋封裹，仍以被罨焙干收用。""莲花茶"："于日未出时，将半含莲花拨开，放细茶一撮纳满蕊中，以麻皮略絷，令其经宿。次早摘花，倾出茶叶，用建纸包茶焙干。再如前法，又将茶叶入别蕊中，如此数次，取其焙干收用，不胜香美。"[①] 既然顾元庆将这两种花茶的制法单列，说明他对这两种花茶格外欣赏。

屠隆《茶说》还记载了一种特别的茉莉花茶制法："茉莉花，以熟水半杯放冷，铺竹纸一层，上穿数孔。晚时采初开茉莉花，缀于孔内，上用纸封，不令泄气。明晨取花簪之水，香可点茶。"[②]

四　茶叶的收藏

制好的茶叶不可避免有易吸收潮气、易吸收异味、易陈化变质的缺点，所以茶叶的收藏非常重要，茶叶收藏的原则是尽量将茶叶与外界的空气和光线隔绝，以防止吸收潮气和异味，延缓陈化变质的过程。

唐代茶书陆羽《茶经》就已重视茶叶的收藏。《茶经》之《三之造》曰："采之，蒸之，捣之，拍之，焙之，穿之，封之，茶之干矣。"[③] 封茶其实就是对茶叶的包装收藏，陆羽将封茶作为茶叶制作的最后一道程序。茶叶封藏的工具是"育"："以木制之，以竹编之，以纸糊之。中有隔，上有覆，下有床，傍有门，掩一扇。"封藏的方法是："中置一器，贮塘煨火，令煴煴然。江南梅雨时，焚之以火（育者，以其藏养为名）。"[④] 中间放置容器，用以盛盖灰的火，在江南潮气很重的梅雨季节时，焚火以保持茶叶的干燥。

宋代茶书对藏茶论述最全面的是蔡襄的《茶录》。《茶录》之《藏

---

① （明）顾元庆：《茶谱》，《续修四库全书》第1115册，上海古籍出版社2003年版。

② （明）屠隆：《茶说》，喻政《茶书》，明万历四十一年刻本。

③ （唐）陆羽：《茶经》卷上《三之造》，《丛书集成新编》第47册，新文丰出版公司1985年版。

④ （唐）陆羽：《茶经》卷上《二之具》，《丛书集成新编》第47册，新文丰出版公司1985年版。

茶》条："茶宜蒻叶而畏香药，喜温燥而忌湿冷。故收藏之家，以蒻叶封裹入焙中，两三日一次，用火常如人体温温，以御湿润。若火多，则茶焦不可食。"① 蔡襄认为茶叶适宜蒻叶而畏惧香药，喜温暖干燥而忌讳湿润寒冷。蒻叶也即嫩的香蒲叶，与茶叶相宜，但香药的气味很容易被茶叶吸收，所以不宜放在一起。蔡襄主张的茶叶喜干燥忌湿润的观点是符合实际的，但认为茶叶喜温暖忌寒冷是一种错误认识，其实茶叶低温储藏更不易变质。蔡襄《茶录》中的藏茶工具有茶焙、茶笼。《茶焙》条曰："茶焙，编竹为之，裹以蒻叶。盖其上，以收火也；隔其中，以有容也。纳火其下，去茶尺许，常温温然，所以养茶色香味也。"《茶笼》条曰："茶不入焙者，宜密封，裹以蒻，笼盛之，置高处，不近湿气。"② 茶焙的作用是在收藏中用一定的温度使茶叶保持干燥，茶笼适宜对茶叶长期保持，密封放置在高处。

明代茶书对茶叶收藏的论述比唐宋茶书前进了一大步，藏茶的方法要丰富得多，有的茶书还修正了某些错误认识，但大原则仍然没有变，主要是防潮防异味，与空气和光线隔绝。

顾元庆《茶谱》将盛虞撰写绘制的《王友石竹炉并分封六事》附于书后，列举了明代的茶具，其中器具之一是建城，也即蒻制的笼，用来贮茶。"茶宜密裹，故以蒻笼盛之，宜于高阁，不宜湿气，恐失真味。古人因以用火，依时焙之。常如人体温温，则御湿润。今称建城。按《茶录》云：建安民间以茶为尚，故据地以城封之。"③ 茶叶要密封包裹，盛在蒻制的笼中，置于高处，不近湿气。

陈师《茶考》曰："若贮茶之法，收时用净布铺薰笼内，置茗于布上，覆笼盖，以微火焙之，火烈则燥。俟极干，晾冷，以新磁罐，又以新箬叶剪寸半许，杂茶叶实其中，封固。五月、八月湿润时，仍如前法烘焙一次，则香色永不变。然此须清斋自料理，非不解事苍头婢子可塞

---

① （宋）蔡襄：《茶录》，《丛书集成初编》第 1480 册，中华书局 1985 年版。
② 同上。
③ （明）顾元庆：《茶谱》，《续修四库全书》第 1115 册，上海古籍出版社 2003 年版。

责也。"① 贮藏茶叶的方法是在熏笼内以微火将茶焙得极干，然后杂以箬叶放入瓷罐中封存。特别值得一提的是，明代茶书包括陈师《茶考》中的"箬叶"与宋代茶书中的"蒻叶"并不相同，箬叶是箬竹叶，箬竹是一种竹，叶大而宽，而蒻叶是香蒲的嫩叶。②

屠隆《茶说》（图2－4）之《藏茶》条："茶宜箬叶而畏香药，喜温燥而忌冷湿。故收藏之家，先于清明时收买箬叶，拣其最青者，预焙极燥，以竹丝编之。每四片编为一块听用。又买宜兴新坚大罂，可容茶十斤以上者，洗净焙干听用。山中焙茶回，复焙一番。去其茶子、老叶、枯焦者及梗屑，以大盆埋伏生炭，覆以灶中，敲细赤火，既不生烟，又不易过，置茶焙下焙之。约以二斤作一焙，别用炭火入大炉内，将罂悬其架上，至燥极而止。以编箬衬于罂底，茶燥者，扇冷方先入罂。茶之燥，以拈起即成末为验。随焙随入。既满，又以箬叶覆于罂上。每茶一斤，约用箬二两。口用尺八纸焙燥封固，约六七层，掘以寸厚白木板一块，亦取焙燥者。然后于向明净室高阁之。用时以新燥宜兴小瓶取出，约可受四五两，随即包整。夏至后三日，再焙一次；秋分后三日，又焙一次。一阳后三日，又焙之。连山中共五焙，直至交新，色味如一。罂中用浅，更以燥箬叶贮满之，则久而不浥。"③ 茶叶的收藏方法是将茶焙干，放入陶罂（一种口小腹阔的容器）中，箬叶衬于罂底，罂满后，罂口覆盖箬叶，再用六七层纸封存。要用时以宜兴陶瓶取出四五两，再封存好。屠隆《茶说》还记录了另外两种茶叶收藏方法。一种方法是："以中坛盛茶，十斤一瓶，每瓶烧稻草灰入于大桶，将茶瓶座桶中。以灰四面填桶，瓶上覆灰筑实。每用，拨开瓶，取茶些少，仍复覆灰，再无蒸坏。次年换灰。"另一种方法是："空楼中悬架，将茶瓶口朝下放，不蒸。缘蒸气自天而下也。"④ 前一种方法是将装满茶

① （明）陈师：《茶考》，喻政《茶书》，明万历四十一年刻本。
② ［日］青木正儿《中华名物考（外一种）》（中华书局2005年版，第48—51页）"茶蒻"条对此亦有论述。
③ （明）屠隆：《茶说》，喻政《茶书》，明万历四十一年刻本。
④ 同上。

叶的茶瓶置于填满稻草灰的大桶中，这是利用了稻草灰易于吸潮的特点；后一种方法是将茶瓶朝下放，悬于空中。

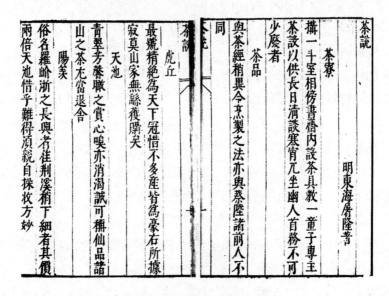

图 2-4　屠隆《茶说》书影

张源《茶录》之《藏茶》条曰："造茶始干，先盛旧盒中，外以纸封口。过三日，俟其性复，复以微火焙极干，待冷，贮坛中。轻轻筑实，以箬衬紧。将花笋箬及纸数重扎坛口，上以火煨砖冷定压之，置茶育中。切勿临风近火，临风易冷，近火先黄。"张源认为藏茶是极为重要的，关键在于"燥"："造时精，藏时燥，泡时洁；精、燥、洁，茶道尽矣。"①

熊明遇《罗岕茶记》："藏茶宜箬叶而畏香药，喜温燥而忌冷湿。收藏时，先用青箬以竹丝编之，置罂四周。焙茶俟冷，贮器中，以生炭火煅过，烈日中曝之令灭，乱插茶中，封固罂口，覆以新砖，置高爽近人处。霉天雨候，切忌发覆。须于晴明，取少许别贮小瓶。空缺处，即

---

① （明）屠隆：《茶说》，喻政《茶书》，明万历四十一年刻本。

以箬填满，封置如故，方为可久。或夏至后一焙，或秋分后一焙。"①
收藏时用青箬叶插入填满茶叶的罂中，封好罂口，覆盖新砖。易发霉的
阴雨天切忌打开。每次取少量装在小瓶内，空缺处用箬叶填满，这有利
于挤出罂内的空气，防止茶叶变质。夏至后和秋分后还可以再焙一次。

　　闻龙《茶笺》："焙极干，出缸待冷，入器收藏。后再焙，亦用此
法，免香与味不致大减。……吴兴姚叔度言：'茶叶多焙一次，则香味
随减一次。'予验之良然。但于始焙极燥，多用炭箬，如法封固，即梅
雨连旬，燥固自若。唯开坛频取，所以生润，不得不再焙耳。自四五月
至八月，极宜致谨；九月以后，天气渐肃，便可解严矣。虽然，能不弛
懈，尤妙尤妙。"② 闻龙不主张茶叶多焙，认为焙多香减。开始焙得极
干后，多用炭和箬叶，封藏好，即使几十天的梅雨季节，也很干燥。经
常开坛取茶，容易吸潮生润，这样就不得不再焙。四到八月天气潮湿，
要特别谨慎。

　　罗廪《茶解》之《藏》条曰："藏茶，宜燥又宜凉。湿则味变而香
失，热则味苦而色黄。蔡君谟云：'茶喜温。'此语有疵。大都藏茶宜
高楼，宜大瓮。包口用青箬。瓮宜覆不宜仰，覆则诸气不入。晴燥天，
以小瓶分贮用。又贮茶之器，必始终贮茶，不得移为他用。小瓶不宜多
用青箬，箬气盛，亦能夺茶香。"③ 罗廪否定了蔡襄《茶录》"茶喜温"
的错误，指出藏茶适宜干燥和凉爽，潮湿的话会使茶变味并且失香，炎
热会使茶味变苦并且色黄。茶叶宜藏于高楼大瓮之中，瓮宜覆置而不宜
仰置，以免潮气进入。干燥的晴天，可用小瓶分置贮用。贮茶之器必须
专用，若移作他用容易串味。

　　黄龙德《茶说》之《十之藏》曰："茶性喜燥而恶湿，最难收藏。
藏茶之家，每遇梅时，即以箬裹之，其色未有不变者。由湿气入于内，

①　（明）熊明遇：《罗岕茶记》，陶珽《说郛续》卷37，清顺治三年李际期宛委山堂刻本。
②　（明）闻龙：《茶笺》，陶珽《说郛续》卷37，清顺治三年李际期宛委山堂刻本。
③　（明）罗廪：《茶解》，喻政《茶书》，明万历四十一年刻本。

而藏之不得法也。虽用火时时温焙，而免于失色者鲜矣。是善藏者，亦茶之急务。不可忽也。今藏茶当于未入梅时，将瓶预先烘暖，贮茶于中，加箬于上，仍用厚纸封固于外。次将大瓮一只，下铺谷灰一层，将瓶倒列于上，再用谷灰埋之。层灰层瓶，瓮口封固，贮于楼阁，湿气不能入内。虽经黄梅，取出泛之，其色、香、味犹如新茗而色不变。藏茶之法，无愈于此。"① 黄龙德指出茶喜燥恶湿，即使梅雨季节用箬叶包裹，茶色也很难不变。藏茶非常重要不可忽略。在还未进入梅雨季节时，取大瓮一只，瓮底铺上谷灰，然后将装满茶叶的瓶子倒扣在谷灰内，翁口再封藏牢固，湿气就不可能进入了，即使经过梅雨季节，茶的色、香、味还像新茶一样。

冯可宾《岕茶笺》之《论藏茶》曰："新净磁坛，周回用干箬叶密砌，将茶渐渐装进摇实，不可用手揿。上覆干箬数层，又以火炙干，炭铺坛口扎固；又以火炼候冷新方砖压坛口上。如潮湿，宜藏高楼，炎热则置凉处。阴雨不宜开坛。近有以夹口锡器贮茶者，更燥更密。盖磁坛犹有微罅透风，不如锡者坚固也。"② 瓷坛内周回紧密砌上箬叶，装满茶叶后再覆盖上箬叶数层，炭铺在坛口扎紧，最后以火炼新砖候冷压在坛口，阴雨天不宜开坛。冯可宾认为锡器贮茶比瓷坛更好，因为瓷器还有细小的孔隙透风。

高元濬《茶乘拾遗》："人但知箬叶可以藏茶，而不知多用能夺茶香气，且箬性峭劲，不甚帖伏，能无渗罅？一经渗罅，便中风湿，从前诸事废矣。"③ 高元濬指出藏茶广泛使用的箬叶也不宜多用，因为会夺去茶叶的香气，而且箬叶坚硬不甚伏贴，容易有缝隙，一旦有缝隙，湿气就会进入了。

---

① （明）黄龙德：《茶说》，《中国古代茶道秘本五十种》第 1 册，全国图书馆文献缩微复制中心 2003 年版。

② （明）冯可宾：《岕茶笺》，《丛书集成续编》第 86 册，新文丰出版公司 1988 年版。

③ （明）高元濬：《茶乘拾遗》，《续修四库全书》第 1115 册，上海古籍出版社 2003 年版。

第二节　茶书中对水的认识

水对于茶饮是十分重要的，因为任何茶叶饮用必须浸泡于水中。明代茶书对水的评价标准，主要有清、流、轻、甘和寒五个方面。历史上对水的品评有等次和美恶两个流派，均源于陆羽的观点，明代茶书对水的品评主要属于美恶派，不再流行对水评定等次。水易受污染变质，所以水的保存是非常重要的，明代茶书对水的保存亦有一定论述。

一　水的评价标准

水对于茶饮有极端的重要性，对水的地位，唐代茶书就已有论述。中国历史上的第一部茶书陆羽《茶经》曰："茶有九难……五曰水……飞湍壅潦，非水也"。① 张又新《煎茶水记》记载陆羽曾说过："夫茶烹于所产处，无不佳也，盖水土之宜。离其处，水功其半，然善烹洁器，全其功也。"② 茶烹煮于产地，茶味都很好，因为水土相宜，但离开产地，水的作用要占一半。因为水中含有许多矿物质元素，这些元素会与茶在水中的浸出物发生反应，同样的茶叶以不同的水质烹饮，茶味会相距悬殊。唐代王敷《茶酒论》亦表现了水对茶饮的重要性，茶与酒互相夸耀争功，而水出来说："人生四大，地水火风。茶不得水，作何相貌？酒不得水，作甚形容？米麴干吃，损人肠胃；茶片干吃，只粝（劣）破喉咙。万物须水，五谷之宗。"③

明代茶书对水更为重视。徐𤊹《茗谭》曰："名茶难得，名泉尤不易寻。有茶而不瀹以名泉，犹无茶也。"④ 黄履道《茶苑》曰："泉为

---

① （唐）陆羽：《茶经》卷下《六之饮》，《丛书集成新编》第47册，新文丰出版公司1985年版。

② （唐）张又新：《煎茶水记》，《丛书集成新编》第47册，新文丰出版公司1985年版。

③ （唐）王敷：《茶酒论》，王重民《敦煌变文集》，人民文学出版社1957年版，第267页。

④ （明）徐𤊹：《茗谭》，喻政《茶书》，明万历四十一年刻本。

茶之司命，必资清泠甘冽之品，方可从事。即有佳茗，而以苦碱斥烹之，其色香滋味顿绝，迨为沟壑之弃水耳，何可以登茗饮？故尔，鉴赏名家品瓯蚁者，务择名泉。"① 许次纾《茶疏》曰："精茗蕴香，借水而发，无水不可与论茶也。"② 明代出现几部专门论水的茶书，主要有田艺蘅《煮泉小品》、徐献忠《水品》和龙膺《蒙史》，另外其他大量茶书对水也有或多或少的涉及。

中国古代对水的评价标准主要有清、流、轻、甘、寒五个方面，前三个方面清、流、轻是对水质方面的评价，后两个方面甘、寒是水味方面的评价。③

第一个评价标准清也即清洁，是相对浊而言的，清澈透明，无悬浮物，无沉淀物。

唐宋茶书就已十分重视水之清，甚至把清看作评判水的最关键标准。陆羽《茶经》曰："其水，用山水上，江水中，井水下。（《荈赋》所谓：'水则岷方之注，挹彼清流。'）……其江水取去人远者，井取汲多者。"④ 为何山水最佳，因为山水去人类最远，污染最少，最为清洁，江水、井水依次等而下之。江水要取远离人类活动的地方，井水要取汲得多的，也是为了清洁的需要。张又新《煎茶水记》对桐庐江严子濑水极为欣赏，认为"家人辈用陈黑坏茶泼之，皆至芳香。又以煎佳茶，不可名其鲜馥也，又愈于扬子南零殊远"，而张又新对严子濑水的评价是"溪色至清"。⑤ 宋代茶书宋徽宗《大观茶论》之《水》条曰："水以清轻甘洁为美，轻甘乃水之自然，独为难得。古人第水，虽曰中泠、惠山为上，然人相去之远近，似不常得。但当取山泉之清洁者，其次，则井水之常汲者为可用。若江河之水，则鱼鳖之腥，泥泞之污，虽轻甘

① （明）黄履道：《茶苑》卷9，清抄本。
② （明）许次纾：《茶疏》，《四库全书存目丛书·子部》第79册，齐鲁书社1997年版。
③ 刘昭瑞：《中国古代饮茶艺术》，陕西人民出版社2002年版，第47页。
④ （唐）陆羽：《茶经》卷下《五之煮》，《丛书集成新编》第47册，新文丰出版公司1985年版。
⑤ （唐）张又新：《煎茶水记》，《丛书集成新编》第47册，新文丰出版公司1985年版。

无取。"① 宋徽宗把清作为评价水的最重要标准，中泠水、慧山水固然最好，但得不到时，取清洁的山泉也可，其次是常汲的井水，江河之水因为有鱼鳖泥泞的污染则不足取。

明代茶书继承了唐宋主张水清的观点，并有进一步发展。田艺蘅《煮泉小品》之《源泉》条曰："山厚者泉厚，山奇者泉奇，山清者泉清，山幽者泉幽，皆佳品也。不厚则薄，不奇则蠢，不清则浊，不幽则喧，必无佳泉。"清与厚、奇、幽皆是水之佳者。《清寒》条曰："清，朗也，静也，澄水之貌。……石少土多、沙腻泥凝者，必不清寒。……冰，坚水也。……是固清寒之极也。……有黄金处，水必清；有明珠处，水必媚；有子鲋处，水必腥腐；有蛟龙处，水必洞黑。嫩恶固不可不辨也。"土多泥泞，水肯定不会清。冰，水中的杂质会沉淀，认为"清寒之极"是有道理的。认为有黄金处水必清未必符合实际，但滋生虫、鱼等水生物的水不会太清洁，这是符合事实的。《宜茶》条曰："今武林诸泉，唯龙泓入品，而茶亦唯龙泓山为最。盖兹山深厚高大，佳丽秀越，为两山之主，故其泉清寒甘香，雅宜煮茶。虞伯生诗：'但见瓢中清，翠影落群岫。烹煎黄金芽，不取谷雨后。'……而郡志亦只称宝云、香林、白云诸茶，皆未若龙泓之清馥隽永也。……严子濑，一名七里滩。盖沙石上，曰濑、曰滩也，总谓之渐江，但潮汐不及而且深澄，故入陆品耳。"龙泓（明代也叫龙井）水之所以是佳品，最大的原因是清，严子濑水因为潮汐不及而且河水清澈（"澄"为清澈之意），也是佳水。《江水》条曰："江，公也，众水共入其中也。……'取去人远者'，盖去人远，则澄清而无荡港之漓耳。……潮汐近地，必无佳泉，盖斥卤诱之也。天下潮汐，惟武林最盛，故无佳泉。"江水取去人远者是为了清洁的需要，靠近潮汐的泉水必然不佳，因为破坏了清洁的要求。《井水》条曰："井，清也，泉之清洁者也……其清出于阴，其通入于淆，其法节由于不得已，脉暗而味滞。故鸿渐曰：'井水下。'

---

① （宋）赵佶：《大观茶论》，陶宗仪《说郛》卷93，清顺治三年李际期宛委山堂刊本。

其曰'井取汲多者'，盖汲多，气通而流活耳。终非佳品，勿食可也。市廛民居之井，烟爨稠密，污秽渗漏，特潢潦耳，在郊原者庶几。"井水多为浅层地下水，容易受到污染，不太符合清洁的需要，所以田艺蘅不甚欣赏井水。《绪谈》条曰："凡临佳泉，不可容易漱濯，犯者每为山灵所憎。泉坎须越月淘之，革故鼎新，妙运当然也。山木固欲其秀而荫，若丛恶，则伤泉。今虽未能使瑶草琼花披拂其上，而修竹幽兰自不可少也。作屋覆泉，不惟杀尽风景，亦且阳气不入，能致阴损，戒之戒之。若其小者，作竹罩以笼之，防其不洁之侵，胜屋多矣。泉中有虾蟹、子虫，极能腥味，亟宜淘净之。僧家以罗滤水而饮，虽恐伤生，亦取其洁也。"[①] 不可在泉边洗漱，泉坎要每月淘洗，不要在泉上作屋以免阻止阳光影响清洁，泉中有虾蟹子虫等物要淘净以保持清洁。

徐献忠《水品》之《一源》条曰："予尝揽瀑水上源，皆派流会合处，出口有峻壁，始垂挂为瀑，未有单源只流如此者。源多则流杂，非佳品可知。……深山穷谷，类有蛟蛇毒沫，凡流来远者，须察之。春夏之交，蛟蛇相感，其精沫多在流中，食其清源或可尔，不食更稳。……山东诸泉，海气太盛，漕河之利，取给于此。然可食者少，故有闻名甘露、淘米、茶泉者，指其可食也。若洗钵，不过贱用尔。其臭泉、皂泥泉、浊河等泉太甚，不可食矣。"瀑布因为源多流杂易受污染，所以不是佳品，深山穷谷中要注意蛟蛇等动物对流水的污染，山东的诸泉水因为受到海水的侵蚀，所以可食者少。《二清》条曰："泉有滞流积垢，或雾翳云翁，有不见底者，大恶。若泠谷澄华，性气清润，必涵内光澄物影，斯上品尔。山气幽寂，不近人村落，泉源必清润可食。……若土多而石少者，无泉，或有泉而不清，无不然者。春夏之交，其水盛至，不但蛟蛇毒沫可虑，山墟积腐经冬月者，多流出其间，不能无毒。雨后澄寂久，斯可言水也。泉上不宜有木，吐叶落英，悉为腐积，其幻为滚水虫，旋转吐纳，亦能败泉。泉有滓浊，须涤去之。但为覆屋作人巧

---

① （明）田艺蘅：《煮泉小品》，《四库全书存目丛书·子部》第 80 册，齐鲁书社 1997年版。

者，非丘壑本意。"徐献忠提出了许多会使泉水不清的情况。泉水流动
滞缓不见底，十分不好，泉水清澈则是上品，山土多石少则无泉或泉不
清，春夏之交因为雨水多泉水很盛,,但容易掺入各种毒素和腐殖质，
泉上不宜有树木，以免花叶落入腐烂，不要在泉上建屋以免阻碍阳光。
徐献忠在《水品》卷下中列了许多佳水，这些佳水的一个重要特点就
是清。如金陵八功德水："八功德水，在钟山灵谷寺。八功德者：一
清、二冷、三香、四柔、五甘、六净、七不噎、八除痾。"清放在最首
位，另外"六净"也是洁净之意。泰山诸泉："王母池，一名瑶池，在
泰山之下，水极清，味甘美。"王母池的最佳特点是水十分清洁。京师
西山玉泉："莹澈照映，其水甘洁，上品也。"莹澈也即莹洁透明之意。
林虑山水帘："其潴而为泓者，清澈如空，纤芥可见。"清洁透明是林
虑山水帘水的重要特点。杨子中冷水："往时江中唯称南零水，陆处士
辨其异于岸水，以其清澈而味厚也。……中冷有石骨，能淳水不流，澄
凝而味厚。"陆羽之所以能辨出中冷水异于岸边的水，在于其清澈味
厚，中冷的石骨可使水纯净。福州南台泉和桐庐严子濑："福州南台
泉。泉上有白石壁，中有二鲤形，阴雨鳞目粲然。贫者汲卖泉水，水清
冷可爱。土人以南山有白石，又有鲤鱼，似宁戚歌中语，因傅会戚饭牛
于此。桐庐严子濑。张君过桐庐江，见严子濑溪水清冷，取煎佳茶，以
为愈于南冷水。予尝过濑，其清湛芳鲜，诚在南冷上。"① 南台泉水和
严子濑水之所以是佳水，最重要原因是清冷，也即清澈凉爽。徐献忠甚
至认为严子濑水比中冷水还要清澈。

　　屠隆《茶说》之《天泉》条曰："夏月暴雨不宜，或因风雷所致，
实天之流怒也。龙行之水，暴而霆者，旱而冻者，腥而墨者，皆不可
食。"暴雨因为风云容易带来尘埃等杂质，旱天冻结的水有大量不洁
物，都不适合食用。《地泉》条曰："泉上有恶木，则叶滋根润，能损
甘香，甚者能酿毒液，尤宜去之。如南阳菊潭，损益可验。"② 泉上有

① （明）徐献忠：《水品》，《四库全书存目丛书·子部》第 80 册，齐鲁书社 1997 年版。
② （明）屠隆：《茶说》，喻政《茶书》，明万历四十一年刻本。

恶木，坠落物腐烂容易损害水味，甚至有毒。

许次纾《茶疏》之《择水》条曰："往三渡黄河，始忧其浊，舟人以法澄过，饮而甘之，尤宜煮茶，不下惠泉。黄河之水，来自天上，浊者，土色也。澄之既净，香味自发。余尝言有名山则有佳茶，兹又言有名山必有佳泉，相提而论，恐非臆说。余所经行，吾两浙、两都、齐、鲁、楚、粤、豫章、滇、黔，皆尝稍涉其山川，味其水泉，发源长远，而潭浊澄澈者，水必甘美。即江河溪涧之水，遇澄潭大泽，味咸甘冽。唯波涛湍急，瀑布飞泉，或舟楫多处，则苦浊不堪。"① 许次纾认为清对水而言是最重要的，浑浊的黄河水因为澄清了，水质不亚于惠泉，处处皆有佳泉，关键在于清。

陈继儒《茶话》（图2-5）曰："山顶泉轻而清；山下泉清而重；石中泉清而甘；沙中泉清而冽；土中泉清而厚。流动者良于安静；负阴者胜于向阳。山峭者泉寡，山秀者有神。"② 陈继儒对山顶、山下、石中、沙中、土中之水，均强调了其清。

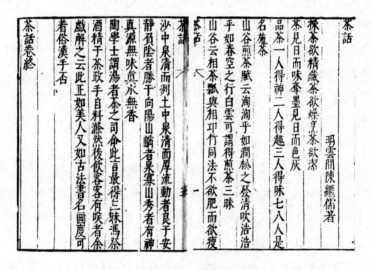

图2-5 陈继儒《茶话》书影

---

① （明）许次纾：《茶疏》，《四库全书存目丛书·子部》第79册，齐鲁书社1997年版。
② （明）陈继儒：《茶话》，喻政《茶书》，明万历四十一年刻本。

闻龙《茶笺》曰："吾乡四陲皆山，泉水在在有之，然皆淡而不甘，独所谓它泉者……水色蔚蓝，素砂白石，粼粼见底，清寒甘滑，甲于郡中。"① 它泉之所以好，水质清澈是重要原因。

龙膺《蒙史》(图2-6)曰："泉坎须越月淘之，庶无阴秽之积。尤宜时以雄黄下坠坎中，或涂坎上，去蛇毒也。"泉坎要每月淘洗以保持清洁，应该经常坠雄黄于坎上，以去蛇毒。《蒙史》列举了一些佳泉，它们的重要特点之一是清，如泉州城北泉山水和严陵钓台下水："泉州城北泉山，一名齐云，岩洞奇秀，上有石乳，泉清冽甘美。……严陵钓台下，水甚清激，陆羽品居第十九。"②

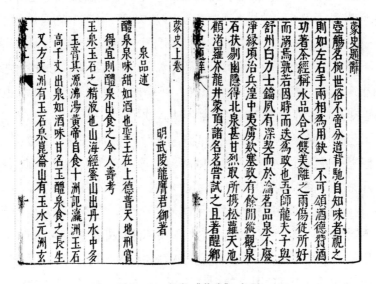

图2-6 龙膺《蒙史》书影

醉茶消客《茶书》③ 辑录了大量有关水的诗文，这些水之所以品质

---

① （明）闻龙：《茶笺》，陶珽《说郛续》卷37，清顺治三年李际期宛委山堂刻本。

② （明）龙膺：《蒙史》上卷《泉品述》，喻政《茶书》，明万历四十一年刻本。

③ 该茶书现存版本为南京图书馆藏明抄本，但因无首页书名已佚，南京图书馆编目者将之称为《茶书》，《中国古籍善本书目》亦因此将之定名为《茶书》，而朱自振等《中国古代茶书集成》（上海文化出版社2010年版，第491页）则认为称作《明抄茶水诗文》比较恰当，本书仍按《中国古籍善本书目》确定的书名《茶书》。

佳，一个重要原因是清。王鏊《虎丘第三泉记》评价虎丘泉："兹所谓山下出泉，蒙宜其甘寒清洌，非他泉比也。"丁元吉《中冷泉》评价中冷泉："谁知一勺乾坤髓，占断江心万古清。"邵惟中《观惠山泉用苏韵》评价惠山泉："泉清眇纤碍，恍临冰雪堂。"僧古愚《登海云亭》评惠山泉："明日惠山曾有约，又携茶鼎汲清泠。"李梦阳《谢友送惠山泉》："清泠不异在山时，中涵石子莓苔丝。"①

对水的第二个重要评价标准是流，流也即活，要求不是静止的死水。

唐代茶书陆羽《茶经》就已论及水之流："其水，用山水上，江水中，井水下。……又多别流于山谷者，澄浸不泄，自火天至霜降以前，或潜龙蓄毒于其间，饮者可决之，以流其恶，使新泉涓涓然，酌之。……井取汲多者。"② 井水之所以最下，一个重要原因就是不甚流动，所以要取汲多者，山谷间不流动的水很可能有毒素，如饮用的话需要掘开让其流动使新泉冒出。《茶经》还指出"飞湍壅潦，非水也"③，也即迅捷湍急或停滞不流的水，都不适宜饮用。

田艺蘅《煮泉小品》之《石流》条曰："泉，往往有伏流沙土中者，挹之不竭，即可食。不然，则渗潴之潦耳，虽清勿食。流远则味淡，须深潭淳蓄，以复其味，乃可食。泉不流者，食之有害。《博物志》：'山居之民，多瘿肿疾，由于饮泉之不流者。'"有伏流在沙土中，取之不竭流动的泉水可以食用，不然聚集不流动即使看起来清澈也不可食，泉不流动的，食之有害。流远的水容易渗入异物，需要在深潭中蓄积以待杂质沉淀才可食用。《井水》条曰："井，清也，泉之清洁者也；通也，物所通用者也……鸿渐曰：'井水下。'其曰'井取汲多者'，盖

---

① （明）醉茶消客：《茶书》，明抄本。
② （唐）陆羽：《茶经》卷下《五之煮》，《丛书集成新编》第 47 册，新文丰出版公司1985 年版。
③ （唐）陆羽：《茶经》卷下《六之饮》，《丛书集成新编》第 47 册，新文丰出版公司1985 年版。

汲多，气通而流活耳。"① 井水应尽量让其多流通。

徐献忠《水品》之《三流》条曰："水泉虽清映甘寒可爱，不出流者，非源泉也。雨泽渗积，久而澄寂尔。《易》谓'山泽通气'。山之气，待泽而通；泽之气，待流而通。《老子》'谷神不死'，殊有深义。源泉发处，亦有谷神，而混混不舍昼夜，所谓不死者也。源气盛大，则注液不穷。陆处士品：'山水上，江水中，井水下。'其谓中理。然井水淳泓，地中阴脉，非若山泉天然出也，服之中聚易满，煮药物不能发散流通，忌之可也。《异苑》载句容县季子庙前井，水常沸涌。此当是泉源，止深凿为井尔。《水记》第虎丘石水居三。石水虽泓淳，皆雨泽之积，渗窦之潢也。虎丘为阖闾墓隧，当时石工多闷死，山僧众多，家常不能无秽浊渗入，虽名陆羽泉，与此脉通，非天然水脉也。道家服食，忌与尸气近，若暑月凭临其上，解涤烦襟可也。"② 泉水需要流动，不流通的泉水，不是真正的源泉。虎丘水虽看起来清澈，但其实都是雨水的积聚，并非天然水脉，加之山僧污秽渗入，并非好水。

朱祐槟《茶谱》引曹士谟《茶要》曰："清泉澄江，引汲新活，茶之正脉也。"③ 清澈的泉水和江水，也要新汲的活水，才最适合烹茶。

对水的第三个评价标准是轻，也即水要重量轻，因为水中融入了大量不同矿物质，水的重量是不尽相同的，一般认为质轻的水质更佳。水之轻、重区别有点类似今日科学所言的软水和重水，前者指每公斤水中钙、镁等离子低于 8 毫克的水，后者则为高于 8 毫克的水，软水泡茶，品质更佳。

唐宋茶书就已一定程度认识到了水轻的重要性。据唐代张又新《煎茶水记》，陆羽应李季卿的要求，品第了二十水的等次，其中雪水排在第二十。④ 很多人以为陆羽轻视雪水，其实殊为不然，陆羽其实是

---

① （明）田艺蘅：《煮泉小品》，《四库全书存目丛书·子部》第 80 册，齐鲁书社 1997 年版。

② （明）徐献忠：《水品》，《四库全书存目丛书·子部》第 80 册，齐鲁书社 1997 年版。

③ （明）朱祐槟：《茶谱》，朱祐槟《清媚合谱》，明崇祯刻本。

④ （唐）张又新：《煎茶水记》，《丛书集成新编》第 47 册，新文丰出版公司 1985 年版。

将他认为的佳水按自己的观点排了序，他品尝过的水何止万千，将其列入二十之内说明陆羽对雪水是颇为赞赏的。雪水是天降之水，在无大气污染的古代，含矿物质的量是极低的，为标准的轻水。宋徽宗《大观茶论》之《水》条曰："水以清轻甘洁为美，轻甘乃水之自然，独为难得。"① 对水的评价，宋徽宗将轻排在"清轻甘洁"这四条标准的第二位。他认为轻是水的自然，十分难得。以现代科学的眼光来看，愈轻之水愈接近纯净水，更接近真正的水，宋徽宗通过感性悟到了现代科学的道理。

明代茶书田艺蘅《煮泉小品》之《灵水》条曰："灵，神也。天一生水，而精明不淆，故上天自降之泽，实灵水也。古称'上池之水者非与'。要之皆仙饮也。露者，阳气胜而所散也。……《十洲记》'黄帝宝露'，《洞冥记》'五色露'，皆灵露也。《庄子》曰：'姑射山神人，不食五谷，吸风饮露。'《山海经》：'仙丘绛露，仙人常饮之。'……是露可饮也。雪者，天地之积寒也。《泛胜书》：'雪为五谷之精。'……陶谷取雪水烹团茶。而丁谓《煎茶》诗：'痛惜藏书箧，坚留待雪天。'李虚己《建茶呈学士》诗：'试将梁苑雪，煎动建溪春。'是雪尤宜茶饮也。处士列诸末品，何邪？意者以其味之燥乎？若言太冷，则不然矣。雨者，阴阳之和，天地之施，水从云下，辅时生养者也。……《拾遗记》：'香云遍润，则成香雨'，皆灵雨也，固可食。"② 田艺蘅所谓的灵水包括露水、雪水、雨水等天降之水，他引经据典给予了很高评价。这些水都是矿物质含量很低的轻水。

明代茶书龙膺《蒙史》曰："济南水泉清冷，凡七十二。……曾子同诗以瀑流为趵突泉为上。又杜康泉，康汲此酿酒，或以中冷及惠泉称之，一升重二十四铢，是泉较轻一铢。"③ 趵突泉之所以品质佳，一个

---

① （宋）赵佶：《大观茶论》，陶宗仪《说郛》卷93，清顺治三年李际期宛委山堂刊本。

② （明）田艺蘅：《煮泉小品》，《四库全书存目丛书·子部》第80册，齐鲁书社1997年版。

③ （明）龙膺：《蒙史》上卷《泉品述》，喻政《茶书》，明万历四十一年刻本。

重要特点是水轻，一升钧突泉比中冷水、惠泉水还要轻一铢。

对水的第四个重要评价标准是甘，也即水在口中有甜美感。

宋代茶书就已一定程度认识到水甘的重要性。叶清臣《述煮茶泉品》："蒸焙以图，造作以经，而泉不香、水不甘，爨之、扬之，若淤若滓。"①泉水不甘香，烹出的茶就像淤塞的渣子。宋徽宗《大观茶论》曰："水以清轻甘洁为美，轻甘乃水之自然，独为难得。"②宋徽宗将甘放在"清轻甘洁"四条标准的第三位。

明代茶书对水甘的论述很多。田艺蘅《煮泉小品》之《甘香》条曰："甘，美也；香，芳也。《尚书》：'稼穑作甘黍。'甘为香。黍唯甘香，故能养人。泉惟甘香，故亦能养人。然甘易而香难，未有香而不甘者也。味美者曰甘泉，气芳者曰香泉，所在间有之。……甜水，以甘称也。《拾遗记》：'员峤山北，甜水绕之，味甜如蜜。'《十洲记》：'元洲玄涧，水如蜜浆，饮之与天地相毕。'又曰：'生洲之水，味如饴酪。'"田艺蘅认为泉水甘香能养人，香甚至比甘更为难得。甘水自然界是大量存在的，但香水极为罕见，而且田艺蘅所谓水之香，更多是一种主观的心理感受。《灵水》条曰："露者……色浓为甘露，凝如脂，美如饴，一名膏露，一名天酒。……《博物志》：'沃渚之野，民饮甘露。'……雪者，天地之积寒也。……《拾遗记》：'穆王东至大之谷，西王母来进嵊州甜雪，是灵雪也。'……雨者，……和风顺雨，明云甘雨"。露常被称为甘露，雨常被称为甘雨，雨也有甜雨之说。《异泉》条曰："醴泉：醴，一宿酒也；泉，味甜如酒也。……玉泉：玉石之精液也。……《十洲记》：'瀛洲玉石。高千丈，出泉如酒。味甘，名玉醴泉，食之长生。……'……乳泉：石钟乳，山骨之膏髓也。其泉色白而体重，极甘而香，若甘露也。……云母泉：下产云母，明而泽，可炼为膏，泉滑而甘。茯苓泉：山有古松者，多产茯苓。……其泉或赤或

---

① （宋）叶清臣：《述煮茶小品》，陶宗仪《说郛》卷93，清顺治三年李际期宛委山堂刊本。

② （宋）赵佶：《大观茶论》，陶宗仪《说郛》卷93，清顺治三年李际期宛委山堂刊本。

白，而甘香倍常。又术泉，亦如之。"① 作为异泉的醴泉、玉泉、乳泉、云母泉和茯苓泉的一个重要特点是甘。

徐献忠《水品》之《一源》条曰："水泉初发处，甚澹；发于山之外麓者，以渐而甘；流至海，则自甘而作成矣。故汲者持久，水味亦变。……水以乳液为上，乳液必甘，称之，独重于他水。凡称之重厚者，必乳泉也。丙穴鱼以食乳液，特佳。煮茶稍久，上生衣，而酿酒大益。水流千里者，其性亦重。"徐献忠认为泉水初发时水味淡，流到山脚会逐渐变甘，流到海中会变咸。这是因为泉水在流动过程中吸收不同矿物质成分造成的。乳液是指钟乳泉，其中二氧化碳含量高，饮之有甘甜感，用钟乳泉煮茶久了茶器上会有积垢，这就是所谓"上生衣"，这是水中的二氧化碳逸散碳酸钙沉淀造成的。《四甘》条曰："泉品以甘为上，幽谷绀寒清越者，类出甘泉，又必山林深厚盛丽，外流虽近而内源远者。泉甘者，试称之必重厚。其所由来者，远大使然也。江中南零水，自岷江发流，数千里始澄于两石间，其性亦重厚，故甘也。古称醴泉，非常出者，一时和气所发，与甘露、芝草同为瑞应。……醴泉食之令人寿考，和气畅达，宜有所然。泉上不宜有恶木，木受雨露，传气下注，善变泉味。况根株近泉，传气尤速，虽有甘泉不能自美。犹童蒙之性，系于所习养也。"徐献忠认为泉品以甘为上，但认为水甘者泉必重，与一般主张水轻的观点不同。醴为甜酒之意，醴泉也就是甘泉。泉上不宜有气味不佳的树木，以免影响泉之甘美。徐献忠《水品》列举了一些水甘的佳泉。如偃师甘露泉："甘泉在偃师东南，莹澈如练，饮之若饴。又缑山浮丘冢，建祠于庭下，出一泉，澄澈甘美，病者饮之即愈，名浮丘灵泉。"洪州喷雾崖瀑："……宋张商英游此题云：'水味甘腴，偏宜煮茗'。"云阳县天师泉："云阳县有天师泉……虽甘洁清冽，不贵也；多喜山雌雄泉，分阴阳盈竭，斯异源尔。"潼川泉水："盐亭县西，自剑门南来四百里为负戴山。山有飞龙泉，极甘美。遂宁县东十

里，数峰壁立，有泉自岩滴下成穴，深尺余。绀碧甘美，流注不竭，因名灵泉。"碧林池："在吴兴弁山太阳坞。……两泉皆极甘，不减惠山，而东泉尤冽。"黄岩铁筛泉："方山下出泉甚甘，古人欲避其泛沙，置铁筛其内，因名。"姑苏七宝泉："光禄寺左邓尉山东三里有七宝泉，发石间，环甃以石，形如满月。庵僧接竹引之，甚甘。"①

屠隆《茶说》之《天泉》条曰："春冬二水，春胜于冬，皆以和风甘雨，得天地之正施者为妙。"屠隆认为春雨胜冬雨，春雨为甘雨。《地泉》条曰："取香甘者，泉惟香甘，故能养人。然甘易而香难，未有香而不甘者。……泉上有恶木，则叶滋根润，能损甘香，甚者能酿毒液，尤宜去之。如南阳菊潭，损益可验。"泉要取甘香者，泉上气味不佳的树木会损害泉之甘香。《井水》条曰："脉暗而性滞，味咸而色浊，有妨茗气。……或平地偶穿一井，适通泉穴，味甘而澹，大旱不涸，与山泉无异，非可以井水例观也。"屠隆总体并不欣赏井水，但井水如果味甘而且大旱不涸，则不是一般井水，与山泉无异。《灵水》条曰："上天自降之泽，如上池天酒、甜雪香雨之类，世或希觏，人亦罕识。乃仙饮也。"② 屠隆将雪、雨称为甜雪香雨，认为是仙饮。

许次纾《茶疏》之《择水》条曰："今时品水，必首惠泉，甘鲜膏腴，至足贵也。往三渡黄河，始忧其浊，舟人以法澄过，饮而甘之，尤宜煮茶，不下惠泉。……余所经行……而潭浊澄澈者，水必甘美。即江河溪涧之水，遇澄潭大泽，味咸甘冽。"③ 许次纾将甘作为惠泉最重要的特点，黄河等水之所以澄清后是好水，重要原因是水之甘体现出来了。

张丑《茶经》之《茶味》条曰："茶味主于甘滑，然欲发其味，必资乎水。盖水泉不甘，损茶真味，前世之论水品者，以此。"④ 水泉不

---

① （明）徐献忠：《水品》，《四库全书存目丛书·子部》第 80 册，齐鲁书社 1997 年版。
② （明）屠隆：《茶说》，喻政《茶书》，明万历四十一年刻本。
③ （明）许次纾：《茶疏》，《四库全书存目丛书·子部》第 79 册，齐鲁书社 1997 年版。
④ （明）张丑：《茶经》，《中国古代茶道秘本五十种》第 2 册，全国图书馆文献缩微复制中心 2003 年版。

甘美，会损害茶味。

高元濬《茶乘拾遗》曰："郡内泉佳者，曰东井，其源深厚而绀冽，在紫芝峰麓，其下禅宇奠焉。出丛林，稍圻而西，又有泉曰岩坛，郡人多汲取。甘鲜温美，似胜东井。余谓得此以佐龙山新茗，足称双绝。"[1] 高元濬为福建漳州龙溪人，文中应指漳州。东井泉甘冽，岩坛泉甘美。

罗廪《茶解》之《水》条曰："甘泉偶出于穷乡僻境，土人或藉以饮牛涤器，谁能省识？即余所历地，甘泉往往有之。如象川蓬莱院后，有丹井焉，晶莹甘厚，不必瀹茶，亦堪饮酌。……瀹茗必用山泉。次梅水。梅雨如膏，万物赖以滋长，其味独甘。《仇池笔记》云：时雨甘滑，泼茶煮药，美而有益。梅后便劣。"[2] 瀹茶最好用山中甘泉，其次为梅水，也即梅雨季节的雨水，滋味甘甜。

龙膺《蒙史》列举了一些甘甜的泉水。如醴泉："醴泉，泉味甜如酒也。圣王在上，德普天地，刑赏得宜，则醴泉出。食之，令人寿考。"大庾岭云封寺东泉："大庾岭云封寺东泉，自石穴涌出，甘冽可爱。"紫盖山当阳："承天紫盖山当阳，道书三十三洞天。林石皆绀色，下出彩水，香甘异常。"河中府舜泉坊："河中府舜泉坊，二井相通。……蒲滨河，地卤泉咸，独此井甘美，世以为异。"[3]

对水的第五个重要评价标准是寒，也即冽，是指水在口中有清凉感。

唐代茶书张又新《煎茶水记》就已注意到了水寒的重要性。张又新用桐庐江严子濑水煎茶，茶味极佳，即使用坏茶茶水都很芳香，严子濑水的特点除"溪色至清"外，还有重要一点即为"水味甚冷"。陆羽品第了二十处佳水的等次，其中第四等虾蟆口水"泄水独清冷"，第二

---

① （明）高元濬：《茶乘拾遗》，《续修四库全书》第 1115 册，上海古籍出版社 2003 年版。

② （明）罗廪：《茶解》，喻政《茶书》，明万历四十一年刻本。

③ （明）龙膺：《蒙史》上卷《泉品述》，喻政《茶书》，明万历四十一年刻本。

十等则为寒冷的雪水。

明代茶书关于水寒的论述和记录很多。田艺蘅《煮泉小品》之《清寒》条曰："寒，冽也，冻也，覆水之貌。泉，不难于清而难于寒。其濑峻流驶而清，岩奥阴积而寒者，亦非佳品。……蒙之象曰果行，井之象曰寒泉。不果，则气滞而光；不澄，不寒，则性燥而味必啬。冰，坚水也。穷谷阴气所聚，不泄则结而为伏阴也。在地英明者唯水，而冰则精而且冷，是固清寒之极也。谢康乐诗：'凿冰煮朝飧。'《拾遗记》：'蓬莱山冰水，饮者千岁。'"田艺蘅认为泉水寒比清更难得，泉水初出时要有生气，井水要有寒泉之象，不然水味就会涩而不畅，冰是清寒之极的水，是极佳之水。《灵水》条曰："雪者，天地之积寒也。《泛胜书》：'雪为五谷之精。'……李虚己《建茶呈学士》诗：'试将梁苑雪，煎动建溪春。'是雪尤宜茶饮也。处士列诸末品，何邪？意者以其味之燥乎？若言太冷，则不然矣。"① 雪作为积寒之水，十分适合烹茶，田艺蘅因之否定陆羽认为雪水不必太冷的观点。

徐献忠《水品》之《五寒》条曰："泉水不甘寒，俱下品。《易》谓'并列寒泉食'，可见并泉以寒为上。金山在华亭海上，有寒穴，诸咏其胜者，见郡志。广中新城县，冷泉如冰，此皆其尤也。然凡称泉者，未有舍寒冽而著者。……予尝有《水颂》云：'景丹霄之浩露，眷幽谷之浮华。琼醴庶以消忧，玄津抱而终老'。盖指甘寒也。泉水甘寒者多香，其气类相从尔。凡草木败泉味者，不可求其香也。"徐献忠认为泉水不甘寒，都是下品，泉以寒为上，泉水甘寒者大多有香。《水品》记录了很多以冽（也即寒）为特点的水。金陵八功德水，"冷"是此水的八功德"一清、二冷、三香、四柔、五甘、六净、七不噎、八除痾"之一。白鹤泉："白鹤泉，在升元观后，水冽而美。"华山凉水泉："其凉水泉，出窦间，芳冽甘美，稍以憩息，固天设神水也。"四明山雪窦上岩水："四明山巅出泉甘冽，名四明泉，上矣。"天台桐柏

---

① （明）田艺蘅：《煮泉小品》，《四库全书存目丛书·子部》第 80 册，齐鲁书社 1997 年版。

宫水："宫前千仞石壁，下发一源，方丈许，其水自下涌起如珠，溉灌甚多，水甘洌入品。"黄岩灵谷寺香泉："寺在黄岩、太平之间，寺后石罅中，出泉甘洌而香，人有名为圣泉者。"麻姑山神功泉："其水清洌甘美，石中乳液也。土人取以酿酒，称麻姑者，非酿法，乃水味佳也。"白龙潭井水："白龙潭井水，甘而洌，不下泉水。"金山寒穴泉："松江治南海中金山上有寒穴泉。按：宋毛滂《寒穴泉铭序》云：'寒穴泉甚甘，取惠山泉并尝，至三四反复，略不觉异。'王荆公《和唐令寒穴泉》诗有云：'山风吹更寒，山月相与清。'"① 这些水之洌往往是与甘联系在一起的，合称甘洌。

　　屠隆《茶说》之《天泉》条曰："秋水为上，梅水次之。秋水白而洌，梅水白而甘。甘则茶味稍夺，洌则茶味独全，故秋水较差胜之。"② 秋水、梅水分别指秋天和梅雨季节的雨水，屠隆认为秋水洌，梅水甘，甘会稍微影响茶味，所以秋水胜过梅水。

　　龙膺《蒙史》记录了很多以洌为特点的泉水。荆门北泉："荆门两峰……山麓二泉，北曰蒙，南曰惠。……膺饮湟之北泉，甚洌，合名曰蒙惠。"北泉山泉："泉州城北泉山，一名齐云，岩洞奇秀，上有石乳，泉清洌甘美。"龙首山圣泉："福宁龙首山西麓，有泉曰圣泉，甘洌，可愈疾。"郴州城南香泉："郴州城南有香泉，味甘洌。"卓刀泉："武陵郡卓刀泉……后人嘉其甘洌，又名清胜泉。予恒酌之，与南泠等。"③ 这些泉水大多甘洌并称。

　　署名醉茶消客的《茶书》辑录了很多有关泉水的诗文，这些泉的一个重要特点是寒。如王鏊《虎丘第三泉记》评价虎丘泉为"甘寒清洌"，而且"寒流涓涓，漱于石根"。邵宝《惠山浚泉之碑》评论惠山泉："赞叹咏歌，井洌以寒。"吕暄《宜茶泉》："涓涓流水自石罅，六月炎蒸亦尔寒。"丁元吉《中泠泉》："气嘘云雾阴常合，寒逼蛟龙梦也

---

① （明）徐献忠：《水品》，《四库全书存目丛书·子部》第 80 册，齐鲁书社 1997 年版。
② （明）屠隆：《茶说》，喻政《茶书》，明万历四十一年刻本。
③ （明）龙膺：《蒙史》上卷《泉品述》，喻政《茶书》，明万历四十一年刻本。

惊。"邵惟中《观惠山泉用苏韵》："泉清眇纤碍，恍临冰雪堂。"①

二　水的品评

中国古代茶书对水的品评可分为两个流派，等次派和美恶派，等次派源于张又新《煎茶水记》中刘伯刍和陆羽分别对一些水等次的评定，而美恶派则认为不必评等第排品次，分辨美恶即可。② 明代茶书对水的品评主要可归类为美恶派，但仍还受到等次派一定的影响，但影响已经很小，除朱权《茶谱》外未见明代茶书再对天下之水进行排序。

最早对水排等次的是唐代茶书张又新的《煎茶水记》。《煎茶水记》记录了刘伯刍对水的排序："称较水之与茶宜者，凡七等：扬子江南零水第一，无锡惠山寺石水第二，苏州虎丘寺石水第三。丹阳县观音寺水第四，扬州大明寺水第五，吴松江水第六；淮水最下，第七。"张又新对此排序十分认可，评论曰："斯七水，余尝俱瓶于舟中，亲揖而比之，诚如其说也。"《煎茶水记》还记录了李季卿要求陆羽对所经历地方的水之优劣进行评判，陆羽曰："楚水第一，晋水最下。"陆羽还对二十水作了详细的排序："庐山康王谷水帘水第一；无锡县惠山寺石泉水第二；蕲州兰溪石下水第三；峡州扇子山下有石突然，泄水独清冷，状如龟形，俗云虾蟆口水，第四；苏州虎丘寺石泉水第五；庐山招贤寺下方桥潭水第六；扬子江南零水第七；洪州西山西东瀑布水第八；唐州柏岩县淮水源第九（淮水亦佳）；庐州龙池山岭水第十；丹阳县观音寺水第十一；扬州大明寺水第十二；汉江金州上游中零水第十三（水苦）；归州玉虚洞下香溪水第十四；商州武关西洛水第十五（未尝泥）；吴松江水第十六；天台山西南峰千丈瀑布水第十七；郴州圆泉水第十八；桐庐严陵滩水第十九；雪水第二十（用雪不可太冷）。"有必要说明的有两点。一是刘伯刍和陆羽排序的都是宜茶的佳水，即使等次靠后，评价并不低，刘伯刍明确说了这七等水是"水之与茶宜者"，又如

---

① （明）醉茶消客：《茶书》，明抄本。
② 张科：《说泉》，浙江摄影出版社 2006 年版，第6—7 页。

陆羽虽将桐庐严陵滩水排到了第十九，其实这仍然是佳水，张又新就对此水赞叹不已。二是刘伯刍和陆羽排序的都是他们品尝经历过的水，并未否定其他水，陆羽就指出"此二十水，余尝试之，非系茶之精粗，过此不之知也"。①

　　将水排序等次的做法对明代茶书仍有一定影响，最典型的是对朱权《茶谱》的影响。朱权在《茶谱》之《品水》条中除煞有介事地引录了刘伯刍和陆羽对水的排序等次外，还自己排序了四等水："臞仙曰：青城山老人村杞泉水第一，钟山八功德水第二，洪崖丹潭水第三，竹根泉水第四。"② 青城山在四川省灌县，钟山在南京，洪崖位于江西省新建县。朱权并未说明作此排序的原因，但亦可为一家之言。除朱权《茶谱》之外，明代茶书没有再对水进行等次排序的，品水之等次派衰微。之所以到明代极少有人再对水排等次，原因在于天下之水极多，不计其数，评不胜评，挂一漏万，排列出几种水的等次意义不大，而且陆羽在茶史上有极高地位，处于茶圣的位置，一般人即使对陆羽所列水的二十等次有自己的看法，也不好与前贤自异。

　　中国古代茶书对水品评的美恶派源于陆羽《茶经》，陆羽有一段对水之美恶十分经典的论述："其水，用山水上，江水中，井水下。其山水，拣乳泉、石池慢流者上；其瀑涌湍漱，勿食之。久食令人有颈疾。又多别流于山谷者，澄浸不泄，自火天至霜降以前，或潜龙蓄毒于其间，饮者可决之，以流其恶，使新泉涓涓然，酌之。其江水取去人远者，井取汲多者。"③ 后世茶书所有对水的议论都是滥觞于此，几乎都是对陆羽观点的重述、引申、修正和发展。陆羽在《茶经》中并未评定水的等次，而是从水的性质和所处环境来判断其美恶，这明显比单纯

---

① （唐）张又新：《煎茶水记》，《丛书集成新编》第47册，新文丰出版公司1985年版。
② （明）朱权：《茶谱》，《艺海汇函》，明抄本。
③ （唐）陆羽：《茶经》卷下《五之煮》，《丛书集成新编》第47册，新文丰出版公司1985年版。

的等次排序要高明。这种做法为后世茶书继承。

宋徽宗《大观茶论》中对水品评的观点对后世影响也很大，亦是从水的性质和环境来评判水之美恶。《水》条曰："水以清轻甘洁为美，轻甘乃水之自然，独为难得。古人第水，虽曰中泠、惠山为上，然人相去之远近，似不常得。但当取山泉之清洁者，其次，则井水之常汲者为可用。若江河之水，则鱼鳖之腥，泥泞之污，虽轻甘无取。"①

明代茶书对水的品评相比唐宋时期有了很大发展，一般只评水之美恶，不评水之等次。

田艺蘅《煮泉小品》正文分为十部分，从不同角度探讨水之美恶问题。第一、二部分分别是《源泉》和《石流》，首先从"水""源""泉""石"等字义入手，分析山水之性质和特点。田艺蘅在《源泉》条解释了为何陆羽提出"山水上"："山下出泉曰蒙。蒙，稚也。物稚则天全，水稚则味全。故鸿渐曰：'山水上。'"但田艺蘅并不认为山水一概为上，又修正了陆羽的观点。"山厚者泉厚，山奇者泉奇，山清者泉清，山幽者泉幽，皆佳品也。不厚则薄，不奇则蠢，不清则浊，不幽则喧，必无佳泉。"田艺蘅在《石流》条再次解释了为何"山水上"："石，山骨也；流，水行也。山宣气以产万物，气宣则脉长，故曰'山水上'。"但他同时又指出："泉非石出者，必不佳。"山水并非都是佳水。《煮泉小品》第三、四部分分别是《清寒》和《甘香》，提出了烹茶用水四条重要标准：清、寒、甘、香，这其实是对陆羽"山水上，江水中，井水下"观点的进一步修正，不论山水、江水或井水，只要符合清寒甘香的标准，则为佳水，不然则为恶水。例如《清寒》条指出："有黄金处，水必清；有明珠处，水必媚；有子鲋处，水必腥腐；有蛟龙处，水必洞黑。嫩恶固不可不辨也。"这里评判的水之美恶与是否为山水、江水、井水毫无关系。《煮泉小品》第五部分是《宜茶》，提出要烹出佳茶，茶、水、茶艺都非常重要："（茶）品固有嫩恶，若

---

① （明）赵佶：《大观茶论》，陶宗仪《说郛》卷93，清顺治三年李际期宛委山堂刊本。

不得其水，且煮之不得其宜，虽佳弗佳也。"田艺蘅继承陆羽在《煎茶水记》中的观点，"烹茶于所产处无不佳，盖水土之宜也"，指出"郡志亦只称宝云、香林、白云诸茶，皆未若龙泓之清馥隽永也。余尝一一试之，求其茶泉双绝，两浙罕伍云"。龙泓（龙井）茶以本地泉水烹饮，十分适宜，成为茶与水的双绝。另外除择水外也要择茶，特定的水适合特定的茶："余尝清秋泊钓台下，取囊中武夷、金华二茶试之，固一水也，武夷则黄而燥冽，金华则碧而清香，乃知择水当择茶也。"《煮泉小品》的第六、第七部分是《灵水》和《异泉》。灵水是指天降之水，包括露水、雪水和雨水，田艺蘅认为这些水都是"仙饮"。灵水至少符合清、流、轻、甘、寒五个标准中清、轻两个标准，天降之水无污染，故为清，含矿物质很少故为轻，另外按田艺蘅的观点，部分露水、雪水和雨水还有甘的特点（甘露、甜雪、甘雨），雪水则另有寒的特征。异泉是一些奇异的泉水，包括醴泉、玉泉、乳泉、朱砂泉、云母泉和茯苓泉，这些其实都是含有特定矿物质成分的泉水，在口感或颜色上与一般泉水有很大区别，在数百年前的古代不能正确解释，未免觉得奇异，如醴泉有薄薄的甜酒味，乳泉因碳酸钙含量高带白色，朱砂泉为红色。《煮泉小品》的第八、九部分是《江水》和《井水》。《江水》条田艺蘅解释了为何陆羽提出"江水中"并且要"取去人远者"："江，公也，众水共人其中也。水共则味杂，故鸿渐曰'江水中'，其曰'取去人远者'，盖去人远，则澄清而无荡瀁之漓耳。"田艺蘅还质疑了陆羽将南泠（零）水列为第一："杨子，固江也，其南泠，则夹石淳渊，特人首品。余尝试之，诚与山泉无异。"《井水》条田艺蘅阐释了陆羽主张"井水下"并且要"井取汲多者"的原因："井……其清出于阴，其通入于淆，其法节由于不得已，脉暗而味滞。故鸿渐曰：'井水下。'其曰'井取汲多者'，盖汲多，气通而流活耳。"田艺蘅还具体分析了各种环境状态下的水，如居民密集地区的井水常污秽，深井多毒气，山区凿井水可食，水味咸是因为通海等等。第十部分是《绪谈》，杂论一些茶、水之事，类似今人所谓余论。①

　　徐献忠《水品》是一部颇有创见的论水之书，质量上要超过田艺蘅《水品》。《水品》分上、下两卷，其中上卷分为七部分。第一部分是《一源》，论述了泉水形成的原因、环境以及由于环境的差异造成的美恶不等的泉水。徐献忠论证了泉水产生的机理："或问山下出泉曰艮，一阳在上，二阴在下，阳腾为云气，阴注液为泉，此理也。二阴本空洞处，空洞出泉，亦理也。山中本自有水脉，洞壑通贯而无水脉，则通气为风。"阳气往上蒸腾为云，阴气向下化为液体为泉。佳泉水主要是因为山的环境："山深厚者若大者，气盛丽者，必出佳泉水。山虽雄大而气不清越。山观不秀，虽有流泉，不佳也。……泉可食者，不但山观清华，而草木亦秀美，仙灵之都薄也。"徐献忠还指出了一些因为环境不佳而不适宜饮用的水，如迅捷的瀑布水、含有虫蛇毒沫的水、海气太盛的泉水、岸边有毒草的水等等。《水品》卷一的第二、三、四、五部分分别是《二清》《三流》《四甘》和《五寒》，清、流、甘、寒分别是判断水之美恶的几个主要标准。徐献忠分析了水清的条件："若泠谷澄华，性气清润，必涵内光澄物影，斯上品尔。山气幽寂，不近人村落，泉源必清润可食。"水流的条件："山之气，待泽而通；泽之气，待流而通。……源气盛大，则注液不穷。"水甘的条件："泉品以甘为上，幽谷绀寒清越者，类出甘泉，又必山林深厚盛丽，外流虽近而内源远者。……泉甘者，试称之必重厚。其所由来者，远大使然也。"但徐献忠并没有分析水寒的环境原因。《水品》上卷的第六部分为《六品》，主要分析评论了陆羽对水品评的观点。徐献忠首先分析了《煎茶水记》中陆羽评定的二十等次的水，认为陆羽的本意并不是天下佳泉水只有这些，徐献忠同时对陆羽的评定颇不以为然，认为这二十水许多如虎丘石泉水、洪州西山西东瀑布水和吴松江水名不副实，前二者不是至品，后者受海潮侵蚀，排第二十的雪水应在凡水之上，淮水通海气也不可食。

---

　　① （明）田艺蘅：《煮泉小品》，《四库全书存目丛书·子部》第 80 册，齐鲁书社 1997 年版。

徐献忠肯定了陆羽《茶经》中关于"山水上，江水中，井水下"和其他方面的观点。《水品》上卷第七部分是《杂说》，主要论述水的储存和保养方法。《水品》下卷载全国各地水名，共三十七则，所论水达五十六处，徐献忠对每种水的环境和品质都作了论述，但并未对水的优劣进行对比，更未排出等次。① 徐献忠的做法是比较高明的，因为一种水的优劣评价本来就是主观性很强见仁见智的事情，而且天下水极多，在有限已知的几十种水中评等次也有很大的局限性。

屠隆《茶说》对水的论述分为《择水》《江水》《长流》《井水》《灵水》《丹泉》和《养水》七条，文字和观点大多承袭前人，没有多少创见。《择水》条分为《天泉》和《地泉》两小条，天泉为天降的雨水、雪水等水，地泉为地面涌出或流动的水。屠隆另外还论述了江水、长流（指距源头很长的流水）、井水、灵水和丹泉几种水。② 尽管《茶说》中并没有个人的独到观点，但至少说明屠隆是主张从水的性质、环境和条件去评判水之美恶。

许次纾《茶疏》之《择水》条还一定程度受等次派影响，评论了古今所谓的第一泉："古人品水，以金山中泠为第一泉，或曰庐山康王谷第一。庐山余未之到，金山顶上井亦恐非中泠古泉。陵谷变迁，已当湮没，不然，何其漓薄不堪酌也？今时品水，必首惠泉，甘鲜膏腴，至足贵也。"许次纾明显对中泠第一泉的名号不以为然，评论其为漓薄不堪酌，也未肯定庐山康王谷，但首肯了惠山泉。实际上许次纾是并不赞同存在一个所谓的"第一泉"的，他澄清了黄河水饮用，认为不下惠山泉，他还指出："名山必有佳泉，相提而论，恐非臆说。……余所经行，吾两浙、两都、齐、鲁、楚、粤、豫章、滇、黔，皆尝稍涉其山川，味其水泉，发源长远，而潭浊澄澈者，水必甘美。"③ 只要符合一定的环境条件，水就是甘美的，是适合泡茶饮用的，哪里需要去追求什

---

① （明）徐献忠：《水品》，《四库全书存目丛书·子部》第80册，齐鲁书社1997年版。
② （明）屠隆：《茶说》，喻政《茶书》，明万历四十一年刻本。
③ （明）许次纾：《茶疏》，《四库全书存目丛书·子部》第79册，齐鲁书社1997年版。

么"第一泉"呢。

程用宾《茶录》之《酌泉》条曰:"茶之气味,以水为因,故择水要焉。矧天下名泉,载于诸水记者,亦多不合。故昔人有言,举天下之水,一一而次第之者,妄说也。"程用宾认为择水非常重要,并且意识到了天下名泉在文献记载中的评价并不一致,要去一一品第天下之水,并不合理。他还引用了陆羽《茶经》中对水的评论,认为是"言虽简而意则尽该矣"。[①]

罗廪《茶解》之《水》条认为佳水到处都有,世上之水都去品尝并评定等次并不合理:"古人品水,不特烹时所须,先用以制团饼,即古人亦非遍历宇内,尽尝诸水,品其次第,亦据所习见者耳。甘泉偶出于穷乡僻境,土人或藉以饮牛涤器,谁能省识? 即余所历地,甘泉往往有之。如象川蓬莱院后,有丹井焉,晶莹甘厚,不必瀹茶,亦堪饮酌。"泉水从石中涌出的最佳,其次为沙,再次为泥:"大凡名泉,多从石中迸出,得石髓,故佳。沙潭为次,出于泥者多不中用。宋人取井水,不知井水止可炊饭作羹,瀹茗必不妙,抑山井耳。"罗廪还认为山泉烹茶最好,其次为梅水,因为"梅雨如膏,万物赖以滋长,其味独甘"。[②]

三 水的保存

唐宋茶书中没有关于水之保存的内容,明代茶书已有一定论述。水放置时间长了易受污染,不洁物进入,产生微生物,导致异味,严重破坏水质,所以水的保存是非常重要的。

田艺蘅《煮泉小品》认为储水时放入石子可使水澄净。《绪谈》条曰:"泉稍远而欲其自入于山厨,可接竹引之,承之以奇石,贮之以净缸,其声尤琤淙可爱。……移水而以石洗之,亦可以去其摇荡之浊滓;若其味,则愈扬愈减矣。移水取石子置瓶中,虽养其味,亦可澄水,令

---

① (明)程用宾:《茶录》,明万历三十二年戴凤仪刻本。
② (明)罗廪:《茶解》,喻政《茶书》,明万历四十一年刻本。

之不淆。黄鲁直《惠山泉》诗'锡谷寒泉捕石俱'是也。择水中洁净白石，带泉煮之，尤妙尤妙。"① 石子可养味，可洗水，甚至可带泉煮之。

徐献忠《水品》亦认为可用石子养水，储水不可用有气味的容器。《七杂说》条曰："移泉水远去，信宿之后，便非佳液。法取泉中子石养之，味可无变。移泉须用常汲旧器、无火气变味者，更须有容量，外气不干。……暑中取净子石垒盆盂，以清泉养之；此斋阁中天然妙相也，能清暑、长目力。东坡有'怪石供'，此殆'泉石供'也。"②

屠隆《茶说》之《长流》条指出长流的水要汲取储存候其澄清才可食用："亦有通泉窦者，必须汲贮，候其澄澈，可食。"可用石子养水："取白石子瓮中，能养其味，亦可澄水不淆。"③

许次纾《茶疏》认为储存水忌讳用新的容器，因为气味会败坏水味，也容易生虫，储水要把瓮口封好，舀水时尽量不要淋漓，以免导致污染败坏水的味道。《贮水》条曰："甘泉旋汲用之斯良，丙舍在城，夫岂易得，理宜多汲，贮大瓮中。但忌新器，为其火气未退，易于败水，亦易生虫。久用则善，最嫌他用。水性忌木，松杉为甚。木桶贮水，其害滋甚，挈瓶为佳耳。贮水，瓮口厚箬泥固，用时旋开。"《舀水》条曰："舀水必用瓷瓯，轻轻出瓮，缓倾铫中，勿令淋漓瓮内，致败水味，切须记之。"④

程用宾《茶录》认为梅雨最值得保存，雪水不必多储，寒凉伤人胃气，储水的瓮要放在阴凉干燥洁净的房檐下，地要平稳，不宜暴露在日光下或靠近火，不能蒙上尘土或击动。《积水》条曰："世传水仙遗人鲛绡可以积水。此语数幻。江流山泉，或限于地，梅雨，天地化育万物，最所宜留。雪水，性感重阴，不必多贮。久食，寒损胃气。凡水以

① （明）田艺蘅：《煮泉小品》，《四库全书存目丛书·子部》第 80 册，齐鲁书社 1997 年版。
② （明）徐献忠：《水品》，《四库全书存目丛书·子部》第 80 册，齐鲁书社 1997 年版。
③ （明）屠隆：《茶说》，喻政《茶书》，明万历四十一年刻本。
④ （明）许次纾：《茶疏》，《四库全书存目丛书·子部》第 79 册，齐鲁书社 1997 年版。

瓮置负阴燥洁檐间稳地，单帛掩口，时加拂尘，则星露之气常交而元神不爽。如泥固封纸，曝日临火，尘朦击动，则与沟渠弃水何异。"[1] 明代茶书中程用宾《茶录》对储水方法的记录是最为详尽也最为合理的。

罗廪《茶解》提出在水瓮中投入伏龙肝（灶心烧结的土块）保存水质的方法。《水》条曰："梅水，须多置器于空庭中取之，并入大瓮，投伏龙肝两许包，藏月馀汲用，至益人。伏龙肝，灶心中干土也。"[2]

屠本畯《茗笈》列举了适于养水的石子种类："《茶记》言养水置石子于瓮，不唯益水，而白石清泉，会心不远。夫石子须取其水中表里莹澈者佳，白如截肪，赤如鸡冠，蓝如螺黛，黄如蒸栗，黑如玄漆，锦纹五色，辉映瓮中，徙倚其侧，应接不暇。非但益水，亦且娱神。"[3] 选这些石子放在水瓮中，不但是为了水质，也是为了视觉愉悦。

第三节　茶书中对茶具的认识

在明代的茶饮中，处于核心地位最重要的茶具有炉、盏和壶，明代茶书对这几种茶具作了重点论述，明代的炉最多的是铜炉、陶炉和竹炉，明代的盏最流行景德镇窑生产的白瓷，明代的壶最负盛名的是宜兴紫砂壶。

一　茶具中的炉

炉在茶具中是用来生火煮水的器具。唐代流行煎茶法，也即将团茶碾成的茶末投入鍑（也即锅）中烹煮，炉成为了视觉中心，炉在茶具中具有极端的重要性。唐代茶书陆羽《茶经》之《四之器》列举了28种茶具，风炉位列首位。加上现代人所加的标点符号，《四之器》共有1800多字，而描述风炉的文字就有将近300字，是28种茶具中使用文

---

[1] （明）程用宾：《茶录》，明万历三十二年戴凤仪刻本。

[2] （明）罗廪：《茶解》，喻政《茶书》，明万历四十一年刻本。

[3] （明）屠本畯：《茗笈》之《第六品泉章》，喻政《茶书》，明万历四十一年刻本。

字最多的。陆羽对风炉进行了非常精美的设计："风炉以铜铁铸之，如古鼎形，厚三分，缘阔九分，令六分虚中，致其朽墁。凡三足，古文书二十一字。一足云'坎上巽下离于中'，一足云'体均五行去百疾'，一足云'圣唐灭胡明年铸'。其三足之间，设三窗。底一窗以为通飙漏烬之所。上并古文书六字，一窗之上书'伊公'二字，一窗之上书'羹陆'二字，一窗之上书'氏茶'二字。所谓'伊公羹，陆氏茶'也。置墆㙞于其内，设三格：其一格有翟焉，翟者火禽也，画一卦曰离；其一格有彪焉，彪者风兽也，画一卦曰巽；其一格有鱼焉，鱼者水虫也，画一卦曰坎。巽主风，离主火，坎主水，风能兴火，火能熟水，故备其三卦焉。其饰，以连葩、垂蔓、曲水、方文之类。其炉，或锻铁为之，或运泥为之。"[①] 这种风炉有很强的艺术性，上面刻画了许多大有深意的文字和纹饰。之所以陆羽耗费这么多心思设计生火的器具，原因在于煎茶法中，大部分程序注意力都在炉之上，围绕炉进行，炉于是显得就格外重要。

到宋代，炉在茶具中的地位大大下降，原因是宋代不再流行煎茶法，而是盛行点茶法，也即将茶末放入盏中冲点，甚至斗茶大行其道，饮茶器具成了视觉中心，生火煮水的工具不再重要而边缘化。宋代的几部重要茶书在论述列举茶具时竟然都没有提到炉。

到明代，情况又发生了很大变化，团茶基本被淘汰，上至宫廷下到民间主要饮用散茶，沸水直接冲入盏或壶的饮茶方法盛行，观察盏内茶水的斗茶不再流行。于是炉相当程度又回到了茶人的视野，在明初近乎恢复到了唐代的地位。

明初茶书朱权《茶谱》列举的茶具有茶炉、茶灶、茶碾、茶罗、茶架、茶匙、茶宪、茶瓯和茶瓶几种，茶炉列在首位，茶灶因为也是生火煮水的工具，广义上亦可看做茶炉。朱权《茶谱》描绘各种茶具的文字共有 600 多字，其中描绘茶炉和茶灶的就有 200 多字，占三分之一

---

① （唐）陆羽：《茶经》卷中《四之器》，《丛书集成新编》第 47 册，新文丰出版公司 1985 年版。

强。"茶炉"条曰："与炼丹神鼎同制，通高七寸，径四寸，脚高三寸，风穴高一寸，上用铁隔，腹深三寸五分，泻铜为之。近世罕得。予以泻银坩锅瓷为之，尤妙。襻高一尺七寸半，把手用藤扎，两傍用钩，挂以茶帚、茶筅、炊筒、水滤于上。"朱权之所以将茶炉和炼丹神鼎相提并论，是因为他深受道教思想影响，他本人对炼丹也颇有兴趣。朱权指出茶炉是用铜汁浇铸而成的，近世已很罕见，他自己是用银汁浇铸成的。但纯银熔点较低（960 度），而且也较为昂贵，所以朱权设计的茶炉很可能是银合金铸成，并且也不可能普及。《茶灶》条曰："古无此制，予于林下置之。烧成瓦器如灶样，下层高尺五，为灶台，上层高九寸，长尺五，宽一尺，傍刊以诗词咏茶之语。前开二火门，灶面开二穴以置瓶。顽石置前，便炊者之坐。予得一翁，年八十犹童，痴憨奇古，不知其姓名，亦不知何许人也。衣以鹤氅，系以麻绦，履以草屦，背驼而颈跧，有双髻于顶，其形类一菊字，遂以菊翁名之。每令炊灶以供茶，其清致倍宜。"① 朱权所谓茶灶，仿民间的柴灶，只不过尺寸大为缩小，而且是在窑中烧制而成的陶器，可以随时携带移动。此茶灶并未设计烟囱，这是因为煮水一般不许有明烟，大多用炭。至于朱权令一八十余驼背老翁炊灶供茶，不过是其奇趣雅癖。

盛虞在明前期的正统五年（庚申年）编绘了《王友石竹炉并分封六事》，前有盛颙的铭文《苦节君铭》，描绘的是明初著名画家王绂制作的竹茶炉和其他六件附属茶具，顾元庆《茶谱》将其附于书后。② 盛颙和盛虞将竹茶炉称为苦节君，"苦节"，象征的是竹子，又有很深的寓意。盛颙的《苦节君铭》作于成化十四年（戊戌年），铭曰："肖形天地，匪冶匪陶。心存活火，声带湘涛。一滴甘露，涤我诗肠。清风两腋，洞然八荒。""肖形天地，匪冶匪陶"，描绘的是竹茶炉的外形和材

---

① （明）朱权：《茶谱》，《艺海汇函》，明抄本。

② 《王友石竹炉并分封六事》的署名是盛虞，但列于文前的《苦节君铭》署名为盛颙，盛颙和盛虞为伯侄关系，盛虞是盛颙之侄。万国鼎《茶书总目提要》（王思明等《万国鼎文集》，中国农业科学技术出版社 2005 年版，第 345 页）误认为盛虞和盛颙为同一人。

质，模仿天地之形，既非金属也不是陶瓷（侧面说明当时金属和陶瓷的茶炉比竹茶炉更普遍）。"心存活火，声带湘涛"，描绘的是竹茶炉的使用，炉内生火煮水。"一滴甘露，涤我诗肠。清风两腋，洞然八荒"，描绘的是茶炉的作用，茶水使人兴奋激发诗兴，如两腋飘飘。盛虞《王友石竹炉并分封六事》曰："茶具六事分封，悉贮于此，侍从苦节君于泉石山斋亭馆间，执事者故以行省名之。"茶具六事指的是建城、云屯、乌府、水曹、器局和品司，分别是储茶的笼、烧水的瓶、盛炭的竹篮、储水的瓷缸、收放各种茶具的方箱和收储各色茶叶的盒。① 按盛虞的说法，这些茶具皆为苦节君的侍从，也即以他的看法，这些茶具都是以竹茶炉为中心的。

　　署名醉茶消客的《茶书》辑录了大量有关竹茶炉的诗歌，这些诗歌基本都作于明前期。明初王绂作有一首吟咏无锡惠山竹茶炉的诗歌《竹茶炉倡和》，诗曰："与客来赏第二泉，山僧休怪急相煎。结庵正在松风里，里茗还从谷雨前。玉碗酒香挥且去，石床苔厚醒犹眠。百年重试筠炉火，古杓争怜更瓦全。"王绂与其他客人来到惠山中品赏号称第二泉的惠山泉，山僧用竹茶炉烹茶款待。王绂逝后几十年，盛虞仿制了前代的竹茶炉，请吴宽作诗奉和王绂韵。吴宽诗序曰："惠山竹茶炉，有先辈王中舍之诗传诵久矣。今余友秋亭盛君仿其制为之。其伯父方伯冰蘗为铭，秋亭自咏诗用中舍韵，属余和之塞白耳。"诗曰："听松庵里试名泉，旧物曾将活火煎。再读铭文何更古，偶观规制宛如前。细筠信尔呈工巧，暗浪从渠搅醉眠。绝胜田家盛酒具，百年常共子孙全。"盛颙奉和曰："唐相何劳递惠泉，携来随处可茶煎。三湘漫卷磁瓶里，一窍初因置我前。秋共林僧烧叶坐，夜留山客听松眠。王家旧物今虽在，竹缺沙崩恐未全。"之后李杰、谢迁和杨守阯等十四人相继奉和，盛虞最后再奉和。杨循吉作有《见新效中舍制有赠秋亭》和《秋亭复制新炉见赠》诗，表现王绂曾制作竹茶炉，传为盛事，盛虞效仿制作，

---

① （明）顾元庆：《茶谱》，《续修四库全书》第 1115 册，上海古籍出版社 2003 年版。

吴宽过目后十分赞赏，盛虞因之将一新制竹茶炉赠予吴宽。此两诗后有高直、黄公探和张九才等十六人奉和。王绂诗曰："僧馆高闲事事幽，竹编茶灶瀹清流。气蒸阳羡三春雨，声带湘江两岸秋。玉臼夜敲苍雪冷，翠瓯晴引碧云稠。禅翁托此重开社，若个知心是赵州。"此诗表现了王绂在僧馆用竹茶炉烹茶的情景，卞荣、谢士元和郁云等十一人在他死后几十年作诗奉和。唐代皮日休作有《茶瓯咏寄天随子》一诗，明人屠滽、倪岳、程敏政和李东阳相继以原韵奉和，咏的都是竹茶炉。如倪岳诗曰"名佳合附《茶经》后，制古元居《竹谱》前"，程敏政诗曰："斫竹为炉贮茗泉，不辞剪伐更烹煎"。另外秦夔、陶振、莫士安、王问和邵瑾等人也作有吟咏竹茶炉的诗歌。如秦夔《题复竹炉卷》诗曰："烹茶只合伴枯禅，误落人间五十年版。华屋梦醒尘冉冉，湘江魂冷月娟娟。归来自璧元无玷，老去青山最有缘。从此远公须爱惜，愿同衣钵永相传。"又如陶振《竹茶炉》诗曰："惠山亭上老僧伽，斫竹编炉意自嘉。淇雨拂残烧落叶，□□炊起卷飞花。山人借煮云岩药，学士求烹雪水茶。闻道万松禅榻畔，清风长日动袈裟。"再如王问《竹茶炉》诗曰："爱尔班笋垆，圆方肖天地。爱奏水火功，龙团错真味。净洗雪色瓷，言倾鱼眼沸。窗下三啜余，冷然犹不寐。"[1] 以上情况说明，大量明前期文人围绕竹茶炉赋诗，竹茶炉是他们极感兴趣的雅物，也证明生火煮水的炉很大程度上在各种茶具中处于首要的位置，是关注的中心。

到晚明时期，情况又发生了很大变化，因为以宜兴紫砂壶为代表之茶壶和景德镇瓷为代表之茶盏的兴起，茶人在茶事活动中将关注的焦点转向壶和盏，炉则再度边缘化，但在各种茶具中还具有一定的地位。

张丑《茶经》仅将茶炉列在九种茶具的最后，虽非可有可无，但显得无足轻重则是事实。九种茶具中描绘茶壶和茶盏的文字最多。《茶炉》条曰："茶炉用铜铸，如古鼎形，四周饰以兽面饕餮纹。置茶寮

---

① （明）醉茶消客：《茶书》，明抄本。

中，乃不俗。"① 此茶炉用铜铸成，放在茶寮（饮茶的小室）中有装饰作用。

程用宾《茶录》之《茶具十二执事名说》条记录了十二种茶具，鼎列第一，但文字很简短，对盏的文字描绘最丰富。描述鼎的文字为："拟《经》之风炉也，以铜铁铸之。"② 也即鼎相当于陆羽《茶经》中的炉，是用铜、铁铸造而成。

罗廪《茶解》之《器》条列了器具十二种，但筹、灶、箕、扇、笼、帨和瓮分别是采茶、制茶和藏茶器具，真正饮茶的茶具只有五种，炉名列首位："用以烹泉，或瓦或竹，大小要与汤壶称"。③ 也即茶炉是用陶或竹制成的，大小要和煮水器相称。

周高起《阳羡茗壶系》之《别派》条评论了竹茶炉煮水时如何判断水声以及煮水器的选择。"或问予以声论茶，是有说乎？予曰：竹炉幽讨，松火怒飞，蟹眼徐窥，鲸波乍起，耳根圆通，为不远矣。然炉头风雨声，铜瓶易作，不免汤腥，砂铫亦嫌土气，唯纯锡为五金之母，以制茶铫，能益水德，沸亦声清。白金尤妙，第非山林所办尔。"④ 火焰怒飞，看到汤水起泡，沸腾起来，根据声音就知道水快煮好了。然而在煮水器方面，铜瓶容易沸腾，但有腥味，砂器易有土气，纯锡很好，银是最好的，但不是山林之士有财力置办的。

屠本畯《茗笈》认为茶炉制造最宜铜，陶制、竹制都易损坏："炉宜铜，瓦竹易坏"。⑤ 但这只能说是屠本畯的一家之言，铜茶炉、竹茶炉、陶茶炉在明代都很流行。

醉茶消客《茶书》辑录有盛时泰《大城山房十咏》，其中《茶鼎》

① （明）张丑：《茶经》，《中国古代茶道秘本五十种》第 2 册，全国图书馆文献缩微复制中心 2003 年版。

② （明）程用宾：《茶录》，明万历三十二年戴凤仪刻本。

③ （明）罗廪：《茶解》，喻政《茶书》，明万历四十一年刻本。

④ （明）周高起：《阳羡茗壶系》，《丛书集成续编》第 90 册，新文丰出版公司 1988 年版。

⑤ （明）屠本畯：《茗笈》之《第十辩器章》，喻政《茶书》，明万历四十一年刻本。

一诗曰："紫竹传闻制古，白沙空说形奇。争似山房凿石，恨无韩老联诗。"① 此处茶鼎也即茶炉，从诗的内容来看，当为竹茶炉。

另外张源《茶录》、许次纾《茶疏》、冯可宾《岕茶笺》等晚明影响很大的茶书在议论茶具时均完全没有再提及茶炉，说明在明代后期茶炉在茶具中不再占有重要位置。

二 茶具中的盏

盏是饮茶时直接用来盛茶水饮用的容器，无论何种饮茶方式，盏在茶具中都是关注的焦点之一。唐代茶书陆羽《茶经》将盛茶饮用的容器称为碗，在 28 种茶具中，对碗的评论文字排列第二，200 余字，仅次于风炉。《四之器》曰："碗，越州上，鼎州次，婺州次；岳州次，寿州、洪州次。或者以邢州处越州上，殊为不然。若邢瓷类银，越瓷类玉，邢不如越一也；若邢瓷类雪，则越瓷类冰，邢不如越二也；邢瓷白而茶色丹，越瓷青而茶色绿，邢不如越三也。晋杜毓《荈赋》所谓：'器择陶拣，出自东瓯。'瓯，越也。瓯，越州上，口唇不卷，底卷而浅，受半升已下。越州瓷、岳瓷皆青，青则益茶。茶作白红之色。邢州瓷白，茶色红；寿州瓷黄，茶色紫；洪州瓷褐，茶色黑：悉不宜茶。"② 陆羽时代最著名的瓷器品种有越窑的青瓷和邢窑的白瓷，陆羽赞赏越瓷而不认同邢瓷，但这仅是从有利于茶色的角度而言，并不涉及这些瓷类的品质。唐代盛行蒸青团茶，茶色尚绿，越窑、岳州窑生产的青瓷能够更好衬托茶色，而作为邢窑生产的白瓷、寿州窑生产的黄瓷、洪州窑生产的黑瓷在瓷色上皆与茶色不相宜，影响观感。陆羽还具体描绘了越窑瓷瓯的外形，上口唇不卷边，底呈浅弧形，容量不到半升。

宋代茶书中，在各种茶具中，盏几乎处于中心的地位，这是因为饮茶方式上宋代流行点茶法，将茶末直接放入茶盏中用沸水冲点，盏成了

---

① （明）醉茶消客：《茶书》，明抄本。
② （唐）陆羽：《茶经》卷中《四之器》，《丛书集成新编》第 47 册，新文丰出版公司1985 年版。

关注的焦点。宋代茶盏不再流行青瓷，而是追求黑瓷，这是因为当时盛行研膏团茶，茶色尚白，黑瓷能够更好衬托茶色。在蔡襄《茶录》下篇《论茶器》的九种茶具中，描写茶盏的文字最多。《茶盏》条曰："茶色白，宜黑盏，建安所造者，绀黑，纹如兔毫，其坯微厚，燲之久热难冷，最为要用。出他处者，或薄，或色紫，皆不及也。其青白盏，斗试家自不用。"① 蔡襄认为因为茶色白所以适宜黑色茶盏，建窑生产的带兔毫纹的黑瓷最好，其他地方的或者太薄或者色紫，都不如建瓷，青瓷和白瓷，斗茶之人是不用的。宋徽宗《大观茶论》记载的六种茶具中，描写盏的文字也是最多的。《盏》条曰："盏色贵青黑，玉毫条达者为上，取其焕发茶采色也。底必差深而微宽，底深则茶直立，易以取乳；宽则运筅旋彻，不碍击拂。然须度茶之多少，用盏之小大。盏高茶少，则掩蔽茶色；茶多盏小，则受汤不尽。盏惟热，则茶发立耐久。"② 茶盏的颜色以青黑为贵，有利于体现茶色，盏底和盏口的宽度要相差大些，深而稍微宽一些，便于在击拂时形成白色汤花，盏的大小以茶的多少为度。署名审安老人的《茶具图赞》③ 拟人化地列了十二种茶具，其中一种为陶宝文，也即茶盏，姓陶，因为茶盏是陶瓷制作的，宝文是官职，表示盏上有宝贵的纹路，字自厚，因为茶盏壁较厚，号兔园上客，是指黑瓷茶盏上有兔毫纹。赞词曰："出河滨而无苦窳，经纬之象，刚柔之理，炳其绷中，虚己待物，不饰外貌，位高秘阁，宜无愧焉。"④

到明代，盏在茶具中仍占据十分重要的地位，只不过因为到明后期以紫砂壶为代表的茶壶的兴起，对茶盏的关注稍有下降。由于明代饮茶方式的变迁，明代茶盏追求以景德镇瓷为代表的白瓷。团茶到明代基本

---

① （宋）蔡襄：《茶录》，《丛书集成初编》第1480册，中华书局1985年版。
② （宋）赵佶：《大观茶论》，陶宗仪《说郛》卷93，清顺治三年李际期宛委山堂刊本。
③ 《丛书集成初编》所辑《茶具图赞》据《欣赏编》影印，《欣赏编》本《茶具图赞》是现存最早版本，题名茅一相撰，但明人茅一相只作了序言《茶具引》，实际作者应为文内署名审安老人的宋人。
④ （明）茅一相：《茶具图赞》，《丛书集成初编》第1501册，中华书局1985年版。

被淘汰，流行炒青绿茶，这是一种散茶，饮茶方式由宋代的点茶法演变为泡茶法，一般不将茶叶碾成茶末，而是直接将茶芽放入盏中用沸水冲泡，茶水因之清纯，为了便于观察茶汤和茶芽在水中的舒展变化，获取美的感受，白瓷最为适宜。

明代最早的茶书朱权《茶谱》就已反对建窑的黑瓷，主张景德镇窑的白瓷。《茶瓯》条曰："茶瓯，古人多用建安所出者，取其松纹兔毫为奇。今淦窑所出者，与建盏同，但注茶色不清亮，莫若饶瓷为上，注茶则清白可爱。"① 所谓饶瓷指的是景德镇窑生产的白瓷，景德镇位于饶州府的浮梁县。

屠隆《茶说》亦主张茶盏要景德镇白瓷，不宜建州黑瓷。《择器》条曰："宣庙时有茶盏，料精式雅，质厚难冷，莹白如玉，可试茶色，最为要用。蔡君谟取建盏，其色绀黑，似不宜用。"② 宣庙时的茶盏，指的是明代宣宗时期景德镇生产的白瓷盏，材料精，样式雅，试茶色最为适合。

张源《茶录》认为雪白的茶盏最好，其次为青花瓷。《茶盏》条曰："盏以雪白者为上，蓝白者不损茶色，次之。"③ 盏之蓝白者是指景德镇窑生产的青花瓷，青花瓷外彩内白，并不影响对茶色的欣赏。

许次纾《茶疏》也认为纯白盏最好，其次是青花瓷。《瓯注》条曰："茶瓯，古取建窑兔毛花者，亦斗碾茶用之宜耳。其在今日，纯白为佳，叶贵于小。定窑最贵，不易得矣。宣、成、嘉靖，俱有名窑。近日仿造，间亦可用。次用真正回青，必拣圆整，勿用呰窳。"④ 茶盏纯白的最佳，而且小的更好，景德镇宣德、成化、嘉靖时期都有名窑。"回青"是指西洋青料制成的青花瓷，要选择圆整的。

张丑《茶经》主张白瓷，反对黑瓷。《茶盏》条曰："蔡君谟《茶

---

① （明）朱权：《茶谱》，《艺海汇函》，明抄本。
② （明）屠隆：《茶说》，喻政《茶书》，明万历四十一年刻本。
③ 同上。
④ （明）许次纾：《茶疏》，《四库全书存目丛书·子部》第79册，齐鲁书社1997年版。

录》云：'茶色白，宜建安所造者，绀黑纹如兔毫，其坯微厚，燔之久
热难冷，最为要用。出他处者，或薄，或色紫，皆不及也。其青白盏，
斗试家自不用。'此语就彼时言耳，今烹点之法，与君谟不同。取色莫
如宣、定；取久热难冷，莫如官、哥。向之建安黑盏，收一两枚以备一
种略可。"① 张丑明确反对蔡襄《茶录》中对茶盏的主张，认为由于烹
点饮用方式的变化，明代适宜的茶盏已与蔡襄时代不同。从颜色的角
度，适合宣窑和定窑瓷器，因为这些都是白瓷，宣窑指明代宣德时期的
景德镇窑，定窑则为宋代的定州窑。从不易散热的角度，官窑、哥窑瓷
最好，因为虽然它们是青瓷，但壁厚。至于宋代如日中天的建窑黑瓷，
收藏一两件就可以了，没有了太大的实用价值。

罗廪《茶解》推崇景德镇瓷，而且以小为佳。《器》条曰："以小
为佳，不必求古，只宣、成、靖窑足矣。"② 宣、成、靖窑指的是明代
宣德、成化和嘉靖年间的景德镇窑，都主要生产白瓷。

屠本畯提出了茶盏适宜的四个特点，圆、洁、白、小："瓯则但取
圆洁白瓷而已，然宜小。若必用柴、汝、宣、成，则贫士何所取办哉？
许然明之论，于是乎迂矣。"③ 对贫寒之士，茶盏能够圆、洁、白、小
就够了，不能强求柴窑、汝窑、宣窑和成窑这些名贵的瓷器。柴窑是五
代后期皇帝柴荣所创之窑，汝窑是宋代位于汝州的著名窑口，所产瓷器
都是青瓷，极为稀少难得。明人饮茶追求娱情适志，确实不一定需要昂
贵的茶具。但许次纾的本意未必是去追求名贵瓷器，而只是提出适合的
茶盏的大原则，也即"纯白为佳"，屠本畯的批评不见得公正。

徐𤊹《茗谭》（图 2 - 7）提出最好的茶盏是景德镇瓷："注茶，莫
美于饶州瓷瓯"。④

---

① （明）张丑：《茶经》，《中国古代茶道秘本五十种》第 2 册，全国图书馆文献缩微复
制中心 2003 年版。
② （明）罗廪：《茶解》，喻政《茶书》，明万历四十一年刻本。
③ （明）屠本畯：《茗笈》之《第十辩器章》，喻政《茶书》，明万历四十一年刻本。
④ （明）徐𤊹：《茗谭》，喻政《茶书》，明万历四十一年刻本。

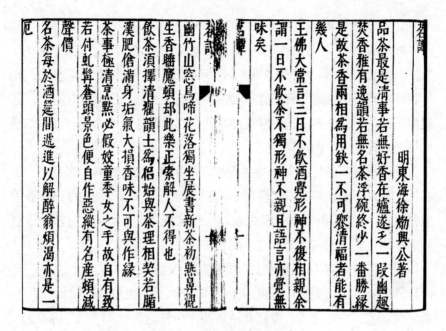

图 2-7 徐𤊻《茗谭》书影

龙膺《蒙史》认为景德镇宣德、成化和嘉靖时期的景德镇瓷不但精美，而且称得上是珍贵的玩赏："昭代宣、成、靖窑器精良，亦足珍玩。"①

黄龙德《茶说》十分赞赏景德镇宣窑、成窑的茶盏："器具精洁，茶愈为之生色。用以金银，虽云美丽，然贫贱之士，未必能具也。……宣、成窑之茶盏，高人词客，贤士大夫，莫不为之珍重。即唐宋以来，茶具之精，未必有如斯之雅致。"② 茶具最关键的是需要精致、洁净，不一定需要金银。

周高起《阳羡茗壶系》主张茶盏用白瓷："品茶用瓯，白瓷为良，所谓'素瓷传静夜，芳气满闲轩'也。制宜弇口邃肠，色浮浮而香味

---

① （明）龙膺：《蒙史》下卷《茶品述》，喻政《茶书》，明万历四十一年刻本。
② （明）黄龙德：《茶说》，《中国古代茶道秘本五十种》第1册，全国图书馆文献缩微复制中心2003年版。

不散。"① 使用口小腹深的茶盏，茶色漂浮香气不易逸散。

醉茶消客《茶书》引盛时泰《大城山房十咏》之《茶杯》曰："白玉谁家酒盏，青花此地茶瓯。只许唤醒清思，不教除去闲愁。"② 此处茶杯也即茶盏。盛时泰形容这种茶杯如白玉酒盏，但又带有青花，是典型的青花白瓷茶具。盛时泰既然在诗中作此典型描绘，说明青花茶盏已是十分普及常见的茶具。

冯可宾《岕茶笺》对茶盏的看法有些另类。《论茶具》条曰："茶杯，汝、官、哥、定如未可多得，则适意者为佳耳。"③ 他的看法是适意的最好，并未提出十分明确的标准，但实际倾向于汝窑、官窑、哥窑和定窑的瓷器，前三者为青瓷，后者为白瓷。

明代茶书论述茶盏的异数是程用宾的《茶录》。《茶具十二执事名说》条曰："盏。《经》言越州上，鼎州次，婺州次，岳州次，寿州、洪州次。越、岳瓷皆青，青则益茶。茶作白红之色，邢瓷白，茶色红。寿瓷黄，茶色紫。洪瓷褐，茶色黑。悉不宜茶。"程用宾完全照抄照搬了陆羽《茶经》的观点，但明代茶叶的饮用方式与唐代已经完全不同，陆羽的看法已不适合当时的实际。《器具》条曰："茶盏不宜太巨，致走元气。宜黑青瓷，则益茶。茶作白红之色，体可稍厚，不烙手而久热。"④ 程用宾认为盏不宜大，壁体稍厚不烫手且热量不易散失，这与明代流行的观点一致，但又认为盏宜黑青，有益茶色，这又与明代流行观点相异，承袭的是蔡襄《茶录》和宋徽宗《大观茶论》中的看法，显得牵强。

三　茶具中的壶

以紫砂壶为代表的茶壶出现在明代，是在泡茶法流行后才广泛被人

---

① （明）周高起：《阳羡茗壶系》，《丛书集成续编》第 90 册，新文丰出版公司 1988 年版。

② （明）醉茶消客：《茶书》，明抄本。

③ （明）冯可宾：《岕茶笺》，《丛书集成续编》第 86 册，新文丰出版公司 1988 年版。

④ （明）程用宾：《茶录》，明万历三十二年戴凤仪刻本。

使用的，泡茶法的饮茶方式中，作为散茶的茶叶既可放入茶盏，也可置入茶壶再冲入沸水，如以茶壶泡茶，饮用时茶水还需从壶再倒入盏。茶壶虽然出现在明代，但与唐宋时期的煮水器有很大的渊源关系。唐宋时期本就有将茶叶放入煮水器烹煮的饮用方法，这时的煮水器功能上类似于后世的壶，并逐渐演变分化出了壶，泡茶的茶壶在功能上与煮水器分离开来。

唐代茶书陆羽《茶经》中鍑是二十八种茶具中的煮水器，在文字字数方面，仅次于炉、碗位居第三，近200字。在茶具的作用方面，鍑类似明代的壶，茶叶直接投入其中烹煮。《四之器》曰："鍑，以生铁为之，今人有业冶者所谓急铁。其铁以耕刀之趄，炼而铸之。内摸土而外摸沙。土滑于内，易其摩涤；沙涩于外，吸其炎焰。方其耳，以正令也；广其缘，以务远也；长其脐，以守中也。脐长，则沸中；沸中，则末易扬；末易扬，则其味淳也。洪州以瓷为之，莱州以石为之。瓷与石皆雅器也，性非坚实，难可持久。用银为之，至洁，但涉于侈丽。雅则雅矣，洁亦洁矣，若用之恒，而卒归于铁也。"[①] 这种鍑脐很长，便于在煮水时充分接受热量，至于材质，陆羽认为生铁最佳，也有以瓷、石或银为材质的。但《茶经》中的鍑在外形上与宋代的汤瓶和明代的茶壶差异还很大。

唐代就已认识到煮水器的材质对茶水的品质和饮茶者的心理会产生很大影响。唐代苏廙《十六汤品》[②] 根据煮水器材质的不同将茶水分为富贵汤、秀碧汤、压一汤、缠口汤和减价汤，材质分别为金银、石、瓷、铜铁铅锡、陶，茶水品质分别等而下之。富贵汤："以金银为汤器，唯富贵者具焉。所以策功建汤业，贫贱者有不能遂也。汤器之不可舍金银，犹琴之不可舍桐，墨之不可舍胶。"秀碧汤："石，凝

---

① （唐）陆羽：《茶经》卷中《四之器》，《丛书集成新编》第47册，新文丰出版公司1985年版。

② 新文丰出版公司《丛书集成新编》收入的苏廙《十六汤品》是根据明周履靖《夷门广牍》本影印的，该版本书名题为《汤品》，本书在叙述时仍按该书的通行名称《十六汤品》。

结天地秀气而赋形者也，琢以为器，秀犹在焉。其汤不良，未之有也。"压一汤："贵厌金银，贱恶铜铁，则瓷瓶有足取焉。幽士逸夫，品色尤宜。岂不为瓶中之压一乎？然勿与夸珍炫豪臭公子道。"缠口汤："猥人俗辈，炼水之器，岂暇深择，铜铁铅锡，取热而已。夫是汤也，腥苦且涩，饮之逾时，恶气缠口而不得去。"减价汤："无油之瓦，渗水而有土气。虽御胯宸缄，且将败德销声。谚曰：'茶瓶用瓦，如乘折脚骏登高。'好事者幸志之。"① 《十六汤品》中将煮水器称之为瓶，外形自然与陆羽《茶经》中的鍑大为不同，而较接近宋之汤瓶和明之茶壶。

宋代的煮水器是汤瓶，因为流行点茶法，茶叶并不放入汤瓶中，而是投入茶盏中，用汤瓶中烧开的沸水冲点。蔡襄《茶录》之《汤瓶》条曰："瓶要小者，易候汤，又点茶、注汤有准。黄金为上，人间以银、铁或瓷、石为之。"② 汤瓶要小，这样水易于沸腾，点茶注水时容易把握标准。至于材质，蔡襄认为黄金为上，民间用银、铁、瓷或石。宋徽宗《大观茶论》之《瓶》条曰："瓶宜金银，大小之制，唯所裁给。注汤利害，独瓶之口嘴而已。嘴之口欲大而宛直，则注汤力紧而不散。嘴之末欲圆小而峻削，则用汤有节而不滴沥。盖汤力紧，则发速有节；不滴沥，则茶面不破。"③ 往茶盏注水的关键在于汤瓶的嘴口，要防止水散和断续水滴。作为富有天下的帝王，宋徽宗认为材质上汤瓶宜用金银，当然普通人很难这么奢侈。署名审安老人的《茶具图赞》将汤瓶拟人化称为汤提点，汤是指沸水，提点是官名，象征提举点茶之意，名发新，表明可显茶之新色，字一鸣，表现的是水在瓶中沸腾之音，号温谷遗老，暗指茶瓶的温高。赞词曰："养浩然之气，发沸腾之声，以执中之能，辅成汤之德，斟酌宾主间，功迈仲叔圉，然未免外烁之忧，

---

① （唐）苏廙：《汤品》，《丛书集成新编》第47册，新文丰出版公司1985年版。
② （宋）蔡襄：《茶录》，《丛书集成初编》第1480册，中华书局1985年版。
③ （宋）赵佶：《大观茶论》，陶宗仪《说郛》卷93，清顺治三年李际期宛委山堂刊本。

复有内热之患，奈何?"①

　　茶壶在茶具中的逐渐普及大概是在万历时期，屠隆《茶说》、张源《茶录》和许次纾《茶疏》、张丑《茶经》、程用宾《茶录》大致均成书于万历中期，前二者在论述茶具时均未提及茶壶，后三者则已将壶正式列入，说明万历中期是壶的逐渐普及阶段，万历后期及以后成书的茶书在论茶具时一般都会论及壶，说明壶在饮茶方式中使用已被普遍接受。

　　明初朱权《茶谱》中的煮水器是茶瓶："瓶要小者，易候汤，又点茶注汤有准。古人多用铁，谓之罂。罂，宋人恶其生鉎，以黄金为上，以银次之。今予以瓷石为之，通高五寸，腹高三寸，项长二寸，觜长七寸。凡候汤不可太过，未熟则沫浮，过熟则茶沉。"② 朱权所谓茶瓶黄金为上、银次之的看法是以富甲一方的藩王口吻说的，一般人自然难以办到。他自己使用的瓶是以瓷或石制成。煮水不可温度太高，也不可温度过低，水未熟茶末会漂浮起来。

　　屠隆《茶说》在煮水器方面主张汤瓶以小为佳，不宜太大，材质以瓷、石为最适宜。《择器》条曰："凡瓶，要小者，易候汤；又点茶、注汤有应。若瓶大，啜存停久，味过则不佳矣。所以策功建汤业者，金银为优；贫贱者不能具，则瓷石有足取焉。瓷瓶不夺茶气，幽人逸士，品色尤宜。石凝结天地秀气而赋形，琢以为器，秀犹在焉。其汤不良，未之有也。然勿与夸珍炫豪臭公子道。铜、铁、铅、锡，腥苦且涩；无油瓦瓶，渗水而有土气，用以炼水，饮之逾时，恶气缠口而不得去。亦不必与猥人俗辈言也。"③ 屠隆认为汤瓶太大，水在瓶中会停留太久，导致口味不佳。汤瓶的材质方面，金、银虽最好，但贫寒之士难以置办，铜、铁、铅、锡则有腥味导致水有涩味，无釉之陶会渗水且有土气，只有瓷、石不会影响茶的口味且廉价易办，最为

---

　　① （明）茅一相:《茶具图赞》,《丛书集成初编》第 1501 册, 中华书局 1985 年版。
　　② （明）朱权:《茶谱》,《艺海汇函》, 明抄本。
　　③ （明）屠隆:《茶说》, 喻政《茶书》, 明万历四十一年刻本。

合适。

张源《茶录》认为煮水器最宜用锡，无异味，也廉价易得。《茶具》条曰："桑苎翁煮茶用银瓢，谓过于奢侈。后用磁器，又不能持久，卒归于银。愚意银者宜贮朱楼华屋，若山斋茅舍，唯用锡瓢，亦无损于香、色、味也。但铜铁忌之。"①

万历中期成书的许次纾《茶疏》、程用宾《茶录》和张丑《茶经》是明代也是中国历史上最早论及茶壶的茶书，在这三部茶书中都将茶壶与煮水器并列为茶具之一，将壶的功能完全从煮水器中分离出来。而且许次纾《茶疏》和程用宾《茶录》均提及了当时最有代表性的茶壶即宜兴紫砂壶。

许次纾《茶疏》将茶壶称为茶注，许次纾认为茶壶宜小不宜大，有利于保持香气，茶壶的材质锡最好，瓷亦可，宜兴紫砂壶当时许多人就已觉得宝贵。《秤量》条曰："茶注，宜小不宜甚大。小则香气氤氲，大则易于散漫。"《瓯注》条曰："茶注以不受他气者为良，故首银次锡。上品真锡，力大不减，慎勿杂以黑铅。虽可清水，却能夺味。其次内外有油瓷壶亦可，必如柴、汝、宣、成之类，然后为佳。然滚水骤浇，旧瓷易裂，可惜也。近日饶州所造，极不堪用。往时龚春茶壶，近日时彬所制，大为时人宝惜。盖皆以粗砂制之，正取砂无土气耳。随手造作，颇极精工，顾烧时必须火力极足。方可出窑。然火候少过，壶又多碎坏者，以是益加贵重。火力不到者，如以生砂注水，土气满鼻，不中用也。较之锡器，尚减三分。砂性微渗，又不用油，香不窜发，易冷易馊，仅堪供玩耳。其余细砂及造自他匠手者，质恶制劣，尤有土气，绝能败味，勿用勿用。"龚春即供春，时彬即时大彬，供春、时大彬所制紫砂壶在当时已很有名气，但紫砂壶烧制时要火力恰当，火候过了易碎坏，火候不及会有很大土气。许次纾又指出其他人造的紫砂壶品质恶劣，会败坏茶味，紫砂壶的砂性会微微渗透，香味不容易串发，甚至易

---

① （明）屠隆：《茶说》，喻政《茶书》，明万历四十一年刻本。

冷易馁。这表明当时紫砂壶的质量还参差不齐，在文人群体中还未得到普遍完全的接受。许次纾《茶疏》将煮水器称为铫，他认为锡做煮水器最好。《煮水器》条曰："金乃水母，锡备柔刚，味不成涩，作铫最良。铫中必穿其心，令透火气。沸速则鲜嫩风逸，沸迟则老熟昏钝，兼有汤气，慎之慎之！茶滋于水，水藉乎器；汤成于火，四者相须，缺一则废。"① 锡无异味，而且易接受火的热量，水沸腾迅速，有利于茶的品质。

张丑《茶经》认为茶壶不宜过大，不然香味易逸散，茶壶的材质瓷为上，金、银其次，铜、锡不宜用。《茶壶》条曰："茶性狭，壶过大，则香不聚，容一两升足矣。官、哥、宣、定为上，黄金、白银次；铜锡者，斗试家自不用。"官、哥、宣、定指的是官窑、哥窑、宣窑、定窑生产的瓷器。张丑《茶经》中的煮水器为汤瓶，也是瓷器最好，金、银次之，铜、锡会生锈不宜用。《汤瓶》条曰："瓶要小者，易候汤，又点茶注汤有准。瓷器为上，好事家以金银为之。铜锡生鉎，不入用。"②

程用宾《茶录》最欣赏宜兴紫砂壶。《茶具十二执事名说》条曰："壶。宜瓷为之，茶交于此。今义兴时氏多雅制。"义兴即宜兴，是宜兴的古地名，时氏是指制壶名家时大彬。《器具》条曰："壶或用瓷可也，恐损茶真，故戒铜铁器耳。以颇小者易候汤，况啜存停久。则不佳矣。"此处所谓瓷实际指的是陶制的紫砂壶，在附图中程用宾直接将壶称为陶壶。什么茶壶最好，许次纾《茶疏》、张丑《茶经》和程用宾《茶录》这几部茶书看法差异极大，许次纾主张锡壶，张丑主张瓷壶，而程用宾则主张宜兴紫砂壶，这表明紫砂壶被接受为最好的茶壶有一个过程，当时是各种材质的茶壶并存的，但紫砂壶逐渐崛起。程用宾《茶录》将煮水器称为罐，他认为材质为锡的煮水器是最好

---

① （明）许次纾：《茶疏》，《四库全书存目丛书·子部》第79册，齐鲁书社1997年版。
② （明）张丑：《茶经》，《中国古代茶道秘本五十种》第2册，全国图书馆文献缩微复制中心2003年版。

的，附图中即称为锡罐。《茶具十二执事名说》曰："以锡为之，煮汤者也。"《器具》条曰："昔东冈子以银镀煮茶，谓涉于侈，瓷与石难可持久，卒归于银。此近李卫公煎汁调羹，不可为常，惟以锡瓶煮汤为得。"①

闻龙《茶笺》、罗廪《茶解》、黄龙德《茶说》和冯可宾《岕茶笺》皆为成书于万历后期及以后的茶书。

闻龙《茶笺》记载了一个极为嗜茶的文人周文甫："老友周文甫，自少至老，茗碗薰炉，无时暂废。饮茶日有定期，旦明、晏食、禺中、铺时、下春、黄昏，凡六举。而客至烹点不与焉。寿八十五无疾而卒。……尝畜一龚春壶，摩挲宝爱，不啻掌珠，用之既久，外类紫玉，内如碧云，真奇物也。后以殉葬。"② 龚春壶是明代供春所制紫砂壶，极为名贵难得。

罗廪《茶解》将茶壶称为注，将煮水器称为壶。《器》条曰："注。以时大彬手制粗沙烧缸色者为妙，其次锡。壶。内所受多寡，要与注子称。或锡或瓦，或汴梁摆锡铫。"③ 在壶方面，罗廪认为时大彬烧制的紫砂壶最妙，其次是锡壶。至于煮水器，容量的大小要与茶壶相称，材质为锡或者陶。

黄龙德《茶说》列举了明代茶具中著名的茶壶、煮水器、茶炉和茶盏。《七之具》曰："器具精洁，茶愈为之生色。用以金银，虽云美丽，然贫贱之士，未必能具也。若今时姑苏之锡注，时大彬之砂壶，汴梁之汤铫，湘妃竹之茶灶，宣、成窑之茶盏，高人词客，贤士大夫，莫不为之珍重。即唐宋以来，茶具之精，未必有如斯之雅致。"④ 茶壶最著名的有苏州的锡壶和宜兴的时大彬紫砂壶，煮水器最有名的有开封的汤铫，茶炉著名的有竹炉，茶盏名气很大的有景德镇宣窑、成窑的

---

① （明）程用宾：《茶录》，明万历三十二年戴凤仪刻本。
② （明）闻龙：《茶笺》，陶珽《说郛续》卷37，清顺治三年李际期宛委山堂刻本。
③ （明）罗廪：《茶解》，喻政《茶书》，明万历四十一年刻本。
④ （明）黄龙德：《茶说》，《中国古代茶道秘本五十种》第1册，全国图书馆文献缩微复制中心 2003 年版。

瓷器。

　　冯可宾《岕茶笺》认为陶瓷茶壶最好，其次锡壶，壶以小为贵，香气不涣散。《论茶具》条曰："茶壶，窑器为上，锡次之。……或问：'茶壶毕竟宜大宜小？'茶壶以小为贵。每一客，壶一把，任其自斟自饮，方为得趣。何也？壶小则香不涣散，味不耽阁；况茶中香味，不先不后，只有一时。太早则未足，太迟则已过，的见得恰好，一泻而尽。化而裁之，存乎其人，施于他茶，亦无不可。"①

　　周高起《阳羡茗壶系》（图2－8）成书于明崇祯后期，是一部对明代宜兴紫砂壶总结性的著作。周高起认为紫砂壶的兴起逐渐淘汰了银、锡和瓷壶，是远超古人的地方，名壶十分昂贵，几乎可与黄金相提并论。"近百年中，壶黜银锡及闽豫瓷而尚宜兴陶，又近人远过前人处也。……至名手所作，一壶重不数两，价重每一二十金，能使土与黄金争价。粗日趋华，抑足感矣。"周高起将制壶名家分为创始、正始、大家、名家、雅流、神品和别派几类。创始指的是紫砂壶的开创者，为一名僧人，名号已不可考。"金沙寺僧，久而逸其名矣。闻之陶家云，僧闲静有致，习与陶缸瓮者处，为其细土，加以澄练，捏而为胎，规而圆之，刳使中空，踵傅口、柄、盖、的，附陶穴烧成，人遂传用。"正始指的是紫砂壶的正式开创者，大概金沙寺僧人虽为首创，但技术尚不高。真正在艺术上使紫砂壶达到很高水平有开山作用的人是供春。"供春，学宪吴颐山公青衣也。颐山读书金沙寺中，供春于给役之暇，窃仿老僧心匠，亦淘细土抟胚，茶匙穴中，指掠内外，指螺文隐起可按。胎必累按，故腹半尚现节腠，视以辨真。今传世者，栗色暗暗如古金铁，敦庞周正，允称神明垂则矣。"另外董翰、赵梁、玄锡、时朋和李茂林也是供春之后很有名气的制壶者。大家是一流的制壶者，特指时大彬，他是时朋之子。周高起给予了他极高的评价，认为前后的名手都比不上他。"时大彬，号少山。或淘土，或

---

　　①　（明）冯可宾：《岕茶笺》，《丛书集成续编》第86册，新文丰出版公司1988年版。

杂碙砂土，诸款具足，诸土色亦具足。不务妍媚，而朴雅坚栗，妙不可思。初自仿供春得手，喜作大壶。后游娄东，闻眉公与琅琊、太原诸公品茶施茶之论，乃作小壶。几案有一具，生人闲远之思，前后诸名家并不能及。遂于陶人标大雅之遗，擅空群之目矣。"时大彬本来喜欢做大壶，受到陈继儒（字眉公）的影响开始做小壶。时大彬对紫砂壶的影响极为深远，他之后的制壶名手大多直接或间接受到他的影响，时壶可谓紫砂壶的顶峰。名家比大家稍有逊色，可为第二等，专指的是李仲芳和徐友泉二人，这两人皆为时大彬的高徒。"李仲芳，行大，茂林子。及时大彬门，为高足第一。制度渐趋文巧，其父督以敦古。……今世所传大彬壶，亦有仲芳作之，大彬见赏而自署款识者。时人语曰：'李大瓶，时大名。'……徐友泉……学为壶。变化式土，仿古尊罍诸器，配合土色所宜，毕智穷工，粗移人心目。……种种变异，妙出心裁。然晚年恒自叹曰：'吾之精，终不及时之粗。'"雅流的声誉技艺又比名家要稍次，包括欧正春、邵文金、邵文银、蒋伯荂、陈用卿、陈信卿、闵鲁生和陈光甫八人，其中前四人皆为时大彬的弟子，后四人也受到时大彬的影响。"欧正春，多规花卉果物，式度精妍。邵文金，仿时大汉方独绝，今尚寿。邵文银。蒋伯荂，名时英。四人并大彬弟子。……陈用卿，与时同工，而年伎俱后。……不规而圆，已极妍饬。……陈信卿，仿时、李诸传器……品其所作。虽丰美逊之，而坚瘦工整，雅自不群。……闵鲁生，名贤，制仿诸家，渐人佳境。……陈光甫，仿供春、时大为入室。"神品是指陈仲美和沈君用二人，大概他们都过于殚精竭虑而早夭，所以单列。"陈仲美……好为壶土，意造诸玩……细极鬼工。壶像花果，缀以草虫，或龙戏海涛，伸爪出目。……沈君用，名士良，踵仲美之智，而妍巧悉敌。……配土之妙，色象天错，金石同坚。"别派是指制壶名手中的其他派别，列举了邵盖、周后溪、邵二孙、陈俊卿、周季山、陈和之、陈挺生、承云从、沈君盛、沈子澈和陈辰诸人。他们有一些特别的技能，如一些人善模仿，"周季山、陈和之、陈挺生、承云从、沈君盛，善仿友泉、君用"，有人善刻款识，"陈辰，字共之，工镌壶款，近人多假手焉；亦陶家之中书君也"。①

《阳羡茗壶系》一书在"别派"之后，尚有一些类似今人余论的内容，论述了壶刻书法、宜壶原料、制壶过程、使用方法、宜壶保养以及配套茶具等方面。时大彬和李仲芳在壶刻书法上都达到了很高水平："镌壶款识，即时大彬初倩能书者落墨，用竹刀画之，或以印记。后竟运刀成字，书法闲雅，在《黄庭》《乐毅》帖间，人不能仿，赏鉴家用以为别。次则李仲芳，亦合书法。若李茂林，朱书号记而已。仲芳亦时代大彬刻款，手法自逊。"宜兴紫砂壶的原料可分为嫩泥、石黄泥、天青泥、老泥和白泥等。制壶有复杂的过程，要对土加工处理，陶壶成型后放入窑中烧制。"造壶之家，各穴门外一方地，取色土筛捣，部署讫，弃窖其中，名曰'养土'。取用配合，各有心法，秘不相授。壶成幽之，以候极燥，乃以陶瓮庋五六器，封闭不隙，始鲜欠裂射油之患。过火则老，老不美观；欠火则稚，稚沙土气。若窑有变相，匪夷所思，倾汤封茶，云霞绮闪，直是神之所为，亿千或一见耳。"紫砂壶的使用适宜新鲜的泉水和活火，边泡边喝，茶渣要及时清洁处理。"壶供真茶，正在新泉活火，旋瀹旋啜，以尽色、声、香、味之蕴。故壶宜小不宜大，宜浅不宜深，壶盖宜盎不宜砥。汤力茗香，俾得团结氤氲；宜倾竭即涤，去厥淳滓，乃俗夫强作解事，谓时壶质地坚结，注茶越宿，暑月不馊，不知越数刻而茶败矣，安俟越宿哉！"紫砂壶的保养要经常擦拭洁净，防油腻。"壶入用久，涤拭日加，自发暗然之光，入手可鉴，此为书房雅供。若腻滓烂斑，油光烁烁，是曰'和尚光'，最为贱相。"周高起还对与紫砂壶配套的其他茶具作了一定的论述。②

---

① （明）周高起：《阳羡茗壶系》，《丛书集成续编》第90册，新文丰出版公司1988年版。

② 同上。

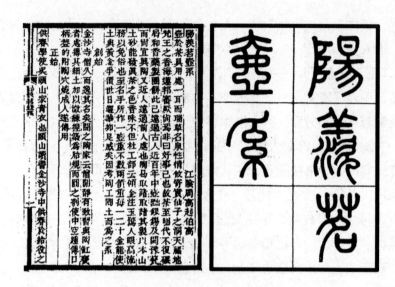

图2-8　周高起《阳羡茗壶系》书影

四　茶具中的其他用具

从唐、宋到明代，随着饮茶方式的变迁，茶具亦发生了很大变化。唐代茶书陆羽《茶经》之《四之器》共列茶具28种。风炉是用来生火煮水的器具；灰承是三只脚的铁架，用来承放炉灰；筥为竹或藤制的箱，用来盛炭；炭挝是六角形的铁棒，供敲炭用；火筴是铁或铜制的铁箸，供取炭用；鍑是煮水器，供煎茶用，有铁、瓷、石和银等材质；交床十字交叉作架，上搁板剜去中部，作为放鍑之用；夹用小青竹制成，用来烤茶，或用精铁熟铜制成，经久耐用；纸囊用来贮放烤好的茶，使香味不致散失；碾用橘树等木制成，用来将炙烤过的团茶碾碎，便于煮茶；拂末用鸟的羽毛制成，碾茶后用来清扫茶末；罗合，罗是罗筛，合是盒，罗筛筛下的茶末须用有盖的盒贮藏；则是海贝、蛎蛤等类的壳，或用铜、铁、竹制成的匙、小箕之类充当，用以量茶；水方用桐木、槐、楸、梓等木板制成，用以盛水；漉水囊是滤水器，供清洁水之用，用铜、竹、木或铁制成，用生铜最好；瓢用葫芦剖开制成，用来舀水；竹筴用桃、柳、蒲葵木或柿心木制成，两头裹银，是煎茶时搅汤用的器具，可用来发茶性；鹾簋是用来盛贮盐花的容器，用瓷制成，有盒、瓶和罍等形状；揭是取盐用的器具；熟盂用来贮放已沸腾的开水，瓷或陶制；碗是品饮茶的器具，以越窑瓷碗为最佳；畚是用白蒲草编成用来贮放碗的器具，可放十枚；札是刷子，供清洁器物之用；涤方是用来贮放洗涤用水的器具，用楸木制成；滓方是用来收集和盛放茶渣、残水的器具；巾是用来擦拭器具的布；具列为煮茶时用来收藏和陈列各种茶具的架子，用纯木或纯竹制成；都篮是用来收藏全部茶具的器具，用竹篾制成。①

但陆羽《茶经》所列 28 种茶具只是在非常正式、正规并有相当礼仪要求的场所才会全部使用。《九之略》曰："城邑之中，王公之门，二十四器阙一，则茶废矣。" 28 种茶具中除去收藏全部茶具的都篮，另外陆羽事实上把灰承、拂末、揭分别看作附属于风炉、碾和鹾簋，所以将全部茶具称为 "二十四器"。饮茶本是清雅闲适之事，在陆羽看来，只要能够方便完成饮茶，对茶具的使用不必拘泥。"其煮器，若松间石上可坐，则具列废。用槁薪、鼎鬲之属，则风炉、灰承、炭挝、火筴、交床等废。若瞰泉临涧，则水方、涤方、漉水囊废。若五人已下，茶可末而精者，则罗废。若援藟跻嵒，引絙入洞，于山口炙而末之，或纸包合贮，则碾、拂末等废。既瓢、碗、筴、札、熟盂、鹾簋悉以一筥盛之，则都篮废。"② 炉、灰承、炭挝、火筴、交床、水方、涤方、漉水囊、罗、碾、拂末、具列等茶具在特定条件中均可废弃。

宋代较为全面论及茶具的茶书主要有蔡襄《茶录》、宋徽宗《大观茶论》和审安老人《茶具图赞》，这几部茶书列举的茶具数量都不多，大大少于陆羽《茶经》。蔡襄《茶录》列举茶具仅 9 种，除去实际不用于茶饮而是藏茶用具的茶焙和茶笼仅 7 种，《大观茶论》列出茶具仅 6 种，《茶具图赞》列出茶具 12 种。宋代茶书论及的茶具数量大大少于

---

① （唐）陆羽：《茶经》卷中《四之器》，《丛书集成新编》第 47 册，新文丰出版公司 1985 年版。

② 同上。

唐代茶书《茶经》，原因并非宋代饮茶方式比唐代简化，而是突出了重点，将与点茶法中与点茶无直接关联的茶具略去不谈。如类似陆羽《茶经》中的生火器具风炉、灰承、筥、炭挝和火筴，类似陆羽《茶经》中的水具水方、涤方、漉水囊，类似陆羽《茶经》中的藏陈用具畲、具列、都篮，宋代茶书均几乎完全没有提及。

除去作为藏茶用具的茶焙和茶笼，蔡襄《茶录》论及的茶具有 7 种：砧椎、茶钤、茶碾、茶罗、茶盏、茶匙和汤瓶。砧椎是用来敲碎茶饼的用具。"砧椎，盖以碎茶。砧以木为之，椎或金或铁，取于便用。"茶钤是夹取茶块用来烤茶的器具。"茶钤，屈金铁为之，用以炙茶。"与陆羽《茶经》的夹用小青竹制成不同的是，茶钤是由金或铁这样的金属制成。茶碾用来碾茶，将茶饼碾成茶末。"茶碾，以银或铁为之。黄金性柔，铜及鍮石皆能生鉎，不入用。"与陆羽《茶经》碾为木制的不同，此处茶碾为金属制成。茶罗是筛茶的工具，保持茶末的细密。"茶罗以绝细为佳，罗底用蜀东川鹅溪画绢之密者，投汤中揉洗以幂之。"茶盏是盛放茶水饮用的器具。茶匙是点茶时用来击拂搅拌茶汤的器具。"茶匙要重，击拂有力，黄金为上，人间以银、铁为之。竹者轻，建茶不取。"茶匙功能类似陆羽《茶经》中的竹筴。汤瓶为煮水器。①

宋徽宗《大观茶论》列举的茶具有碾、罗、盏、筅、瓶和杓 6 种。碾以银制的最好，熟铁其次，生铁易生锈不好，碾槽要深峻，碾轮要锐薄。"碾以银为上，熟铁次之。生铁者，非淘炼槌磨所成，间有黑屑藏于隙穴，害茶之色尤甚。凡碾为制，槽欲深而峻，轮欲锐而薄。槽深而峻，则底有准而茶常聚；轮锐而薄，则运边中而槽不戛。……碾必力而速，不欲久，恐铁之害色。"用罗筛茶时茶末越细越好。"罗欲细而面紧，则绢不泥而常透。……罗必轻而平，不厌数，庶已细者不耗。唯再罗，则入汤轻泛，粥面光凝，尽茶色。"盏是盛放茶水饮用的器具。筅

---

① （宋）蔡襄：《茶录》，《丛书集成初编》第1480 册，中华书局1985 年版。

是点茶时用来击拂茶汤的器具，作用相当于蔡襄《茶录》中的茶匙，但与蔡襄不同的是，宋徽宗主张筅用老箸竹制作。"茶筅以箸竹老者为之，身欲厚重，筅欲疏劲，本欲壮而末必眇，当如剑脊之状。盖身厚重，则操之有力而易于运用。筅疏劲如剑脊，则击拂虽过而浮沫不生。"瓶是煮水器，用来点茶时向茶盏注水。杓是舀水的器具，用来点茶时向盏注入沸水。"杓之大小，当以可受一盏茶为量。过一盏则必归其余，不及则必取其不足。倾杓烦数，茶必冰矣。"① 宋徽宗将杓郑重列出说明当时有两种点茶方法，一是用瓶注水点茶，二是用杓从鍑、铫等煮水器中舀沸水再向盏中注水点茶，但《大观茶论》中并未列出与杓配合的鍑或铫等煮水器，大概是因为这些器物司空见惯而且与点茶无直接关联。

署名审安老人的《茶具图赞》是宋代也是中国历史上现存第一部专门论茶具的茶书。结合《茶具图赞》中的文字和绘图，韦鸿胪是指烤茶用的烘茶炉，木待制是捣茶用的茶臼，金法曹为用来碾茶的茶碾，石转运指的是磨茶用的茶磨，胡员外为葫芦所制舀水用的水杓，罗枢密为筛茶用的茶罗，宗从事是清扫茶末用的茶帚，漆雕秘阁是承茶盏用的盏托，陶宝文为盛茶水的茶盏，汤提点是点茶注水时用的汤瓶，竺副帅是竹制击拂茶汤用的茶宪，司职方清洁茶具用的茶巾。②

从唐宋到明代，由于流行的茶叶和饮茶方式的变化，所以茶具发生了巨大的变迁。唐宋盛行的团茶到明代趋于消失，散茶大行其道，泡茶法成为饮茶方式的主流，茶叶冲泡前不需再碾磨成茶末，所以用来炙茶（即烤茶）、碾茶、罗茶（即筛茶）等茶具基本被淘汰，茶水清纯并不需要击拂，所以茶宪也渐渐消失了。相比唐宋，明代茶具明显大大简化，最核心的茶具是炉、盏、壶，而且壶不是一定需要，因为可以盏泡，其他器具在茶具中只起配合作用而边缘化。

---

① （宋）赵佶：《大观茶论》，陶宗仪《说郛》卷93，清顺治三年李际期宛委山堂刊本。
② （明）茅一相：《茶具图赞》，《丛书集成初编》第1501册，中华书局1985年版。

朱权《茶谱》成书于明初，尚处于散茶已经流行但点茶法还有一定影响的时期，所以茶具方面除了特别突出炉、灶外与宋代并无太大不同。朱权《茶谱》中的茶具有茶炉、茶灶、茶碾、茶罗、茶架、茶匙、茶筅、茶瓯和茶瓶9种。茶炉、茶灶都是生火煮水的器具。茶碾方面，朱权最欣赏青礞石。"茶碾，古以金、银、铜、铁为之，皆能生鉎。今以青礞石最佳。"朱权的观点与陆羽、蔡襄、宋徽宗都不同，陆羽《茶经》中的碾是木制的，蔡襄、宋徽宗均主张银、铁。在茶罗方面朱权承袭了宋代的观点。"茶罗，径五寸，以纱为之。细则茶浮，粗则水浮。"茶架是用来置放茶叶的架子，木或竹制。"茶架，今人多用木，雕镂藻饰，尚于华丽。予制以斑竹、紫竹，最清。"茶匙是用来将茶末舀入盏中的用具。"茶匙要用击拂有力，古人以黄金为上，今人以银、铜为之，竹者轻。予尝以椰壳为之，最佳。后得一瞽者，无双目，善能以竹为匙，凡数百枚，其大小则一，可以为奇。特取异于凡匙，虽黄金亦不为贵也。"一般观点认为此处茶匙是用来击拂茶汤的，这其实是错误的，因为朱权在茶具中已列出了击拂茶汤的工具，那就是茶筅。朱权在文中所谓"茶匙要用击拂有力，古人以黄金为上"指的是古人也即宋代的情况，朱权在《茶谱》中下文有"匙茶入瓯"之言，说明需要有将茶末舀入茶盏的工具，这就是茶匙。当时的茶匙一般用银、铜或竹做成，朱权别出心裁，曾使用椰壳制成。茶筅是击拂茶汤的器具，用竹做成，与宋徽宗《大观茶论》的观点一致。"茶筅，截竹为之。广、赣制作最佳。长五寸许，匙茶入瓯，注汤筅之，候浪花浮成云头雨脚乃止。"茶瓯、茶瓶前文已论及这里略而不谈。①

盛虞《王友石竹炉并分封六事》（附于顾元庆《茶谱》之后）详细列举了明代的茶具，根据文字和绘图共达24种。在这些茶具中，已经完全没有了用以炙茶、碾茶、罗茶和击拂茶水的器具，彻底完成了从唐宋茶具到明代茶具的过渡。苦节君是竹茶炉，前文已论不再重复。苦

---

① （明）朱权：《茶谱》，《艺海汇函》，明抄本。

节君行者是置放茶炉的箱笼，虽然文字中没有论及但绘图中在苦节君之后出现。建城是贮藏茶叶的蒻笼，本章第一节已论。云屯为用以盛水的瓷瓶。"泉汲于云根，取其洁也。欲全香液之腴，故以石子同贮瓶缶中，用供烹煮。水泉不甘者，能损茶味，前世之论，必以惠山泉宜之。今名云屯，盖云即泉也，得贮其所，虽与列职诸君同事，而独屯于斯，岂不清高绝俗而自贵哉！"乌府是竹制盛炭的篮。"炭之为物，貌玄性刚，遇火则威灵气焰，赫然可畏。触之者腐，犯之者焦，殆犹宪司行部，而奸宄无状者望风自靡。苦节君得此，甚利于用也，况其别号乌银，故特表章。其所藏之具，曰乌府，不亦宜哉！"水曹是贮水用来洗涤茶叶的木制容器。"茶之真味，蕴诸枪旗之中，必浣之以水而后发也。既复加之以火，投之以泉，则阳嘘阴翕，自然交妮，而馨香之气溢于鼎矣。故凡苦节君器物用事之余，未免有残沥微垢，皆赖水沃盥，名其器曰水曹，如人之濯于盘水，则垢除体洁，而有日新之功。岂不有关于世教也耶！"器局是竹编方箱，用以收放 16 种各式茶具。"茶具十六事，收贮于器局，供役苦节君者，故立名管之，盖欲统归于一，以其素有贞心雅操而自能守之也。"这 16 种茶具有：商象，即古石鼎也，用以烧水；归洁，即竹筅，用以涤扫清洁；分盈，即杓，用以舀水；递火，即铜火斗，用以搬火；降红，即铜火箸，用以夹炭簇火；执权，即准茶秤也，用以称茶；团风，即湘竹扇，用以扇火；漉尘，洗茶篮，用以淋洗茶叶；静沸，即竹架，相当于《茶经》支鍑的交床；注春，即磁壶也；运锋，即劙果刀，用以切果；甘钝，即木砧墩，用以搁具；啜香，即建盏（原文如此，其实就是茶盏，是还受宋代影响的一种称呼）；撩云，即竹茶匙，用来取果；纳敬，即竹茶橐，用以放盏；受污，为拭抹布，用来揩拭清洁茶具。品司为收贮各类茶叶的竹编箱笼。"古者，茶有品香而入贡者，微以龙脑和膏，欲助其香，反失其真。煮而膻鼎腥瓯，点杂枣、橘、葱、姜，夺其真味者尤甚。今茶产于阳羡山中，珍重一时，煎法又得赵州之传，虽欲啜时，入以笋、榄、瓜仁、芹蒿之属，则清而且佳。因命湘君设司检束，而前之所忌乱真味者，不敢窥其门矣。"①

张源《茶录》列举的茶具有瓢（煮水器）、茶盏、拭盏布和分茶盒。瓢和茶盏前文已论。拭盏布是用来擦拭茶盏的洁具。"饮茶前后，俱用细麻布拭盏，其他易秽，不宜用。"这种拭盏布以细麻布制成。分茶盒是用来贮藏茶叶的锡盒。"以锡为之。从大坛中分用，用尽再取。"②

张丑《茶经》列举的茶具有汤瓶、茶壶、茶盏、纸囊、茶洗、茶瓶、茶炉。汤瓶、茶壶、茶盏和茶炉前文已经论述。张丑称纸囊用来盛放炙好的茶叶："纸囊，用剡溪藤纸白厚者夹缝之，以贮所炙茶，使不泄其香也。"这完全承袭了陆羽的文字，但明代饮茶一般用散茶，茶叶并不用炙，张丑将此茶具列于此处实在牵强。茶洗是张丑《茶经》所列的一种颇有新意的茶具，用来洗去茶上的尘垢。"茶洗，以银为之，制如碗式，而底穿数孔，用洗茶叶，凡沙垢皆从孔中流出，亦烹试家不可缺者。"茶洗似乎是明代独有的茶具，唐宋所无，清代茶书也不再出现。茶瓶是贮存茶叶的陶瓷瓶。"瓶或杭州或宜兴所出，宽大而厚实者，贮芽茶，乃久久如新而不减香气。"③

程用宾《茶录》列举了茶具11种，分别为铜鼎、都篮、锡盒、陶壶、磁盏、锡罐、瓠瓢、具列、铜筴、竹篮、水方、麻巾。铜鼎、陶壶、磁盏和锡罐前文已述不再重复。都篮是贮存所有茶具的竹制箱笼。"按《经》以总摄诸器而名之，制以竹篾。今拟携游山斋亭馆泉石之具。"锡盒是贮放茶叶的锡罐。"以锡为之，径三寸，高四寸，以贮茶时用也。"瓠瓢是用来舀水的器具。"按《经》剖瓠或刊木为之，今用汲也。"具列烹茶时用来放置各种茶具。"按，《经》或作床，或作架，或纯木纯竹而制之。长三尺，阔二尺，高六寸，以列器。"铜筴用来取

---

① （明）顾元庆：《茶谱》，《续修四库全书》第1115册，上海古籍出版社2003年版。
② （明）张源：《茶录》，喻政《茶书》，明万历四十一年刻本。
③ （明）张丑：《茶经》，《中国古代茶道秘本五十种》第2册，全国图书馆文献缩微复制中心2003年版。

炭簇火。"按，《经》以铁或熟铜制之。"竹篮用来放置盥洗好的茶具。"拟《经》之漉水囊也，以支盥器，用竹为之。"水方用来盛放盥洗用的水。"按，《经》以稠木、槐、楸、梓等合之，受一斗，今以之沃盥。"麻巾是用来擦拭茶具的麻布。"按，《经》作二枚互用，以洁诸器。"① 程用宾《茶录》中所引《经》指的是陆羽《茶经》。

罗廪《茶解》之《器》条列举了 12 种器具，但筜、灶、箕、扇、笼、悦和瓮实际分别是采茶、制茶和藏茶的工具，真正属于茶具的有炉、注、壶、瓯和梜 5 种器具。炉、注、壶、瓯前文已经论述。梜是竹制的夹，似筷子，用来将茶壶中已泡过的茶渣夹出。"以竹为之，长六寸，如食箸而尖其末，注中泼过茶叶，用此梜出"②

周高起《阳羡茗壶系》本是一部专论宜兴紫砂壶的茶书，书末对与宜壶配合使用的其他茶具也有一定的论述。炉宜竹，显得优雅。"竹炉幽讨，松火怒飞，蟹眼徐窥，鲸波乍起，耳根圆通，为不远矣。"煮水器虽然铜瓶沸腾快，但易有腥味，陶砂的又有土气，锡制的最好，银质的太过昂贵。"然炉头风雨声，铜瓶易作，不免汤腥，砂铫亦嫌土气，唯纯锡为五金之母，以制茶铫，能益水德，沸亦声清。白金尤妙，第非山林所办尔。"茶盏用白瓷最好，口小深腹，香味不容易逸散。茶洗象扁壶，用来洗去茶上的沙土。"茶洗，式如扁壶，中加一盏鬲而细窍其底，便过水漉沙。"茶藏用来放置洗过的茶叶。"茶藏，以闭洗过茶者，仲美、君用各有奇制，皆壶史之从事也。"水杓用来舀水。"水杓、汤铫，亦有制之尽美者，要以椰匏、锡器，为用之恒。"③

第四节　茶书中对茶艺的认识

明代茶书记载的饮茶方式主要是泡茶法，主要包括用火、煮水、洗

---

① （明）程用宾：《茶录》，明万历三十二年戴凤仪刻本。

② （明）罗廪：《茶解》，喻政《茶书》，明万历四十一年刻本。

③ （明）周高起：《阳羡茗壶系》，《丛书集成续编》第 90 册，新文丰出版公司 1988 年版。

茶和泡茶这几道程序，因为烹饮的是散茶而不再是团茶，唐代煎茶法和宋代点茶法中必不可少的炙茶、碾茶和罗茶这几道程序不再需要。品茶的技艺也非常重要，明代茶书普遍主张饮茶要适量，不要滥饮，要徐饮，不能一饮而尽，要从色、香、味三个方面品茶。明代茶书在品茗环境方面，主要追求静谧、高雅、自然、清幽的氛围。在品茶的伴侣方面，明代茶书欣赏清高之人、隐逸之士和僧道之徒。

一 泡茶的技艺

关于饮茶方式，大致唐代流行煎茶法，宋代流行点茶法，明代流行泡茶法。唐代茶书陆羽《茶经》描述的饮茶方式即为煎茶法，主要包括炙茶、碾茶、罗茶、用火、煎茶几个程序。炙茶时要注意热量均匀。"凡炙茶，慎勿于风烬间炙，熛焰如钻，使炎凉不均。持以逼火，屡翻正，候炮出培塿，状虾蟆背，然后去火五寸。卷而舒，则本其始又炙之。若火干者，以气熟止；日干者，以柔止。"[1] 陆羽《茶经》并未直接描写碾茶和罗茶的过程，但描写了碾茶的工具碾和罗茶的工具罗合，碾茶是将团茶碾成茶末，而罗茶也即筛茶，是将细碎的茶末筛出，越细越好。"碾……内圆而外方。内圆，备于运行也；外方，制其倾危也。内容堕而外无余。木堕，形如车轮，不辐而轴焉。长九寸，阔一寸七分。堕径三寸八分，中厚一寸，边厚半寸，轴中方而执圆。……罗末，以合盖贮之，以则置合中。用巨竹剖而屈之，以纱绢衣之。其合以竹节为之，或屈杉以漆之。"[2] 在用火方面，最好用炭，其次是火力大的木柴，不要用有异味的燃料。"其火用炭，次用劲薪。（谓桑、槐、桐、枥之类也。）其炭，曾经燔炙，为膻腻所及，及膏木、败器，不用之。

---

① （唐）陆羽：《茶经》卷下《五之煮》，《丛书集成新编》第 47 册，新文丰出版公司 1985 年版。

② （唐）陆羽：《茶经》卷中《四之器》，《丛书集成新编》第 47 册，新文丰出版公司 1985 年版。

（膏木谓柏、桂、桧也。败器．谓朽废器也。）古人有劳薪之味，信哉。"① 在饮茶方式上，陆羽《茶经》描写的重点是煎茶，煮水有三沸，第一沸放入适量的盐，第二沸投入茶末，第三沸时舀出茶汤，分配时要使茶汤的精华沫饽均匀。"其沸如鱼目，微有声，为一沸。缘边如涌泉连珠，为二沸。腾波鼓浪，为三沸。已上水老，不可食也。初沸，则水合量调之以盐味，谓弃其啜余，无乃齸𧬓而钟其一味乎？第二沸出水一瓢，以竹筴环激汤心，则量末当中心而下。有顷，势若奔涛溅沫，以所出水止之，而育其华也。凡酌，置诸碗，令沫饽均。沫饽，汤之华也。华之薄者曰沫，厚者曰饽。细轻者曰花，如枣花漂漂然于环池之上，又如回潭曲渚青萍之始生，又如晴天爽朗有浮云鳞然。其沫者，若绿钱浮于水湄，又如菊英堕于鐏俎之中。饽者，以滓煮之，及沸，则重华累沫，皤皤然若积雪耳。"②

陆羽《茶经》还记载了另外两种饮茶方式，痷茶法和煮茶法，但陆羽明显对这两种饮茶方法并不认同。"饮有粗茶、散茶、末茶、饼茶者，乃斫、乃熬、乃炀、乃舂，贮于瓶缶之中，以汤沃焉，谓之痷茶。或用葱、姜、枣、橘皮、茱萸、薄荷之等，煮之百沸，或扬令滑，或煮去沫。斯沟渠间弃水耳，而习俗不已。"③

宋代流行的饮茶方式是点茶法，主要程序包括炙茶、碾茶、罗茶、用火、煮水和点茶，点茶法与煎茶法最大的区别在于茶末不再投入煮水器中煎煮，而是放入茶盏中用沸水冲点。唐末茶书苏廙《十六汤品》实际就已反映的是点茶法的饮茶方式，记载点茶法最典型的是蔡襄《茶录》和宋徽宗《大观茶论》。蔡襄《茶录》提出炙茶的程序是将团茶先在沸水用浇淋，再用茶钤夹住炙干，然后碾碎。"茶或经年，则香、色、味皆陈。于净器中以沸汤渍之，刮去膏油一两重乃止，以钤钳

---

① （唐）陆羽：《茶经》卷下《五之煮》，《丛书集成新编》第 47 册，新文丰出版公司 1985 年版。

② 同上。

③ （唐）陆羽：《茶经》卷下《六之饮》，《丛书集成新编》第 47 册，新文丰出版公司 1985 年版。

之，微火炙干，然后碎碾。若当年新茶，则不用此说。"碾茶是先将团茶捶碎，然后反复碾，必须马上碾才会色白。"碾茶，先以净纸密裹槌碎，然后熟碾。其大要，旋碾则色白，或经宿，则色已昏矣。"罗茶追求细密。"罗细则茶浮，粗则水浮。"蔡襄将煮水称为候汤，水不可不熟，也不可过熟。"候汤最难，未熟则沫浮，过熟则茶沉。前世谓之'蟹眼'者，过熟汤也。况瓶中煮之，不可辨，故曰候汤最难。"点茶之前要熁盏，也即给茶盏加热。"凡欲点茶，先须熁盏令热，冷则茶不浮。"点茶时将茶末放入茶盏，先用少量水调匀，再注入沸水用筅击拂，茶水要适量。"茶少汤多，则云脚散；汤少茶多，则粥面聚。建人谓之云脚粥面。钞茶一钱匕，先注汤，调令极匀，又添注之，环回击拂。汤上盏，可四分则止，视其面色鲜白、著盏无水痕为绝佳。建安斗试以水痕先者为负，耐久者为胜；故较胜负之说，曰相去一水、两水。"①

　　点茶法最核心的环节自然是点茶，宋徽宗《大观茶论》重点描述了点茶的过程，至于其他程序全部略去不谈。点茶时注水共有七次，其中颇有技巧。"点茶不一，而调膏继刻。以汤注之，手重筅轻，无粟文蟹眼者，谓之静面点。盖击拂无力，茶不发立，水乳未浃，义复增汤，色泽不尽，英华沦散，茶无立作矣。有随汤击拂，手筅俱重，立文泛泛，谓之一发点。盖用汤已故，指腕不圆，粥面未凝，茶力已尽，雾云虽泛，水脚易生。妙于此者，量茶受汤，调如融胶。环注盏畔，勿使侵茶。势不欲猛，先须搅动茶膏，渐加击拂，手轻筅重，指绕腕旋，上下透彻，如酵蘗之起面，疏星皎月，灿然而生，则茶面根本立矣。第二汤自茶面注之，周回一线，急注急止，茶面不动，击拂既力，色泽渐开，珠玑磊落。三汤多寡如前. 击拂渐贵轻匀，周环旋复，表里洞彻，粟文蟹眼，泛结杂起，茶之色十已得其六七。四汤尚啬，筅欲转稍宽而勿速，其真精华彩，既已焕然，轻云渐生。五汤乃可稍纵，筅欲轻盈而透

　　① （宋）蔡襄：《茶录》，《丛书集成初编》第1480册，中华书局1985年版。

达，如发立未尽，则击以作之。发立已过，则拂以敛之，结浚霭，结凝雪；茶色尽矣。六汤以观立作，乳点勃然，则以筅著居，缓绕拂动而已。七汤以分轻清重浊，相稀稠得中，可欲则止。乳雾汹涌，溢盏而起，周回凝而不动，谓之咬盏，宜均其轻清浮合者饮之。"①

蔡襄《茶录》和宋徽宗《大观茶论》皆未论及点茶法中用火的程序，实际上这个程序是极为重要的。唐末苏廙《十六汤品》中的十六种茶汤，"以薪论者共五品"，也即其中五种汤是根据燃料来评论的，苏廙的观点相当程度可以看成是宋代对用火的一般看法。苏廙认为煮水的燃料炭最好，因为无烟无异味，火力也比较稳定。他将用炭煮水的茶称为法律汤："凡木可以煮汤，不独炭也。唯沃茶之汤，非炭不可。在茶家亦有法律：水忌停，薪忌薰。犯律逾法，汤乖，则茶殆矣。"用麸火虚炭煮水的茶为一面汤："或柴中之麸火，或焚余之虚炭，本体虽尽而性且浮，性浮则有终嫩之嫌。炭则不然，实汤之友。"用粪煮水的为宵人汤："茶本灵草，触之则败。粪火虽热，恶性未尽。作汤泛茶，减耗香味。"用小竹树梢煮水的是贼汤："竹筱树梢，风日干之，燃鼎附瓶，颇甚快意。然体性虚薄，无中和之气，为汤之残贼也。"产生浓烟的树枝煮水的是魔汤："调茶在汤之淑慝，而汤最恶烟。燃柴一枝，浓烟蔽室，又安有汤耶？苟用此汤，又安有茶耶？所以为大魔。"② 苏廙对一面汤、宵人汤、贼汤和魔汤均颇不以为然。

明代的饮茶方式与唐宋相比发生了很大变化，流行泡茶法，主要程序有用火、煮水、洗茶和泡茶，因为所用茶叶不再是团茶而是散茶，不再需要炙茶、碾茶和罗茶这三道工序，饮茶方式大大简化。

明初朱权《茶谱》所载饮茶方式中所饮之茶虽然是散茶，但仍延续了宋代的点茶法，还处于从点茶法向泡茶法的过渡阶段。其过程为："碾茶为末，置于磨令细，以罗罗之，候汤将如蟹眼，量客众寡，投数匕入于巨瓯。候茶出相宜，以茶筅掸令沫不浮，乃成云头雨脚，分于啜

---

① （宋）赵佶：《大观茶论》，陶宗仪《说郛》卷93，清顺治三年李际期宛委山堂刊本。
② （唐）苏廙：《汤品》，《丛书集成新编》第47册，新文丰出版公司1985年版。

瓯，置之竹架，童子捧献于前。"其中用水主张用活火，煮水主张用三沸法。"用炭之有焰者，谓之活火，当使汤无妄沸。初如鱼眼散布，中如泉涌连珠，终则腾波鼓浪，水气全消。此三沸之法，非活火不能成也。"朱权《茶谱》描述的重点还是点茶，点茶方法与宋代并无不同，有新意的是在茶书历史上第一次提出点茶时在茶水中置入花。"凡欲点茶，先须熁盏，盏冷则茶沉，茶少则云脚散，汤多则粥面聚。以一匕投盏内，先注汤少许，调匀，旋添入，环回击拂。汤上盏可七分则止，著盏无水痕为妙。今人以果品为换茶，莫若梅、桂、茉莉三花最佳。可将蓓蕾数枚投于瓯内罨之，少顷，其花自开，瓯未至唇，香气盈鼻矣。"①

顾元庆《茶谱》中记载的饮茶方式已完全是泡茶法，没再提到炙茶、碾茶和罗茶这些程序。该书对用火和煮水的看法是："凡茶，须缓火炙，活火煎。活火，谓炭火之有焰者，当使汤无妄沸，庶可养茶。始则鱼目散布，微微有声；中则四边泉涌，累累连珠；终则腾波鼓浪，水气全消，谓之老汤。三沸之法，非活火不能成也。"顾元庆《茶谱》在明代茶书中第一次论及洗茶，洗茶的目的是洗去茶上的尘土和污垢。"凡烹茶，先以热汤洗茶叶，去其尘垢、冷气，烹之则美。"顾元庆《茶谱》将泡茶的三个要点称为"点茶三要"，分别为涤器、熁盏和择果。涤器也即清洁茶具，茶具保持清洁十分重要。"茶瓶、茶盏、茶匙生鉎，致损茶味，必须先时洗洁则美。"熁盏也即将茶盏烤热。"凡点茶，先须熁盏令热，则茶面聚乳，冷则茶色不浮。"择果指的是泡茶时在茶水中置入果肉、果仁和花瓣等，顾元庆原则上主张清饮，并不主张放入这些东西，一定要放的话，顾元庆也提出了适合放的一些茶果。"茶有真香，有佳味，有正色。烹点之际，不宜以珍果、香草杂之。夺其香者，松子、柑橙、杏仁、莲心、木香、梅花、茉莉、蔷薇、木樨之类是也。夺其味者，牛乳、番桃、荔枝、圆眼、水梨、枇杷之类是也。夺其色者，柿饼、胶枣、火桃、杨梅、橙橘之类是也。凡饮佳茶，去果

---

① （明）朱权：《茶谱》，《艺海汇函》，明抄本。

方觉清绝，杂之则无辩矣。若必曰所宜，核桃、榛子、瓜仁、枣仁、菱米、榄仁、栗子、鸡头、银杏、山药、笋干、芝麻、莒苣、莴巨、芹菜之类精制，或可用也。"①

屠隆《茶说》论述的泡茶法程序包括用火、煮水、洗茶和泡茶。在用火和煮水方面，屠隆虽然承袭了顾元庆《茶谱》的文字，但有一定发挥。屠隆发挥的文字为："如坡翁云：'蟹眼已过鱼眼生，飕飕欲作松风声'，尽之矣。若薪火方交，水釜才炽，急取旋倾，水气未消，谓之懒。若人过百息，水逾十沸，或以话阻事废。始取用之，汤已失性，渭之老。老与懒，皆非也。"煮水老与嫩皆不可。洗茶方面，屠隆完全承袭的是顾元庆《茶谱》的文字。屠隆认为泡茶时注水不可过急也不可过缓。"若手颤臂弹，唯恐其深；瓶嘴之端，若存若亡，汤不顺通，则茶不匀粹，是谓缓注。一瓯之茗，不过二钱。茗盏量合宜，下汤不过六分。万一快泻而深积之，则茶少汤多，是谓急注。缓与急，皆非中汤。欲汤之中，臂任其责。"②

在饮茶方式上，田艺蘅《煮泉小品》论述了用火、煮水和泡茶的技巧。他认为用火非常重要，要用活火，在试水前要调试火力之大小。"有水有茶，不可无火。非无火也，有所宜也。李约云：'茶须缓火炙，活火煎'，活火，谓炭火之有焰者。苏轼诗'活火仍须活水烹'是也。余则以为山中不常得炭，且死火耳，不若枯松枝为妙。若寒月，多拾松实，畜为煮茶之具，更雅。人但知汤候，而不知火候。火然则水干，是试火先于试水也。《吕氏春秋》：'伊尹说汤五味，九沸九变，火为之纪。'"煮水方面水不可太老也不可太嫩。"汤嫩则茶味不出，过沸则水老而茶乏，唯有花而无衣，乃得点瀹之候耳。"泡茶方面，田艺蘅亦主张清饮，强烈反对茶水中放入盐、姜、果和花等物。"唐人煎茶多用姜盐，故鸿渐云：'初沸水，合量调之以盐味。'薛能诗：'盐损添常戒，姜宜著更夸。'苏子瞻以为茶之中等，用姜煎信佳，盐则不可。余则以

---

① （明）顾元庆：《茶谱》，《续修四库全书》第1115册，上海古籍出版社2003年版。

② （明）屠隆：《茶说》，喻政《茶书》，明万历四十一年刻本。

为二物皆水厄也。若山居饮水，少下二物以减岚气或可耳。而有茶，则此固无须也。今人荐茶，类下茶果，此尤近俗。纵是佳者，能损真味，亦宜去之。且下果则必用匙，若金银，大非山居之器，而铜又生腥，皆不可也。若旧称北人和以酥酪，蜀人入以白盐，此皆蛮饮，固不足责耳。人有以梅花、菊花、茉莉花荐茶者，虽风韵可赏，亦损茶味，如有佳茶，亦无事此。"①

陆树声曾分别从阳羡士人和僧明亮处学习了茶的烹点法，程序大致都相同，包括用火、煮水和泡茶。陆树声《茶寮记》序言曰："终南僧明亮者，近从天池来，饷余天池苦茶，授余烹点法甚细。余尝受其法于阳羡士人，大率先火候，其次候汤，所谓蟹眼鱼目，参沸沫沉浮以验生熟者，法皆同。"《三烹点》条具体论述了烹点的技巧。"煎用活火，候汤眼鳞鳞起，沫饽鼓泛，投茗器中。初入汤少许，俟汤茗相投，即满注。云脚渐开，乳花浮面，则味全。盖古茶用团饼碾屑，味易出。叶茶骤则乏味，过熟则味昏底滞。"② 也即煮水要用活火，等水沸腾后，将茶投入茶盏中，开始注入少许沸水，再将茶盏注满，泡的时间短茶味淡，过熟也会茶味昏滞。

陈师《茶考》（图 2 - 9）既论述了煎茶法，又论述了明代流行的泡茶法。但奇怪的是陈师对煎茶法颇为欣赏，对泡茶法表示不满，这说明即使在《茶考》成书的万历中期，风行的泡茶法还没有被所有文人接受。《茶考》对煎茶法论述曰："烹茶之法，唯苏吴得之。以佳茗入磁瓶火煎，酌量火候，以数沸蟹眼为节，如淡金黄色，香味清馥，过此而色赤，不佳矣。……予每至山寺，有解事僧烹茶如吴中，置磁壶二小瓯于案，全不用果奉客，随意啜之，可谓知味而雅致者矣。"对泡茶法论述曰："杭俗，烹茶用细茗置茶瓯，以沸汤点之，名为'撮泡'。北

---

① （明）田艺蘅：《煮泉小品》，《四库全书存目丛书·子部》第 80 册，齐鲁书社 1997 年版。

② （明）陆树声：《茶寮记》，《四库全书存目丛书·子部》第 79 册，齐鲁书社 1997 年版。

客多哂之，予亦不满。一则味不尽出，一则泡一次而不用，亦费而可惜，殊失古人蟹眼鹧鸪斑之意。况杂以他果，亦有不相入者，味平淡者差可，如熏梅、咸笋、腌桂、樱桃之类，尤不相宜。盖咸能入肾，引茶入肾经，消肾，此本草所载，又岂独失茶真味哉?"①陈师对以撮泡为名的泡茶法颇不以为然，认为味不尽，泡一次不用也可惜，而且加入茶果有损茶味。

图 2-9　陈师《茶考》书影

张源《茶录》对泡茶法中用火、煮水和泡茶的论述十分全面详尽，有非常独到的见解。在用火方面，要十分注意火候，火不可太弱也不可太猛。"烹茶旨要，火候为先。炉火通红，茶瓢始上。扇起要轻疾，待有声，稍稍重疾，斯文武之候也。过于文，则水性柔，柔则水为茶降；过于武，则火性烈，烈则茶为水制。皆不足于中和，非茶家要旨也。"煮水时对水温的判断有形辨、声辨和气辨三种办法，也即分别根据水的

---

① （明）陈师：《茶考》，喻政《茶书》，明万历四十一年刻本。

形态、声音、蒸汽来判断水的状态。"汤有三大辨、十五小辨：一曰形辨，二曰声辨，三曰气辨。形为内辨，声为外辨，气为捷辨。如虾眼、蟹眼、鱼眼连珠，皆为萌汤，直至涌沸如腾波鼓浪，水气全消，方是纯熟。如初声、转声、振声、骤声，皆为萌汤，直至无声，方是纯熟。如气浮一缕、二缕、三四缕及缕乱不分，氤氲乱绕，皆为萌汤，直至气直冲贯，方是纯熟。"因为泡茶法茶叶不用再碾成茶末，而是使用散茶，张源认为水以老为好，要五沸。"蔡君谟汤用嫩而不用老。盖因古人制茶，造则必碾，碾则必磨，磨则必罗，则茶为飘尘飞粉矣。于是和剂，印作龙凤团，则见汤而茶神便浮，此用嫩而不用老也。今时制茶，不假罗磨，全具元体，此汤须纯熟，元神始发也。故曰汤须五沸，茶奏三奇。"在投茶方面，根据注水与投茶的先后顺序，有下投、中投、上投三种方式。"投茶有序，毋失其宜。先茶后汤，曰下投；汤半下茶，复以汤满，曰中投；先汤后茶，曰上投。春、秋中投，夏上投，冬下投。"春暖秋凉，气温平和，故可中投，夏季炎热，故须下投，冬季寒冷，则要上投。张源对茶水的香、色、味亦有一定论述。香方面，张源认可真香、兰香、清香和纯香："茶有真香，有兰香，有清香，有纯香。表里如一曰纯香，不生不熟曰清香，火候均停曰兰香，雨前神具曰真香。更有含香、漏香、浮香、问香，此皆不正之气。"茶水的色方面，张源认为以蓝、白为佳："茶以青翠为胜，涛以蓝白为佳，黄黑红昏俱不入品。雪涛为上，翠涛为中，黄涛为下。新泉活火，煮茗玄工，玉茗冰涛，当杯绝技。"味方面，茶水以甘、润为上："以甘润为上，苦涩为下。"泡茶时，茶、水、具的洁净是十分重要的。"造时精，藏时燥，泡时洁；精、燥、洁，茶道尽矣。"① 泡茶时不洁净，十分容易产生异味。

　　许次纾的《茶疏》和张源的《茶录》都是明代茶书中对泡茶法的技艺论述最为全面精当的著作，均建立在他们十分注重实践的基础之

---

　　① （明）张源：《茶录》，喻政《茶书》，明万历四十一年刻本。

上。用火方面，许次纾认为燃料要用坚硬的树木烧成的木炭，要防止有烟。"火必以坚木炭为上，然木性未尽，尚有余烟，烟气入汤，汤必无用。故先烧令红，去其烟焰，兼取性力猛炽，水乃易沸。既红之后，乃授水器，仍急扇之，愈速愈妙，毋令停手。停过之汤，宁弃而再烹。"煮水方面，要迅速，但许次纾与张源的观点并不同，反对水过老。"水一入铫，便须急煮。候有松声，即去盖，以消息其老嫩。蟹眼之后，水有微涛，是为当时。大涛鼎沸，旋至无声，是为过时。过则汤老而香散，决不堪用。"洗茶是为了去除沙土，防止异味。"芥茶摘自山麓，山多浮沙，随雨辄下，即著于叶中。烹时不洗去沙土，最能败茶。必先盥手令洁，次用半沸水扇扬稍和洗之。水不沸，则水气不尽，反能败茶，毋得过劳，以损其力。沙土既去，急于手中挤令极干，另以深口瓷合贮之，抖散待用。洗必躬亲，非可摄代。凡汤之冷热，茶之燥湿，缓急之节，顿置之宜，以意消息，他人未必解事。"泡茶技巧方面，许次纾十分注重茶具的洁净与干燥。"未曾汲水，先备茶具，必洁必燥，开口以待。盖或仰放，或置瓷盂，勿竟覆之案上，漆气、食气，皆能败茶。……汤铫瓯注，最宜燥洁。每日晨兴，必以沸汤荡涤，用极熟黄麻巾蜕向内拭干，以竹编架覆而求之燥处，烹时随意取用。修事既毕，汤铫拭去余沥，仍覆原处。每注茶甫尽，随以竹筋尽去残叶，以需次用。瓯中残渖，必倾去之，以俟再斟。如或存之，夺香败味。人必一杯，毋劳传递，再巡之后，清水涤之为佳。"泡茶的过程是待沸水注入茶壶，投茶入壶，加盖三呼吸后，把茶水倾入瓷盂中，再从瓷盂重新投入茶壶，再等三呼吸时间，就可以倒茶供客了。"先握茶手中，俟汤既入壶，随手投茶汤，以盖覆定。三呼吸时，次满倾盂内，重投壶内，用以动荡香韵，兼色不沉滞。更三呼吸顷，以定其浮薄，然后泻以供客，则乳嫩清滑，馥郁鼻端。"①

张丑《茶经》关于泡茶法的论述，均为承袭前人观点与文字，无

---

① （明）许次纾：《茶疏》，《四库全书存目丛书·子部》第79册，齐鲁书社1997年版。

甚新意。用火方面，主张要净炭，油腻腥膻者勿用。"茶宜炭火，茶寮中当别贮净炭听用。其曾经燔炙为膻腻所及者，不用之。唐陆羽《茶经》曰：膏薪庖炭，非火也。"煮水方面，承袭了前人提出的三沸之法。"蔡君谟云：烹试之法，候汤最难，故茶须缓火炙，活火煎，活火谓炭火之有焰者。当使汤无妄沸，庶可养茶。始则鱼目散布，微微有声；既则四边泉涌，累累连珠；终则腾波鼓浪，水气全消，谓之老汤。三沸之法，非活火不能成也。"洗茶方面，沿用了顾元庆《茶谱》的文字。"凡烹蒸熟茶，先以热汤洗一两次，去其尘垢冷气，而烹之则美。"泡茶方面，特别强调涤器和清饮。"一切茶器，每日必时时洗涤始善，若膻鼎腥瓯，非器也。……茶有真香，有佳味，有正色。烹点之际，不宜以珍果、香草杂之。"①

　　程用宾《茶录》关于泡茶法的论述也基本继承前人的观点。他认为煮水的关键是用火，煮水有三辨，辨形、辨声和辨气，这些实际是张源《茶录》的观点。"汤之得失，火其枢机，直用活火。彻鼎通红，洁瓶上水，挥扇轻疾，闻声加重，此火候之文武也。盖过文则水性柔，茶神不吐；过武则火性烈，水抑茶灵。候汤有三辨：辨形、辨声、辨气。辨形者，如蟹眼，如鱼目，如涌泉，如聚珠，此萌汤形也；至腾波鼓涛，是为形熟。辨声者，听噫声，听转声，听骤声，听乱声，此萌汤声也；至急流滩声，是为声熟。辨气者，若轻雾，若淡烟，若凝云，若布露，此萌汤气也；至氤氲贯盈，是为气熟。已上则老矣。"泡茶方面，程用宾十分注重壶和盏的洁净。《治壶》条曰："伺汤纯熟，注杯许于壶中，命曰浴壶，以祛寒冷宿气也。倾去交茶，用拭具布乘热拂拭，则壶垢易遁，而磁质渐蜕。饮讫，以清水微荡，覆净再拭藏之，令常洁列，不染风尘。"《洁盏》条曰："饮茶先后，皆以清泉涤盏，以拭具布拂净，不夺茶香，不损茶色，不失茶味，而元神自在。"关于泡茶时的投茶分为早交、中交和晚交，其实就是张源《茶录》中所谓的下投、

---

① （明）张丑：《茶经》，《中国古代茶道秘本五十种》第 2 册，全国图书馆文献缩微复制中心 2003 年版。

中投和上投。"汤茶协交，与时偕宜。茶先汤后，曰早交。汤半茶入，茶人汤足，曰中交。汤先茶后，曰晚交。交茶，冬早夏晚，中交行于春秋。"①

对于泡茶法，熊明遇《罗岕茶记》主张茶色以白为贵，并不赞同一味追求青绿，他对洞山岕茶十分赞赏。"茶色贵白，然白亦不难。泉清瓶洁，叶少水洗，旋烹旋啜，其色自白。然真味抑郁，徒为目食耳。若取青绿，则天池、松萝及岕之最下者，虽冬月，色亦如苔衣，何足为妙？莫若余所收洞山茶，自谷雨后五日者，以汤薄浣，贮壶良久，其色如玉；至冬则嫩绿，味甘色淡，韵清气醇，亦作婴儿肉香，而芝芬浮荡，则虎丘所无也。"②"泉清瓶洁，叶少水洗，旋烹旋啜"指的是泉水要清澈，茶具要洁净，投茶要少，泡茶前要洗茶，即泡即饮，这对泡茶法还是很有指导意义的。

罗廪《茶解》认为用火要火势猛烈，使水迅速沸腾，这样水就嫩，煮水不宜过老。"名茶宜瀹以名泉。先令火炽，始置汤壶，急扇令涌沸，则汤嫩而茶色亦嫩。《茶经》云：'如鱼目微有声，为一沸；沿边如涌泉连珠，为二沸；腾波鼓浪，为三沸；过此则汤老，不堪用。'李南金谓当用背二涉三之际为合量，此真赏鉴家言。而罗大经惧汤过老，欲于松涛涧水后移瓶去火，少待沸止而瀹之。不知汤既老矣，虽去火何救耶？此语亦未中窍。"岕茶泡茶前要洗茶，不然口味和颜色都会过浓，香气也不会发出。"岕茶用热汤洗过挤干，沸汤烹点。缘其气厚，不洗则味色过浓，香亦不发耳。自馀名茶，俱不必洗。"③

屠本畯《茗笈》虽是一部汇编类著作，但在每一章（共十六章）后都会附上自己的评语，表达自己的观点。用火方面，屠本畯认为茶水十分忌烟。在《第七候火章》后屠本畯评论曰："苏廙《仙芽传》载汤

---

① （明）程用宾：《茶录》，明万历三十二年戴凤仪刻本。

② （明）熊明遇：《罗岕茶记》，陶珽《说郛续》卷37，清顺治三年李际期宛委山堂刻本。

③ （明）罗廪：《茶解》，喻政《茶书》，明万历四十一年刻本。

十六，云调茶在汤之淑慝，而汤最忌烟。燃柴一枝，浓烟满室，安有汤耶？又安有茶耶？可谓确论。田子艺以松实、松枝为雅者，乃一时兴到之言，不知大谬茶理。"现存茶书中有苏廙《十六汤品》，并无《仙芽传》，前者可能是后者的组成部分。屠本畯还否定了田艺蘅煮水可用松实、松枝的观点，因为这种燃料易生烟。煮水方面，屠本畯认为水不在于嫩与老（也即萌与熟），而贵在适中，过度强调嫩与老都是迂阔之谈。他在《第八定汤章》后评论曰："《茶经》定汤三沸，而贵当时。《茶录》定沸三辨，而畏萌汤。夫汤贵适中，萌之与熟，皆在所弃，初无关于茶之芽饼也。今通人所论尚嫩，《茶录》所贵在老，无乃阔于事情耶？罗鹤林之谈，又别出两家外矣。罗高君因而驳之，今姑存诸说。"泡茶方面，屠本畯强调了亲自操作的重要性。他在《第九点瀹章》后评曰："凡事俱可委人，第责成效而已，唯瀹茗须躬自执劳。瀹茗而不躬执，欲汤之良，无有是处。"茶的吸附性很强，屠本畯因此认为泡茶十分忌讳异味。《第十一申忌章》后评语曰："茶犹人也，习于善则善，习于恶则恶。圣人致严于习染有以也，墨子悲丝在所染之。"屠本畯主张清饮，反对茶水中投入花、果等物。《第十三戒淆章》后评语曰："花之拌茶也，果之投茗也，为累已久，唯其相沿，似须斟酌，有难概施矣。今署约曰：不解点茶之傅，而缺花果之供者，厥咎悭；久参玄赏之科，而聩老嫩之沸者，厥咎怠。悭与怠，于汝乎有谴。"①

徐𤊟《茗谭》认为烹茶的难度是很高的，稍有不恰当的地方，就会使茶味大减。"种茶易，采茶难；采茶易，焙茶难；焙茶易，藏茶难；藏茶易，烹茶难。稍失法律，便减茶勋。"② 种茶、采茶、焙茶、藏茶、烹茶，难度依次增加。

黄龙德《茶说》认为泡茶法最难的是煮水，既不可不熟，也不可太熟。"汤者，茶之司命，故候汤最难。未熟，则茶浮于上，谓之婴儿汤，而香则不能出。过熟，则茶沉于下，谓之百寿汤，而味则多滞。善

---

① （明）屠本畯：《茗笈》，喻政《茶书》，明万历四十一年刻本。
② （明）徐𤊟：《茗谭》，喻政《茶书》，明万历四十一年刻本。

候汤者，必活火急扇，水面若乳珠，其声若松涛，此正汤候也。余友吴润卿，隐居秦淮，适情茶政，品泉有又新之奇，候汤得鸿渐之妙，可谓当今之绝技者也。"泡茶时也要讲究一定的方法。"试者先以水半注器中，次投茶入，然后沟注。视其茶汤相合，云脚渐开，乳花沟面。少啜则清香芬美，稍益润滑而味长，不觉甘露顿生于华池。或水火失候，器具不洁，真味因之而损，虽松萝诸佳品，既遭此厄，亦不能独全其天。"①

　　冯可宾《岕茶笺》未论述泡茶法中用火和煮水的程序，但在《论烹茶》条中重点论述了洗茶和泡茶的过程。"先以上品泉水涤烹器，务鲜务洁；次以热水涤茶叶，水不可太滚，滚则一涤无馀味矣。以竹箸夹茶于涤器中，反复涤荡，去尘土、黄叶、老梗净，以手搦干，置涤器内盖定。少刻开视，色青香烈，急取沸水泼之。夏则先贮水而后入茶，冬则先贮茶而后入水。"② 先用泉水清洁茶具，再用热水洗茶，再用沸水泡茶，夏季泡茶先注水再入茶，冬季先入茶再注水。

　　朱祐槟《茶谱》辑录了曹士谟《茶要》，《茶要》用扼要的语言描述了泡茶法的诸过程。用火方面："坚炭洪燃，文武相逼，茶之有功也。"燃料要是坚硬所谓炭，火要猛烈。煮水方面："水火既济，汤以壮成，茶之司命也。"水和火要配合发挥作用，水要沸腾高温。泡茶方面："壶盏雅洁，饶韵适宜，茶之安立也。诸凡器具，备式利用，茶之依附也。供役谨敏，如法执办，茶之倚任也。候汤急泻，熟盏徐倾，茶之节制也。"③ 壶和盏要洁净，各式茶具要得到充分利用，泡茶执役之人要谨慎敏捷按规矩办事，注水时要急，品茶时要缓。

　　周高起《洞山岕茶系》在论述泡茶法的过程中，重点论述了洗茶的程序。"岕茶德全，策勋惟归洗控。沸汤泼叶即起，洗鬲敛其出液，

---

　　① （明）黄龙德：《茶说》，《中国古代茶道秘本五十种》第 1 册，全国图书馆文献缩复制中心 2003 年版。

　　② （明）冯可宾：《岕茶笺》，《丛书集成续编》第 86 册，新文丰出版公司 1988 年版。

　　③ （明）朱祐槟：《茶谱》，朱祐槟《清媚合谱》，明崇祯刻本。

候汤可下指，即下洗鬲排荡沙沫；复起，并指控干，闭之茶藏候投。"洗茶时将沸水泼入洗鬲，待茶液浸出，指可入水时，在洗鬲中洗去茶的沙尘泡沫，用指控干，放入茶藏待用。因为经过了洗茶的程序，泡茶时投茶叶上投就可以了。"盖他茶欲按时分投，唯芥既经洗控，神理绵绵，止须上投耳。倾汤满壶，后下叶子，曰上投，宜夏日。（倾汤及半，下叶满汤，曰中投，宜春秋。叶着壶底，以汤浮之，曰下投，宜冬日初春）。"①

二　品茶的技艺

茶水烹制出来，最终是要品饮的，品饮需要讲求相当的技艺。唐代茶书陆羽《茶经》就已充分重视品茶技艺。"第一煮水沸，而弃其沫，之上有水膜，如黑云母，饮之则其味不正。其第一者为隽永（……至美者曰隽永。隽，味也；永，长也。味长曰隽永。……）……诸第一与第二、第三碗，次之第四；第五碗外，非渴甚莫之饮。凡煮水一升，酌分五碗（碗数少至三，多至五。若人多至十，加两炉）。乘热连饮之，以重浊凝其下，精英浮其上。如冷，则精英随气而竭，饮啜不消亦然矣。"第一煮水沸时要去掉味不正的水膜，煮水一升，理想的是分五碗，十人就要煮两炉，而且要趁热喝。"茶性俭，不宜广，广则其味黯澹。且如一满碗，啜半而味寡，况其广乎！其色缃也。其馨㜅也（香至美曰㜅，㜅音使）。其味甘，槚也；不甘而苦，荈也；啜苦咽甘，茶也。"② 茶不宜多饮，多饮味道就黯淡了。典型的茶水在色、香、味方面是色微黄，香至极美，味苦还甘。陆羽是极为重视品饮技巧的，在卷下的《六之饮》中，将"饮"作为茶的九难之一。陆羽《茶经》中饮茶不宜多，而且从色、香、味三个方面欣赏茶水的观点在明代茶书中得

---

① （明）周高起：《洞山芥茶系》，《丛书集成续编》第86册，新文丰出版公司1988年版。

② （唐）陆羽：《茶经》卷下《五之煮》，《丛书集成新编》第47册，新文丰出版公司1985年版。

到普遍继承。

宋代茶书没有明确谈到品茶技艺的内容,但明代茶书中反映品茶技艺的内容较多。

品茶技艺十分重要,田艺蘅《煮泉小品》认为就算茶煮得好,但饮者并非懂品茶之人,就像用好泉水去灌杂草。茶水一饮而尽,不去细细品味,那是十分庸俗的。"煮茶得宜,而饮非其人,犹汲乳泉以灌蒿莸,罪莫大焉。饮之者一吸而尽,不暇辨味,俗莫甚焉。"[①]

陆树声《茶寮记》之《四尝茶》条简略论述了品茶技艺:"茶入口,先灌漱,须徐啜。俟甘津潮舌,则得真味。杂他果,则香味俱夺。"[②] 茶在入口后,要慢慢品啜,等到津液甘甜舌头潮湿,才可得到真味。

许次纾《茶疏》在品饮技巧上主张一壶之茶只适合泡两次,煮水器(茶注)要小,泡两次水就用完。饮茶关键在于品,等到水温下降再饮,或求茶之浓苦,都是不知风味的做法。《饮啜》条曰:"一壶之茶,只堪再巡。初巡鲜美,再则甘醇,三巡意欲尽矣。余尝与冯开之戏论茶候,以初巡为'亭亭袅袅十三余',再巡为'碧玉破瓜年',三巡以来'绿叶成阴'矣。开之大以为然。所以茶注欲小,小则再巡已终。宁使余芬剩馥尚留叶中,犹堪饭后供啜嗽之用,未遂弃之可也。若巨器屡巡,满中泻饮。待停少温,或求浓苦,何异农匠作劳,但需涓滴,何论品赏,何知风味乎?"茶适宜经常饮用,但不宜过多饮用,茶叶多饮会损害人的身体健康。《宜节》条曰:"茶宜常饮,不宜多饮。常饮则心肺清凉,烦郁顿释;多饮则微伤脾肾,或泄或寒。盖脾土原润,肾又水乡,宜燥宜温。多或非利也。古人饮水饮汤,后人始易以茶,即饮汤之意。但令色香味备,意已独至,何必过多,反失清冽乎!且茶叶过

---

① (明)田艺蘅:《煮泉小品》,《四库全书存目丛书·子部》第 80 册,齐鲁书社 1997年版。

② (明)陆树声:《茶寮记》,《四库全书存目丛书·子部》第 79 册,齐鲁书社 1997 年版。

多，亦损脾肾，与过饮同病。俗人知戒多饮，而不知慎多费，余故备论之。"①

程用宾《茶录》认为品饮时倒茶不宜太早，啜茶不能太迟，客人不必太多，不要杂入异味，边吞咽边仔细品尝。《酾啜》条曰："协交中和，分酾布饮。酾不当早，啜不宜迟。酾早元神未逞，啜迟妙馥先消。毋贵客多，溷伤雅趣。独啜曰神，对啜曰胜，三四曰趣，五六曰泛，七八曰施。毋杂味，毋嗅香。腮颐连握，舌齿喷嚼，既吞且喷，载玩载哦，方觉隽永。"品茶时茶之真体现在香、色、味三个方面，香方面有奇香、新香和清香，色方面茶水要像蕉叶所盛新露，味方面要甘润。"茶有真乎？曰有。为香、为色、为味，是本来之真也。抖擞精神，病魔敛迹，曰真香。清馥逼人，沁入肌髓，曰奇香。不生不熟，闻者不置，曰新香。恬澹自得，无臭可伦，曰清香。论干葩，则色如霜脸菱荷；论酾汤，则色如蕉盛新露；始终唯一，虽久不渝，是为嘉耳。丹黄昏暗，均非可以言佳。甘润为至味，淡清为常味。苦涩味斯下矣。乃茶中著料。盏中投果，譬如玉貌加脂，蛾眉施黛，翻为本色累也。"②

罗廪《茶解》之《品》条议论了品茶的技艺。在色、香和味方面，色以白为上，香如兰为上，味以甘为上。"茶须色、香、味三美具备。色以白为上，青绿次之，黄为下。香如兰为上，如蚕豆花次之。味以甘为上，苦涩斯下矣。茶色贵白。白而味觉甘鲜，香气扑鼻，乃为精品。盖茶之精者，淡固白，浓亦白，初泼白，久贮亦白。味足而色白，其香自溢，三者得则俱得也。近好事家，或虑其色重，一注之水，投茶数片，味既不足，香亦杳然，终不免水厄之诮耳。"啜茶时要徐徐慢饮，如一饮而尽，或连饮数杯，与佣人下作不异。"茶须徐啜。若一吸而尽，连进数杯，全不辨味，何异佣作。卢仝七碗，亦兴到之言，未是实事。"③ 罗廪明确否定了卢仝一饮七碗的饮茶方式。

① （明）许次纾：《茶疏》，《四库全书存目丛书·子部》第79册，齐鲁书社1997年版。
② （明）程用宾：《茶录》，明万历三十二年戴凤仪刻本。
③ （明）罗廪：《茶解》，喻政《茶书》，明万历四十一年刻本。

屠本畯在《茗笈》之《第十二防滥章》后的评语中十分反对品茶滥饮。"饮茶防滥，厥戒惟严。其或客乍倾盖，朋偶消烦，宾待解醒，则玄赏之外，别有攸施矣。此皆排当于阃政，请勿弁髦乎茶榜。"①

黄龙德《茶说》之《五之味》认为饮茶要少啜，这样就会香美，要徐饮，不能一饮而尽。"少啜则清香芬美，稍益润滑而味长，不觉甘露顿生于华池。……至若一饮而尽，不可与言味矣。"《九之饮》主张饮茶不要局限在某些季节和时间，一年春夏秋冬，醒时醉时皆可饮。"饮不以时为废兴，亦不以候为可否，无往而不得其应。……若夏兴冬废，醒弃醉索，此不知茗事者，不可与言饮也。"②

朱祐槟《茶谱》辑录的曹士谟《茶要》亦涉及了品茶技艺，包括品味茶之色、香、味三个方面。"若断若续，亦梅亦兰，茶之真香也。露华浅碧，乍凝乍浮，茶之正色也。寓甘于苦，沃吻沁心，茶之至味也。吸香观色，呷咽省味，茶之领略也。香散色浓，味极隽永，茶之毕事也。"③

三　品茶的环境

对品茶环境的选择与构建，是茶艺的重要组成部分。在中国古代，对品茶环境一般追求的是幽雅、自然、静谧和脱俗。早在唐代茶书陆羽《茶经》中，就已提到在"松间石上""瞰泉临涧""援藟跻岩"（攀着蔓藤登上山岩）和"引絙入洞"（牵着粗绳进入山洞）等状态下的饮茶。④ 这说明在唐代，许多文人就已有意选择在幽雅自然的环境下饮茶。但唐代茶书中有关这方面的内容很少，宋代茶书中则更缺少相关内容。明代茶书中大量出现有关品茶环境的描写和论述。品茶环境之所以

---

① （明）屠本畯：《茗笈》，喻政《茶书》，明万历四十一年刻本。

② （明）黄龙德：《茶说》，《中国古代茶道秘本五十种》第 1 册，全国图书馆文献缩微复制中心 2003 年版。

③ （明）朱祐槟：《茶谱》，朱祐槟《清媚合谱》，明崇祯刻本。

④ （唐）陆羽：《茶经》卷下《九之略》，《丛书集成新编》第 47 册，新文丰出版公司 1985 年版。

得到高度重视，根本原因在于品茶更多是一种精神需要，得到超凡脱俗的感受，而非仅仅满足解渴的口腹之需。

明代第一部茶书朱权《茶谱》中就已有对品茶环境的描写："或会于泉石之间，或处于松竹之下，或对皓月清风，或坐明窗静牖，乃与客清谈款话，探虚玄而参造化，清心神而出尘表。"① 品茗时或在泉水山石之间，或在松树竹林之下，或者面对明月清风，或在洁净静谧的屋室之内，这些环境都是十分优雅自然和脱俗的。

陆树声《茶寮记》之《五茶候》简明列举了饮茶适宜的环境："凉台静室，明窗曲几，僧寮道院；松风竹月，晏坐行吟，清谭把卷。"② 松风竹月是一种摆脱尘嚣的清幽自然环境，凉台静室、明窗曲几、僧寮道院是幽静脱俗的室内环境，晏坐行吟、清谭把卷则为闲适的人文环境。陆树声以《茶寮记》来命名书名，而茶寮本来就是专用来饮茶的小室，他对饮茶环境的选择与构建十分重视。

屠隆《茶说》之《茶寮》条描述了品茶环境的室内构建。"构一斗室，相傍书斋。内设茶具，教一童子专主茶役，以供长日清谈，寒宵兀坐。幽人首务，不可少废者。"③ 靠着书斋建造一间不大的小室，专用来饮茶，室内设置茶具，教导一名童子主持供茶之役，以用来清谈闲坐。

明代茶书中对品茶环境作出最全面论述的是许次纾《茶疏》。《茶所》条论述了品茶室内环境的构建："小斋之外，别置茶寮。高燥明爽，勿令闭塞。壁边列置两炉，炉以小雪洞覆之，止开一面，用省灰尘腾散。寮前置一几，以顿茶注、茶盂，为临时供具。别置一几，以顿他器。傍列一架，巾蜕悬之，见用之时，即置房中。斟酌之后，旋加以盖，毋受尘污，使损水力。炭宜远置，勿令近炉，尤宜多办，宿干易

① （明）朱权：《茶谱》，《艺海汇函》，明抄本。
② （明）陆树声：《茶寮记》，《四库全书存目丛书·子部》第79册，齐鲁书社1997年版。
③ （明）屠隆：《茶说》，喻政《茶书》，明万历四十一年刻本。

炽。炉少去壁，灰宜频扫。总之，以慎火防燕，此为最急。"这种专用来饮茶的小室就是茶寮，总体要求是"高燥明爽"。高也即地势要高，这样视野开阔光线充足；燥也即干燥，地势高更易保持干燥，潮湿的话会使室内的茶具产生异味，茶、炭等物也易受潮；明爽也即明亮清爽。许次纾对茶寮内的茶具布置作了详细的描述。《茶所》条的内容是茶人对品茶环境的构建，而《饮时》《宜辍》《良友》和《不宜近》这几条的内容则为茶人对品茶环境的选择。《饮时》是适合饮茶的环境，《宜辍》是应停止饮茶的环境，《良友》是可以亲近作为良友的环境，《不宜近》是不宜靠近的环境。《饮时》条曰："心手闲适；披咏疲倦；意绪棼乱；听歌闻曲；歌罢曲终；杜门避事；鼓琴看画；夜深共语；明窗净几；洞房阿阁；宾主款狎；佳客小姬；访友初归；风日晴和；轻阴微雨；小桥画舫；茂林修竹；课花责鸟；荷亭避暑；小院焚香；酒阑人散；儿辈斋馆；清幽寺观；名泉怪石。"《宜辍》条曰："作字；观剧；发书柬；大雨雪；长筵大席；翻阅卷帙；人事忙迫；及与上宜饮时相反事。"《良友》条曰："清风明月；纸帐楮衾；竹床石枕；名花琪树。"《不宜近》条曰："阴室；厨房；市喧；小儿啼；野性人；童奴相哄；酷热斋舍。"[①] 总体而言，适宜饮茶的环境是清闲、适意、清幽，不宜饮茶的环境是嘈杂、急迫、庸俗。

　　徐㶿《茗谭》描绘了对茶室的构建："余欲搏一室，中祀陆桑苎翁，左右以卢玉川、蔡君谟配飨，春秋祭用奇茗，是日约通茗事数人为斗茗会，畏水厄者不与焉。"陆桑苎翁是指唐代撰写了《茶经》的陆羽，卢玉川是指唐代咏有《走笔谢孟谏议寄新茶》诗的卢仝，蔡君谟是宋代茶书《茶录》的作者。徐㶿想要祭祀这三人，因为他们都是在茶饮历史上很有影响的人物，对茶艺的推广普及起了很大作用。徐㶿认为适宜饮茶的环境有："幽竹山窗，鸟啼花落，独坐展书。新茶初熟，鼻观生香，睡魔顿却。此乐正索解人不得也。"徐㶿还主张饮茶时焚

---

① （明）许次纾：《茶疏》，《四库全书存目丛书·子部》第79册，齐鲁书社1997年版。

香，茶、香可互相发挥作用。"品茶最是清事，若无好香在炉，遂乏一段幽趣。焚香雅有逸韵，若无名茶浮碗，终少一番胜缘。是故茶、香两相为用，缺一不可。飨清福者，能有几人？"①

黄龙德《茶说》描绘了各种适宜饮茶的环境："若明窗净几，花喷柳舒，饮于春也；凉亭水阁，松风萝月，饮于夏也；金风玉露，蕉畔桐阴，饮于秋也；暖阁红炉，梅开雪积，饮于冬也。僧房道院，饮何清也；山林泉石，饮何幽也；焚香鼓琴，饮何雅也；试水斗茗，饮何雄也；梦回卷把，饮何美也。古鼎金瓯，饮之富贵者也；瓷瓶窑盏，饮之清高者也。"② 黄龙德《茶说》有新意的是列举了春、夏、秋、冬不同季节适宜饮茶的环境，还将不同的饮茶环境概括为清、幽、雅、雄和美。

冯可宾《岕茶笺》概括了各种适宜饮茶的环境。《茶宜》条曰："无事；佳客；幽坐；吟咏；挥翰；倘徉；睡起；宿醒；清供；精舍；会心赏鉴；文僮。"这些环境是悠闲、安逸、从容和高雅的。《岕茶笺》还列举了各种饮茶的禁忌。《茶忌》条曰："不如法；恶具；主客不韵；冠裳苛礼；荤肴杂陈；忙冗；壁间案头多恶趣。"③ 烹点不得法，茶具不洁净，主客言语举止粗鲁，礼节繁琐苛刻，荤菜大量摆放，事务繁忙紧迫，壁间案头有许多恶俗的布置，这些都是品茶的禁忌。

朱祐槟《茶谱》辑录的曹士谟《茶要》列举了各种品茶的上佳环境："果蔬小列，澹泸鲜芳，茶之佐侑也。净几闲窗，珍玩名迹，茶之庄严也。瓶花檐竹，盆石炉香，茶之徒侣也。山色溪声，草茵松盖，茶之亨途也。一镜当空，六花呈瑞，茶之点缀也。景候和佳，情怡神爽，茶之旷适也。凄风冷雨，怀感寂寥，茶之炼境也。墨花毫彩，操弄咏吟，茶之周旋也。饮啜中度，赏识当家，茶之遇合也。禅房佛供，丹鼎

① （明）徐㶿：《茗谭》，喻政《茶书》，明万历四十一年刻本。

② （明）黄龙德：《茶说》，《中国古代茶道秘本五十种》第 1 册，全国图书馆文献缩微复制中心 2003 年版。

③ （明）冯可宾：《岕茶笺》，《丛书集成续编》第 86 册，新文丰出版公司 1988 年版。

天浆，茶之超脱也。"①

四　品茶的伴侣

人是群体生活的社会性动物，品茶的过程中伴侣的选择非常重要。唐宋茶书中就已一定程度注意到这个问题。唐代茶书陆羽《茶经》之《一之源》曰："茶之为用，味至寒，为饮，最宜精行俭德之人。"② 也即饮茶最适宜精于行俭于德之人，对饮茶者的品德和素质提出了要求。宋代茶书黄儒《品茶要录》之《后论》曰："建安之精品不为多。盖有得之者，亦不能辨；能辨矣，或不善于烹试；善烹试矣，或非其时，犹不善也，况非其宾固乎？然未有主贤而宾愚者也。夫唯知此，然后尽茶之事。"③ 黄儒认为建安茶的精品不多，得到了不一定能辨别，辨别了未必善于烹试，善于烹试也不一定有好的品茶环境，而且还可能没有合适的品茶伴侣（当然一般不会有主人贤明而宾客愚昧），只有这些都做到了，才算是尽茶之事。这说明黄儒把品茶时伴侣的选择作为品茶的一个重要方面。

明代茶书中对品茶时伴侣的选择有大量的论述。总体而言，明代茶书中倾向的茶侣是清高的文人、方外的僧道以及避世的隐士。品茶对茶侣的选择，实际是一种精神性的需要。

朱权《茶谱》描绘的茶侣为隐逸之士。"凡鸾俦鹤侣，骚人羽客，皆能志绝尘境，栖神物外，不伍于世流，不污于时俗。……话久情长，礼陈再三，遂出琴棋，陈笔研。或庚歌，或鼓琴，或弈棋，寄形物外，与世相忘。斯则知茶之为物，可谓神矣。然而啜茶大忌白丁，故山谷曰：'著茶须是吃茶人。'"④ 品茶时，同时还庚歌、鼓琴和弈棋，通过这些高雅脱俗的活动，精神上摆脱世俗的羁绊。

---

① （明）朱祐槟：《茶谱》，朱祐槟《清媚合谱》，明崇祯刻本。
② （唐）陆羽：《茶经》卷上《一之源》，《丛书集成新编》第 47 册，新文丰出版公司 1985 年版。
③ （宋）黄儒：《品茶要录》，喻政《茶书》，明万历四十一年刻本。
④ （明）朱权：《茶谱》，《艺海汇函》，明抄本。

陆树声《茶寮记》之《一人品》条和《六茶侣》条亦论述了品茶时适宜的茶侣。《一人品》条曰："煎茶非漫浪，要须其人与茶品相得。故其法每传于高流隐逸、有云霞泉石磊块胸次间者。"陆树声认为品茶不是随意的事情，饮茶之人要与茶的品性相符，所以烹茶的方法往往传于隐逸之士。《六茶侣》条曰："翰卿墨客，缁流羽士，逸老散人，或轩冕之徒，超轶世味。"① 这些人其实也就是文人墨客、僧道之流和隐逸之士。

屠隆《茶说》之《人品》条论述了适宜饮茶之人："茶之为饮，最宜精行修德之人，兼以白石清泉，烹煮如法，不时废而或兴，能熟习而深味，神融心醉，觉与醍醐、甘露抗衡，斯善赏鉴者矣。"饮茶最宜于在品行上有精深修养的人。屠隆还在《茶说》中举有唐代武则天厌恶茶的例子，暗示是因为她品行恶劣。"唐武曌，博学，有著述才，性恶茶，因以诋之。其略曰：'释滞销壅，一日之利暂佳；瘠气侵精，终身之害斯大。获益则收功茶力，贻患则不为茶灾，岂非福近易知，祸远难见。'"②

张源《茶录》之《饮茶》条主张品茶的茶侣以少为贵，多则喧闹，破坏了雅趣。"饮茶以客少为贵，客众则喧，喧则雅趣乏矣。独啜曰神，二客曰胜，三四曰趣，五六曰泛，七八曰施。"③ 一人独饮是超越凡俗的境界，两人为不同一般的境界，三四人是有趣味的境界，五六人是泛泛的境界，七八人是过滥的境界。陈继儒《茶话》与张源《茶录》的说法类似，意思也差不多。"品茶：一人得神，二人得趣，三人得味，七八人是名施茶。"④

许次纾《茶疏》之《论客》条阐述了他对茶侣的主张。"宾朋杂沓，止堪交错觥筹，乍会泛交，仅须常品酬酢，惟素心同调，彼此畅

---

① （明）陆树声：《茶寮记》，《四库全书存目丛书·子部》第 79 册，齐鲁书社 1997 年版。

② （明）屠隆：《茶说》，喻政《茶书》，明万历四十一年刻本。

③ 同上。

④ （明）陈继儒：《茶话》，喻政《茶书》，明万历四十一年刻本。

适，清言雄辩，脱略形骸，始可呼童篝火，酌水点汤，量客多少为役之烦简。三人以下，止燕一炉；如五六人，便当两鼎炉，用一童，汤方调适。若还兼作，恐有参差。客若众多，姑且罢火，不妨中茶投果，出自内局。"① 许次纾认为宾客众多杂乱，可以饮酒，初次相会或泛泛之交，用一般的食品招待就可以了，只有主宾之间关系和谐亲密，不拘于外在约束，才可以生火烧火烹茶。许次纾提出三人烧一炉茶，五六人烧两炉，五六人应该就是他眼中宾客的极限，客人如果太多，就不必专门生火煮茶了，从屋内端出投有果品的一般茶水即可。

徐𤊹《茗谭》十分注重通过茶侣的选择来营造品茶的气氛。"饮茶，须择清癯韵士为侣，始与茶理相契。若脂汉肥伧，满身垢气，大损香味，不可与作缘。"徐𤊹认为饮茶要选择清瘦有神韵之人作为伴侣，如果是肥胖粗鲁的人，对品茶有很大损害。《茗谭》又曰："茶事极清，烹点必假姣童、季女之手，故自有致。若付虬髯苍头，景色便自作恶。纵有名产，顿减声价。"② 也即饮茶要找姣美的少年和年轻的少女烹点，这样就有韵味，如果让满脸胡须的男子和年老的奴仆烹茶，观感就会非常恶劣。

黄龙德（图2－10）《茶说》虽然不否定品茶独啜也是一种乐趣，但认为如有嘉宾作为茶侣，则更为让人精神舒畅愉快。《八之侣》条曰："茶灶疏烟，松涛盈耳，独烹独啜，故自有一种乐趣。又不若与高人论道、词客聊诗、黄冠谈玄、缁衣讲禅、知己论心、散人说鬼之为愈也。对此嘉宾，躬为茗事，七碗下咽而两腋清风顿起矣。较之独啜，更觉神怡。"③ 黄龙德《茶说》与张源《茶录》品茶追求独啜的观点并不相同。黄龙德所谓的嘉宾主要是指高人逸士、文人词客、僧道之流以及知己之人。

---

① （明）许次纾：《茶疏》，《四库全书存目丛书·子部》第79册，齐鲁书社1997年版。

② （明）徐𤊹：《茗谭》，喻政《茶书》，明万历四十一年刻本。

③ （明）黄龙德：《茶说》，《中国古代茶道秘本五十种》第1册，全国图书馆文献缩微复制中心2003年版。

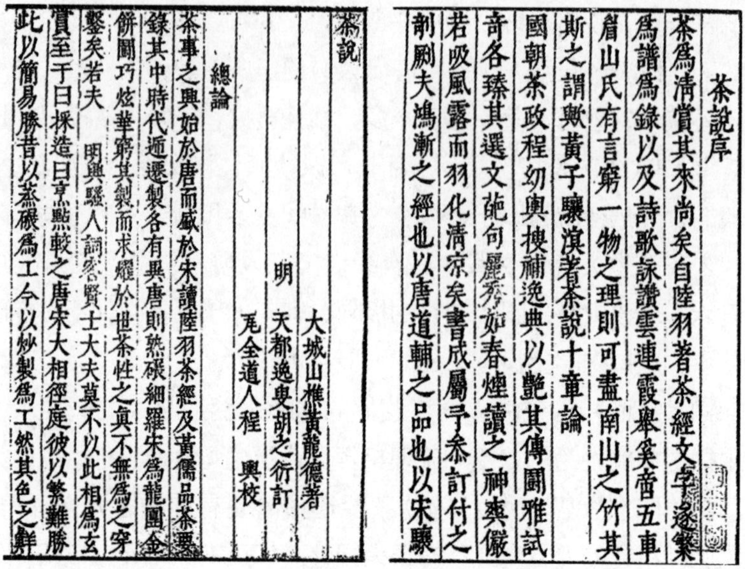

茶說序

茶爲清賞其來尚矣自陸羽著茶經文字逺案
爲譜爲錄以及詩歌詠讚雲連霞舉笑齒五車
眉山氏有言窮一物之理則可盡南山之竹其
斯之謂歟黃子驤濱著茶說十章論
國朝茶政程鉅典搜補逸典以艷其傳闓雅試
奇各臻其選文葩句麗秀如春煙讀之神爽儼
若吸風露而羽化清凉矣書成屬予叅訂付之
剞劂夫鴻漸之經也以唐道輔之品也以宋驤

茶說

總論

　　　大城山樵黃龍德著
　明　天都逸叟朗之衍訂
　　　尨全道人程　奥校

茶事之興始於唐而盛於宋讀陸羽茶經及黃儒品茶要
錄其中時代遞遷製各有異唐則熟碾細羅宋爲龍團金
餅闓巧炫華窮其製而求爛於世茶性之眞不無爲之穿
鑿矣若夫　明興騷人詞客賢士大夫莫不以此相爲玄
賞至于日採造日亨點較之唐宋大相經庭彼以繁難勝
此以簡易勝昔以蒸碾爲工今以妙製爲工然其色之鮮

图 2-10　黄龙德《茶说》书影

第三章 明代茶书与儒、释、道

中国历史上影响最大的思想流派有孔孟创立的儒家、自印度传入的佛教和老庄奠基的道家（道教与道家虽不同，但有很深渊源关系），明代茶书亦深受这三家的影响。

第一节 茶书与儒家的关系

明代茶书的作者大多为儒士，儒家思想大量渗透进入茶书之中，这些茶书体现的儒家观念主要有和谐、中庸、礼仪和人格等思想。

一 儒士大量撰写茶书

中国古代儒家思想影响巨大，是西汉武帝以后历代统治者尊崇的正统思想。历代茶书的作者，除少量僧道外，绝大多数是信奉儒家的儒士，儒家思想在他们的思想中占主导地位。

唐代陆羽是中国历史上首位撰写茶书之人，他创作了中国古代第一部茶书《茶经》。陆羽即极为崇奉儒学，这在他写的《陆文学自传》中有充分反映："自九岁学属文，积公示以佛书出世之业，予答曰：'终鲜兄弟，无复后嗣，染衣削发，号为释氏，使儒者闻之，得称为孝乎？羽将授孔氏之文可乎？'……公执释典不屈，予执儒典不屈。"陆羽在幼年时即坚持学习儒家经典，后来他写的著作也多为记录儒家政治活动的书籍。"著《君臣契》三卷，《源解》三十卷，《江表四姓谱》八卷，

《南北人物志》十卷，《吴兴历官记》三卷，《湖州刺史记》一卷，《茶经》三卷，《占梦》上、中、下三卷，并贮于褐布囊。"陆羽虽终身没有出仕为官，但对天下形势与时局变化极为关注和敏感。"自禄山乱中原，为《四悲诗》；刘展窥江淮，作《天之未明赋》，皆见感激，当时行哭涕泗。"① 儒家思想深深渗透到了他撰写的《茶经》之中。

明代的茶书作者大多也为儒士，不论他们是长期为官，还是终生未仕，儒学是他们信奉的主导思想。长期为官者多为进士、举人出身。如撰写了《茶寮记》的陆树声进士出身："树声少力田，暇即读书。举嘉靖二十年会试第一。选庶吉士，授编修。"② 写作了《茶说》的屠隆进士出身："举万历五年进士，除颍上知县，调繁青浦。……迁礼部主事。"③《茶录》的作者冯时可进士出身："时可，隆庆五年进士。累官按察使。以文名。"④《罗岕茶记》的作者熊明遇进士出身："万历二十九年进士。知长兴县。四十三年，擢兵科给事中，旋掌科事。"⑤ 写作了《岕茶笺》的冯可宾进士出身："天启壬戌进士，授湖州推官。"⑥《水品》的作者徐献忠举人出身："嘉靖中，举于乡，官奉化知县。著书数百卷。"⑦ 写作了《茶董》的夏树芳为"万历乙酉举人"。⑧

明代茶书作者即使是没有考取进士、举人的长期为官者，一般也是成为生员的诸生。如《煎茶七类》的撰写者徐渭："长师同里季本。为

---

① （宋）李昉等：《文苑英华》卷793《陆文学自传》，《景印文渊阁四库全书》第1340册，台湾商务印书馆1986年版。

② （清）张廷玉等：《明史》卷216《陆树声传》，中华书局1974年版，第5694页。

③ （清）张廷玉等：《明史》卷288《文苑传四·屠隆传》，中华书局1974年版，第7388页。

④ （清）张廷玉等：《明史》卷209《冯恩传附冯时可传》，中华书局1974年版，第5694页。

⑤ （清）张廷玉等：《明史》卷257《熊明遇传》，中华书局1974年版，第6629页。

⑥ （清）嵇曾筠、沈翼机：《浙江通志》卷151《名宦六》，《景印文渊阁四库全书》第523册，台湾商务印书馆1986年版。

⑦ （清）张廷玉等：《明史》卷287《文苑传三·徐献忠传》，中华书局1974年版，第7365页。

⑧ （清）纪昀等：《钦定四库全书总目》卷62《史部十八·传记类存目四》，《景印文渊阁四库全书》第1—6册，台湾商务印书馆1986年版。

诸生，有盛名。总督胡宗宪招致幕府"。①《茶话》《茶董补》的作者陈继儒："幼颖异，能文章，同郡徐阶特器重之。长为诸生，与董其昌齐名。……王世贞亦雅重继儒，三吴名下士争欲得为师友。"②《阳羡茗壶系》《洞山岕茶系》的撰写者周高起："字伯高、颖敏，尤好积书。……工为古文辞。早岁补诸生，列名第一。……纂修县志，又著读书志行于世。"③《煮泉小品》的作者田艺蘅以岁贡生做过徽州训导，时间不长，长期也为诸生："以岁贡生为徽州训导，罢归。作诗有才调，为人所称。"④

儒士们撰写茶书，儒家思想自然大量融入茶书之中。明代茶书体现的儒家观念主要有和谐、中庸、礼仪、人格等思想。

二 茶书中的和谐思想

儒家有浓厚的追求和谐的思想，这在《论语》中有充分体现。有子（孔子学生有若）说："礼之用，和为贵。先王之道，斯为美；小大由之。有所不行，知和而和，不以礼节之，亦不可行也。"⑤ 孔子说："君子和而不同，小人同而不和。"⑥ 孔子还曾说："不患寡而患不均，不患贫而患不安。盖均无贫，和无寡，安无倾。"⑦

和谐思想在唐宋茶书中就已有大量体现。如陆羽《茶经》设计烹茶的风炉有三足，每一足上有七字，分别为："坎上巽下离于中""体

---

① （清）张廷玉等：《明史》卷288《文苑传四·徐渭传》，中华书局1974年版，第7387页。

② （清）张廷玉等：《明史》卷298《隐逸传·陈继儒传》，中华书局1974年版，第7631页。

③ （清）龚之怡等：《（康熙）江阴县志》卷14《忠义传》。

④ （清）张廷玉等：《明史》卷287《文苑传二·田汝成传附田艺蘅传》，中华书局1974年版，第7372页。

⑤ （宋）朱熹（集注）：《四书章句集注·论语集注》卷1《学而第一》，《景印文渊阁四库全书》第197册，台湾商务印书馆1986年版。

⑥ （宋）朱熹（集注）：《四书章句集注·论语集注》卷7《子路第十三》，《景印文渊阁四库全书》第197册，台湾商务印书馆1986年版。

⑦ （宋）朱熹（集注）：《四书章句集注·论语集注》卷8《季氏第十六》，《景印文渊阁四库全书》第197册，台湾商务印书馆1986年版。

均五行去百疾""圣唐灭胡明年铸"。① "坎上巽下离于中"表示的是水在上，风从下来，火在中，通过水、风、火三者的和谐运行烹出好茶。"体均五行去百疾"表示的是茶水能使人体五行（对应五脏）和谐，去除百病。"圣唐灭胡明年铸"指的是风炉为唐朝彻底平定安史之乱第二年所铸，联系茶炉上的另外六字"伊公羹，陆氏茶"，表明陆羽希望通过茶事实现天下和谐的理想。② 宋丁谓《北苑茶录》曰："建安茶品，甲于天下，疑山川至灵之卉，天地始和之气，尽此茶矣。"③ 丁谓指出建安茶甲于天下与天地和谐之气有关。宋徽宗《大观茶论》曰："至若茶之为物，擅瓯闽之秀气，钟山川之灵禀，祛襟涤滞，致清导和"。④ 宋徽宗认为茶擅山川之灵气，可以致"清"，可以导"和"。

明代茶书中亦有大量和谐思想。如徐献忠《水品》曰："古称醴泉，非常出者，一时和气所发，与甘露、芝草同为瑞应。……醴泉食之令人寿考，和气畅达，宜有所然。"⑤ 徐献忠认为醴泉是和谐之气畅达所致，饮用可使人长寿。屠隆《茶说》之《择薪》条说："而汤最恶烟，非炭不可。……或柴中之鼓火，焚余之虚炭，风干之竹筱树稍，燃鼎附瓶，颇甚快意，然体性浮薄，无中和之气，亦非汤友。"⑥ 屠隆指出了一些不合适烹茶的燃料，原因在于它们没有中庸和谐之气，供热不稳定，不利于烹茶。张源《茶录》之《火候》条曰："烹茶旨要，火候为先。……过于文，则水性柔，柔则水为茶降；过于武，则火性烈，烈则茶为水制。皆不足于中和，非茶家要旨也。"⑦ 火候不足或过度，都不能达到中庸和谐的程度，这是烹茶的要领。

---

① （唐）陆羽：《茶经》卷中《四之器》，《丛书集成新编》第47册，新文丰出版公司1985年版。

② 参考冈夫《茶文化》（中国经济出版社1995年版，第24页）和王玲《中国茶文化》（九州出版社2009年版，第80页）。

③ （宋）丁谓：《北苑茶录》，朱自振等《中国古代茶书集成》，上海文化出版社2010年版，第169页。

④ （宋）赵佶：《大观茶论》，陶宗仪《说郛》卷93，清顺治三年李际期宛委山堂刊本。

⑤ （明）徐献忠：《水品》，《四库全书存目丛书·子部》第80册，齐鲁书社1997年版。

⑥ （明）屠隆：《茶说》，喻政《茶书》，明万历四十一年刻本。

⑦ 同上。

三 茶书中的中庸思想

中庸思想在儒家理论中占有很重要的地位。孔子曾说："中庸之为德也，其至矣乎！民鲜久矣。"① 他认为："不得中行而与之，必也狂狷乎！"② 他还认为："君子中庸，小人反中庸。君子之中庸也，君子而时中；小人之反中庸也，小人而无忌惮也。"③《中庸》是儒家经典《礼记》中的一篇，全面阐发了中庸的思想。《中庸》曰："喜怒哀乐之未发，谓之中；发而皆中节，谓之和。中也者，天下之大本也；和也者，天下之达道也。致中和，天地位焉，万物育焉。"④ 中庸是一种不偏不倚、恰到好处的状态。

唐宋茶书中已有大量体现中庸的观念。例如《茶经》之《三之造》曰："茶之笋者……凌露采焉。"⑤ 之所以采茶要凌露采，因为这时气温不高不低，光线不明不暗，恰到好处。《茶经》之《四之器》曰："鍑，以生铁为之……长其脐，以守中也。脐长，则沸中；沸中，则末易扬；末易扬，则其味淳也。"⑥ 之所要长其脐，是为了守中，水在中心沸腾，茶末容易扬上来，茶味淳美。《茶经》之《五之煮》曰："其水，用山水上……其山水，拣乳泉、石池慢流者上；其瀑涌湍漱，勿食之。……又多别流于山谷者，澄浸不泄，自火天至霜降以前，或潜龙蓄毒于其

---

① （宋）朱熹（集注）：《四书章句集注·论语集注》卷3《雍也第六》，《景印文渊阁四库全书》第197册，台湾商务印书馆1986年版。

② （宋）朱熹（集注）：《四书章句集注·论语集注》卷7《子路第十三》，《景印文渊阁四库全书》第197册，台湾商务印书馆1986年版。

③ （宋）朱熹（章句）：《四书章句集注·中庸章句》第二章，《景印文渊阁四库全书》第197册，台湾商务印书馆1986年版。

④ （宋）朱熹（章句）：《四书章句集注·中庸章句》第一章，《景印文渊阁四库全书》第197册，台湾商务印书馆1986年版。

⑤ （唐）陆羽：《茶经》卷上《三之造》，《丛书集成新编》第47册，新文丰出版公司1985年版。

⑥ （唐）陆羽：《茶经》卷中《四之器》，《丛书集成新编》第47册，新文丰出版公司1985年版。

间"。① 最好的山水是慢流者，流速适中，奔涌湍急以及停蓄的水都不能饮用。

又如宋代黄儒《品茶要录》曰："茶事起于惊蛰前，其采芽如鹰爪……尤喜薄寒气候，阴不至于冻，晴不至于暄，则谷芽含养约勒而滋长有渐，采工亦优为矣。"② 认为采茶要在薄寒天气，不太冷也不太热，茶芽生长从容不迫。宋徽宗《大观茶论》之《蒸压》条认为："茶之美恶，尤系于蒸芽压黄之得失。蒸太生则芽滑，故色清而味烈；过熟则芽烂，故茶色赤而不胶。压久则气竭味漓，不及则色暗味涩。蒸芽欲及熟而香。压黄欲膏尽亟止，如此，则制造之功十已得七八矣。"③ 赵汝砺《北苑别录》也说："然蒸有过熟之患，有不熟之患。过熟则色黄而味淡，不熟则色青易沉，而有草木之气，唯在得中之为当也。"④ 蒸不能太生也不能太熟，压不能太久也不能不及，这样才能的"得中之为当"。

明代茶书中也有大量体现中庸思想的观念。如屠隆《茶说》之《候汤》条曰："凡茶……若薪火方交，水釜才炽，急取旋倾，水气未消，谓之懒。若人过百息，水逾十沸，或以话阻事废。始取用之，汤已失性，渭之老。老与懒，皆非也。"⑤ 煮水时沸腾时间不能过长也不能过短，过短是懒，过长是老，都不符合中庸的观念。屠本畯《茗笈》之《第八汤章》对此亦有评论："夫汤贵适中，萌之与熟，皆在所弃，初无关于茶之芽饼也。今通人所论尚嫩，《茶录》所贵在老，无乃阔于事情耶？"⑥

屠隆《茶说》之《注汤》条曰："瓶嘴之端，若存若亡，汤不顺通，则茶不匀粹，是谓缓注。一瓯之茗，不过二钱。茗盏量合宜，下汤

---

① （唐）陆羽：《茶经》卷下《五之煮》，《丛书集成新编》第47册，新文丰出版公司1985年版。

② （宋）黄儒：《品茶要录》，喻政《茶书》，明万历四十一年刻本。

③ （宋）赵佶：《大观茶论》，陶宗仪《说郛》卷93，清顺治三年李际期宛委山堂刊本。

④ （宋）赵汝砺：《北苑别录》，《丛书集成新编》第47册，新文丰出版公司1985年版。

⑤ （明）屠隆：《茶说》，喻政《茶书》，明万历四十一年刻本。

⑥ （明）屠本畯：《茗笈》之《第八汤章》，喻政《茶书》，明万历四十一年刻本。

不过六分。万一快泻而深积之，则茶少汤多，是谓急注。缓与急，皆非中汤。欲汤之中，臂任其责。"① 向茶盏中注汤时过慢或过急，都不合适，都不是"中汤"。

许次纾《茶疏》之《采摘》条曰："清明、谷雨，摘茶之候也。清明太早，立夏太迟，谷雨前后，其时适中。"② 他认为采茶的节气以谷雨前后最为适中，否则就是太早或太迟。其他明代茶书有类似说法。张源《茶录》曰："采茶之候，贵及其时。……彻夜无云，浥露采者为上；日中采者次之。阴雨中不宜采。"③ 程用宾《茶录》说法类似："凌露无云。采候之上。霁日融和，采候之次。积阴重雨，吾不知其可也。"④ 张源和程用宾都认为无云凌露采茶最佳，因为这时气温和光线都处于最适中的状态，符合中庸的观念。

许次纾《茶疏》之《宜节》条曰："茶宜常饮，不宜多饮。常饮则心肺清凉，烦郁顿释；多饮则微伤脾肾，或泄或寒。盖脾土原润，肾又水乡，宜燥宜温。多或非利也。古人饮水饮汤，后人始易以茶，即饮汤之意。但令色香味备，意已独至，何必过多，反失清冽乎！且茶叶过多，亦损脾肾，与过饮同病。"⑤ 许次纾并非认为饮茶多多益善，而是要适可而止，过量饮茶有损脾肾，这也吻合儒家的中庸思想。

程用宾《茶录》之《酾啜》条曰："协交中和，分酾布饮。酾不当早，啜不宜迟。酾早元神未逞，啜迟妙馥先消。毋贵客多，溷伤雅趣。"⑥ 斟茶饮茶都要达到中庸和谐的状态，斟茶不能太早，饮茶不能太迟，而且茶客也不宜太多。

---

① （明）屠隆：《茶说》，喻政《茶书》，明万历四十一年刻本。
② （明）许次纾：《茶疏》，《四库全书存目丛书·子部》第79册，齐鲁书社1997年版。
③ （明）张源：《茶录》，喻政《茶书》，明万历四十一年刻本。
④ （明）程用宾：《茶录》，明万历三十二年戴凤仪刻本。
⑤ （明）许次纾：《茶疏》，《四库全书存目丛书·子部》第79册，齐鲁书社1997年版。
⑥ （明）程用宾：《茶录》，明万历三十二年戴凤仪刻本。

四 茶书中的礼仪思想

中国古代儒家有十分丰富的礼仪思想，《论语》中即有大量关于"礼"的论述。如"不知礼，无以立也"①，"恭近於礼，远耻辱也"②，"道之以德，齐之以礼，有耻且格"③，"生，事之以礼；死，葬之以礼，祭之以礼"④，"君使臣以礼，臣事君以忠"⑤ 等等。礼能够起到规范社会秩序和伦理的作用。

礼仪思想在唐宋茶书中体现并不明显，但在明代茶书中有较多地反映。如朱权《茶谱》曰："童子捧献于前。主起，举瓯奉客曰：'为君以泻清臆。'客起接，举瓯曰：'非此不足以破孤闷。'乃复坐。饮毕，童子接瓯而退。话久情长，礼陈再三，遂出琴棋，陈笔研。"⑥ 这表现的是茶事中的待客之礼，《茶谱》虽然有很强闲逸散淡的倾向，但并没有废弃主客之间的基本礼仪。许次纾《茶疏》曰："茶不移本，植必子生。古人结婚，必以茶为礼，取其不移植子之意也。今人犹名其礼曰下茶。南中夷人定亲，必不可无，但有多寡。礼失而求诸野，今求之夷矣。"⑦ 古人曾经认为茶不可移植，用来象征妇女的从一而终，所以婚礼中往往要以茶为礼，定亲被称为"下茶"。

《茶酒争奇》，作者邓志谟，是一部拟人化描写茶酒相争的文学作品，内有大量反映茶、酒广泛运用于礼仪的文字。

在序言中，文章就叙述："礼仪一百，威仪三千，至浩至繁，不可

---

① （宋）朱熹（集注）：《四书章句集注·论语集注》卷10《尧曰第二十》，《景印文渊阁四库全书》第197册，台湾商务印书馆1986年版。

② （宋）朱熹（集注）：《四书章句集注·论语集注》卷1《学而第一》，《景印文渊阁四库全书》第197册，台湾商务印书馆1986年版。

③ （宋）朱熹（集注）：《四书章句集注·论语集注》卷1《为政第二》，《景印文渊阁四库全书》第197册，台湾商务印书馆1986年版。

④ 同上。

⑤ （宋）朱熹（集注）：《四书章句集注·论语集注》卷2《八佾第三》，《景印文渊阁四库全书》第197册，台湾商务印书馆1986年版。

⑥ （明）朱权：《茶谱》，《艺海汇函》，明抄本。

⑦ （明）许次纾：《茶疏》，《四库全书存目丛书·子部》第79册，齐鲁书社1997年版。

胜纪。今特举礼中二物极小者言之：曰茶曰酒。自春夏以至秋冬，何时不用茶用酒？自朝廷以及闾巷，何人不用茶用酒？试言其日用饮食之常，民间往来之礼：或冠而三加，或婚而合卺。或弄璋而为汤饼会，开筵呼客；或即景赋诗；或坐上姻朋，赛有华裾织翠；或门前车马，时来结驷高轩。追赏惠连，压倒元白。何事而不用茶用酒？如所云用之以时者，玉律元旦传佳节，彩胜（七日）倍风光。九陌（元宵）联灯影，改火（寒食）待清明。燧火开新焰（清明），倾都泼禊辰（上巳）。舡登先后渡（端午），万镂庆停梭（七夕）。照耀超诸夜，汉武赐茱囊（重阳）。刺绣五纹添弱线（冬至），四气除夜推迁往复还。何节而不用茶用酒？"① 这段文字反映，礼仪虽十分浩繁，但茶和酒在其中扮演重要的角色，从朝廷到民间都不可或缺，婚姻、筵宴、待客、聚会、节庆等礼仪活动中都要用到茶和酒。

在《茶酒争奇》之《上官子醉梦》部分，上官四知邀请的客人争论茶和酒哪个在礼仪中居先。"一日，有一客问曰：'茶好乎，酒好乎？'答曰：'俱属清贵，但人之好尚不同耳。'客曰：'客来，茶先酒后，茶不居礼之先乎？'又有一客曰：'茶只一杯而止，即更迭，不过二三。曾有如酒之樽罍交错，动以千钟一石？酒不为礼之重乎？'"由此引发了上官四知的一场异梦，梦中茶神率草魁、建安、顾渚、酪奴数十辈，酒神率青州督邮、索郎、麻姑、酒民、醉士、酒徒数十辈，互相争论，核心问题是谁在礼仪中更重要。"茶神曰：'才闻客以你为礼之重，你有何能，更重于我乎？'酒神曰：'才闻客以你为礼之先，你有何能，更先于我乎？'茶神曰：'天下之人，凡言酒与茶者，只称茶酒，不称酒茶，茶诚在酒之先也。'酒神曰：'天下之人，大凡行礼，只说请酒，不说请茶，酒诚为礼之重也。'"茶、酒双方摆出各种理由争论，酪奴和督邮大怒互殴，陆羽（象征茶）和杜康（象征酒）为双方调解："陆羽曰：'我与你两人唇齿之邦，辅车相倚。兄弟之亲，骨肉之戚。

---

① （明）邓志谟：《茶酒争奇》卷1，邓志谟《七种争奇》，清春语堂刻本。

有茶必有酒，有酒必有茶，时时不离，何苦这样争竞？你办酒，我办茶，在此处和。'杜康曰：'礼以逊让相先，人以和睦为贵，陆君所言甚是。'陆羽命众人办茶，杜康命众人办酒，相叙而别。"① 陆羽和杜康调解的理由是双方都应该礼让和睦。（暗合《论语》"礼之用，和为贵"的观点。）

但酪奴和督邮还是不服气，向水、火二判官状告，二判官令二人用《四书》分别集成茶文章和酒文章一篇。酪奴的《茶〈四书〉文章》为："汤者，甘饮，是人之所欲也。夫礼仪三百，始吾于人也，民以为大，不其然乎？……苟有用我者，求水火汤执中，其有成功也，礼之用，和为贵。冬日则饮汤，夏日则饮水，食之以时。我则异于是，日日新，不可须臾离也。不如是，人犹有所憾。君子对敬而无失，与人恭而有礼，酌则谁先，可使与宾客言，唯我在，无贵贱，一也。姑舍是则不敬，莫大乎是。"督邮的《酒〈四书〉文章》为："礼云礼云，人其舍诸。……牺牲既成，粢盛既洁，有酒食，不亦善乎。……郊社之礼，禘尝之义，揖让而升，则何以哉？序爵，敬其所尊，爱其所亲，无所养也，舍我其谁也？敬老慈幼，无忘宾旅，夫何为哉！及席，礼以行之，逊以出之，无有失也。……礼仪三百，威仪三千，四时行焉。予一以贯之，发愤忘食，乐以忘忧；老之将至，何用不臧？若夫恶醉而强酒，斯可谓狂矣。言非礼义，然后人侮之，则何益矣。"酪奴和督邮均浓墨重彩在文章中论述茶和酒在礼仪中的重要性，水官和火官在批语中都表示认可。②

最后，水火二官同曰："自天地开辟以来，有茶有酒，不可缺一。人莫不饮食也，鲜能知味也，是未得饮食之正也。第你二人无故争竞，本当重罪，因念礼义所关，情趣可爱，姑恕之，各回本职，以候召用。"③ 水火二官赦免他们的理由是茶、酒都是礼义所关，且都情趣

---

① （明）邓志谟：《茶酒争奇》卷 1，邓志谟《七种争奇》，清春语堂刻本。
② 同上。
③ 同上。

可爱。

邓志谟的《茶酒争奇》虽然只是一篇游戏文章，但有极浓厚的儒家思想在内。上官四知的异梦就是因客人争论茶与酒在礼仪中的重要性而起，茶和酒围绕这个问题大肆争论，酪奴和督邮的《四书》文章均围绕礼而写，且《四书》本来就是儒家最重要的经典，指的是《大学》《中庸》《论语》和《孟子》，最后水、火二判官因茶和酒都在礼仪中有重要作用而不再加罪他们。作品中茶酒相争可谓旗鼓相当并无赢家，但至少说明二者在礼仪中皆有十分的重要性并不可或缺。

五　茶书中的人格思想

儒家有很强的人格思想，儒家的理想人格首先表现在个人的修养和道德的完善。儒家认为人性本善，"人性之善也，犹水之就下也。人无有不善，水无有不下"①，通过修养达到完善人格是完全可能的，因为"恻隐之心，人皆有之；羞恶之心，人皆有之；恭敬之心，人皆有之；是非之心，人皆有之"②。中国古代茶书的作者在撰写茶书时，以茶品类比人品，将人格思想大量融入其中。有人就认为："说儒家茶文化为中国茶文化的核心是毫不过分的，然而这一核心的基础又是什么呢，我们认为这就是儒家的人格思想。"③

在中国第一部茶书《茶经》中，儒家的人格思想就已经有一定体现。《茶经》曰："茶之为用，味至寒，为饮，最宜精行俭德之人。"④陆羽认为茶最适合精行俭德的人饮用，这是从道德角度而言，茶性纯洁寒凉，与品行端正有节俭美德的人人品相通。如果从生理角度去看，那就完全令人无法理解，因为无论什么品行的人，都是可以饮茶的。《茶

---

① （宋）朱熹（集注）：《四书章句集注·孟子集注》卷6《告子章句上》，《景印文渊阁四库全书》第197册，台湾商务印书馆1986年版。

② 同上。

③ 赖功欧：《茶哲睿智：中国茶文化与儒释道》，光明日报出版社1999年版，第48页。

④ （唐）陆羽：《茶经》卷上《一之源》，《丛书集成新编》第47册，新文丰出版公司1985年版。

经》还记录了两则以茶象征俭德的事例。

第一则：《晋中兴书》："陆纳为吴兴太守时，卫将军谢安常欲诣纳（《晋书》云：纳为吏部尚书）。纳兄子俶怪纳无所备，不敢问之，乃私蓄十数人馔。安既至，所设唯茶果而已。俶遂陈盛馔，珍馐必具。及安去，纳杖俶四十，云：'汝既不能光益叔父，奈何秽吾素业？'"第二则：《晋书》："桓温为扬州牧，性俭，每宴饮，唯下七奠拌茶果而已。"①

在明代茶书中，儒家的人格思想得到大量体现。例如蒋灼在给田艺蘅（字子艺）《煮泉小品》所写的《跋》中论述："子艺作《泉品》，品天下之泉也。予问之曰：'尽乎？'子艺曰：'未也。夫泉之名，有甘、有醴、有冷、有温、有廉、有让、有君子焉，皆荣也。在广有贪，在柳有愚，在狂国有狂，在安丰军有咄，在日南有淫，虽孔子亦不饮者有盗，皆辱也。'予闻之曰：'有是哉！亦存乎其人尔。天下之泉一也，唯和士饮之，则为甘；祥士饮之，则为醴；清士饮之，则为冷；厚士饮之，则为温；饮之于伯夷，则为廉；饮之于虞舜，则为让；饮之于孔门诸贤，则为君子。使泉虽恶，亦不得而污之也，恶乎辱？泉遇伯封，可名为贪；遇宋人，可名为愚；遇谢奕，可名为狂；遇楚项羽，可名为咄；遇郑卫之俗，可名为淫；其遇跖也，又不得不名为盗。使泉虽美，亦不得而自濯也，恶乎荣？'子艺曰：'噫！予品泉矣，子将兼品其人乎？'"② 田艺蘅与蒋灼表面上是在品泉，实际上也是在品人。田艺蘅认为甘、醴、冷、温、廉、让、君子的泉名都是荣耀的，贪、愚、狂、咄、淫、盗的泉名都是耻辱的。但蒋灼的观点有些不同，他认为天下之泉其实都是同一的，关键在于人的品行，例如伯夷饮了就是廉，虞舜饮了就是让，孔门诸贤饮了就是君子，而遇到郑卫之俗，则是淫，遇到

① （唐）陆羽：《茶经》卷下《七之事》，《丛书集成新编》第 47 册，新文丰出版公司 1985 年版。

② （明）田艺蘅：《煮泉小品》，《四库全书存目丛书·子部》第 80 册，齐鲁书社 1997 年版。

跖，是为盗。田艺蘅和蒋灼的议论完全是从儒家的人格思想出发的。

明代茶书极端重视饮茶人的品格，人品不足的人是不配饮茶的。如陆树声《茶寮记》曰："煎茶非漫浪，要须其人与茶品相得。故其法每传于高流隐逸、有云霞泉石磊块胸次间者。"① 屠本畯《茗笈》曰："茶犹人也，习于善则善，习于恶则恶，圣人致严于习染，有以也。墨子悲丝，在所染之。"② 屠隆《茶说》曰： "茶之为饮，最宜精行修德之人……使佳茗而饮非其人，犹汲泉以灌蒿莱，罪莫大焉。"屠隆还严厉批评了一些饮茶损害道德的行为："李德裕奢侈过求，在中书时，不饮京城水，悉用惠山泉，时谓之水递。清致可嘉，有损盛德。……尝考《蛮瓯志》云：陆羽采越江茶，使小奴子看焙，奴失睡，茶燋烁不可食，羽怒，以铁索缚奴而投火中。残忍若此，其余不足观也已矣。"③ 李德裕过于奢侈，为饮惠山泉千里传运，有损盛德。陆羽因为奴仆失睡将茶烤焦，竟将人用铁索捆缚投入火中，实在太过残忍。屠隆甚至因失德行为谴责被奉为茶圣的陆羽，可见"德"的重要性。

喻政《茶集》 （图3－1）中辑有明人支中夫所写的《味苦居士传》，用拟人化的手法描述了茶盏。全文不长，照录于下：

汤器之，字执中，饶州人，尝爱孟子"苦其心志"之言，别号味苦居士。谓学者曰："士不受苦，则善心不生；善心不生，则无由以人德也。"是以人召之则行，命之则往，寒热不辞，多寡不择，旦暮不失，略无几微厌怠之色见于颜面。或讥之曰："子心志固苦矣，筋骨固劳矣，奈何长在人掌握之中乎？"曰："士为知己者死。我之所遇者，待我如执玉，奉我如捧盈，唯恐我少有所伤。召我，唯恐至之不速；既至，虽醉亦醒，虽寐亦寤，昏惰则勤，忿

① （明）陆树声：《茶寮记》，《四库全书存目丛书·子部》第79册，齐鲁书社1997年版。

② （明）屠本畯：《茗笈》之《第十一申忌章》，喻政《茶书》，明万历四十一年刻本。

③ （明）屠隆：《茶说》，喻政《茶书》，明万历四十一年刻本。

怒则释，忧愁郁闷则解；无谏不入，无见不怿。不谓之知己可乎！掌握我者，敬我也，非奴视也，吾何患焉？我虽凉薄，必不惰于庸人之手；苟待我不谨，使能齑粉，我亦不往也。"尝曰："我虽未至于不器，然子贡贵重之器，亦非我所取也。盖其器宜于宗庙，而不宜于山林。我则自天子至于庶人，苟有用我者，无施而不可也。特为人不用耳。行己甚洁，略无毫发瑕玷，妒忌者以谤玷之，亦受之而不与辩；不久则白，人以涅不缁许之。"

　　太史公曰：人见君子之劳，而不知君子之安。劳者，由其知乡义也。能乡义，则物欲不能扰，其心岂有不安乎？器之勉人受苦，其亦知劳之义也。①

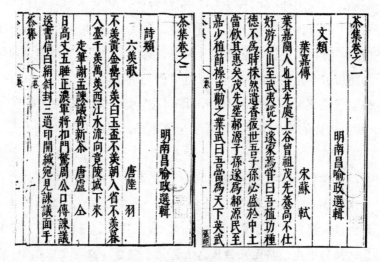

图 3-1　喻政《茶集》书影

　　茶盏为盛茶汤的茶器，故名汤器之，茶盏制作要求中正，故字执中，象征执着于中庸之道，最好的茶盏产于饶州浮梁县景德镇，故为饶州人，茶味微苦，故号味苦居士，象征通过"苦其心志"完善善心和

---

① （明）喻政：《茶集》卷1，喻政《茶书》，明万历四十一年刻本。

道德。汤器之曰："士为知己者死。我之所遇者，待我如执玉，奉我如捧盈，唯恐我少有所伤。召我，唯恐至之不速……无谏不入，无见不怿。不谓之知己可乎！"这象征着忠义的品德。"行己甚洁，略无毫发瑕玷，妒忌者以谤玷之，亦受之而不与辩；不久则白，人以涅不缁许之。"陶瓷茶盏纯白洁净，即使受污也易清除，象征着高洁坚贞。"人见君子之劳……劳者，由其知乡义也。能乡义，则物欲不能扰，其心岂有不安乎？"君子归向道义，不为物欲所扰，象征儒家对高尚道德的追求。

　　顾元庆《茶谱》附有盛虞《王友石竹炉并分封六事》。盛虞将竹制茶炉称为"苦节君"，每日饱受烈焰烤炙之苦而能承受并且不发生扭曲变化，象征着高尚的品格和纯洁的贞操。储茶之具被称为建城，"常如人体温温，则御湿润"，象征温润中庸的品格。储水之瓷瓶被称为云屯，"泉汲于云根，取其洁也。……岂不清高绝俗而自贵哉"，象征洁净和清高的品格。储炭之具被称为乌府，"貌玄性刚，遇火则威灵气焰，赫然可畏。触之者腐，犯之者焦，殆犹宪司行部，而奸宄无状者望风自靡"，象征刚烈正直的品格。洗浴茶芽的器具被称为水曹，"如人之濯于盘水，则垢除体洁，而有日新之功。岂不有关于世教也耶"，象征着日新其德的品格。收储十六件茶具的箱笼被称为器局，"盖欲统归于一，以其素有贞心雅操而自能守之也"，强调了贞心雅操的品格。另有箱笼被称为品司，"虽欲啜时，入以笋、榄、瓜仁、芹蒿之属，则清而且佳。因命湘君设司检束，而前之所忌乱真味者，不敢窥其门矣"，象征着求真去伪的品格。①《王友石竹炉并分封六事》中包含着浓厚的儒家人格思想。

第二节　茶书与佛教的关系

　　《水辨》和《茶经外集》是两部由僧人编纂的著作，另外还有一些

①　（明）顾元庆：《茶谱》，《续修四库全书》第 1115 册，上海古籍出版社 2003 年版。

僧人参与了明代茶书的撰写，许多茶书作者虽非僧人，但也深受佛教思想影响。明代茶书大量表现了僧人开展茶叶生产，这有深刻的历史根源，从唐代开始，禅宗就是佛教的主流，形成了农禅的传统，茶业是他们开展的农业生产的重要组成部分。明代茶书有许多表现僧人普遍嗜茶并精于茶艺的内容，这是因为从唐代开始，茶在僧人生活中就已占有重要地位。明代茶书中有关禅茶一味的内容很多，这与唐代开始僧人广泛借助饮茶禅修有关，禅茶一味的思想深刻影响了文人。

一　僧人参与茶书的撰写及茶书作者深受佛教思想影响

中国历史上第一部茶书《茶经》的作者唐代陆羽就深受佛教思想影响，作为孤儿他从小在寺院长大，成年后虽离开佛寺，但常和僧人往来，他最好的友人是佛僧皎然。元辛文房《唐才子传》载："羽，字鸿渐，不知所生。初，竟陵禅师智积得婴儿于水滨，育为弟子。及长，耻从削发。……扁舟往来山寺，唯纱巾藤鞋，短褐犊鼻，击林木，弄流水。……与皎然上人为忘言之交。"① 陆羽对竟陵禅师终身都很有感情，唐李肇《唐国史补》载："羽少事竟陵禅师智积，异日在他处闻禅师去世，哭之甚哀。"② 在唐代有人甚至直接称陆羽为僧，唐赵璘《因话录》："余幼年尚记识一复州老僧，是陆僧弟子。……有追感陆僧诗至多。"③

《煎茶水记》的作者是唐代张又新，据他自称，该书记录的陆羽鉴南零水及品第二十水的内容（即《煮茶记》），本来得自于一名楚地僧人："元和九年春，予初成名，与同年生期于荐福寺。余与李德垂先至，憩西厢玄鉴室，会适有楚僧至，置囊有数编书。余偶抽一通览焉，

① （元）辛文房：《唐才子传》卷3《陆羽》，《景印文渊阁四库全书》第451册，台湾商务印书馆1986年版。
② （唐）李肇：《唐国史补》卷中，《景印文渊阁四库全书》第1035册，台湾商务印书馆1986年版。
③ （唐）赵璘：《因话录》卷3《商部下》，《景印文渊阁四库全书》第1035册，台湾商务印书馆1986年版。

文细密，皆杂记。卷末又一题云《煮茶记》。……又新刺九江，有客李滂、门生刘鲁封，言尝见说茶，余醒然思往岁僧室获是书，因尽箧，书在焉。"①《煮茶记》的实际作者很可能是所谓楚僧，也不排除张又新的伪托，但即便是伪托，以僧人为名，也可见佛教对他的影响。

到明代，至少《水辨》《茶经外集》这两部茶书是直接由僧人编纂的，作者为歙人龙盖寺真清。鲁彭为嘉靖二十二年柯□刻本《茶经》所作的《刻茶经叙》中说："他日公（指欲刻印陆羽《茶经》的地方官柯某）再往（龙盖寺），索羽所著《茶经》三篇，僧真清者，业录而谋梓也，献焉。公曰：'嗟，井亭矣，而经可无刻乎？'遂命刻诸寺。……僧真清，新安之歙人，尝新其寺，以嗜茶故，业《茶经》云。"②吴旦《茶经》跋曰："予闻陆羽著茶经，旧其□未之见，客京陵于龙盖寺，僧真清处见之之后，批阅知有益于人，欲刻之而力未逮，返求同志程子伯，容共集诸释以公于天下□苍之者，无遗憾焉。"③ 真清是柯刻本《茶经》的编辑者，而《水辨》《茶经外集》附于书后，因此《水辨》《茶经外集》的编纂者只能是真清。

另外大量明代茶书作者深受佛教思想影响，多与僧人往来。下举数例。如《茶寮记》的作者陆树声在该书中自叙："其禅客过从予者，每与余相对结跏趺坐……终南僧明亮者，近从天池来，饷余天池苦茶，授余烹点法甚细。……余方远俗，雅意禅栖，安知不因是遂悟入赵州耶？时杪秋既望，适园无净居士与五台僧演镇、终南僧明亮，同试天池茶于茶寮中。"④ 僧人明亮对《茶寮记》的成书起了很大作用。

《茶笺》（图3－2）的作者闻龙，屠本畯在为罗廪《茶解》所作的《叙》中说："予友闻隐鳞，性通茶灵，早有季疵之癖，晚悟禅机，正对赵州之锋，方与裒辑《茗笺》，持此示之，隐鳞印可，曰：'斯足以

---

① （唐）张又新：《煎茶水记》，《丛书集成新编》第47册，新文丰出版公司1985年版。

② （唐）陆羽：《茶经》之彭鲁《刻茶经叙》，明嘉靖二十二年柯□刻本。

③ （唐）陆羽：《茶经》之吴旦跋，明嘉靖二十二年柯□刻本。

④ （明）陆树声：《茶寮记》，《四库全书存目丛书·子部》第79册，齐鲁书社1997年版。

为政于山林矣。'"① 闻龙，字隐鳞，"晚悟禅机，正对赵州之锋"，说明他受佛教思想影响很大，而且还参与了屠本畯《茗笈》的编写。

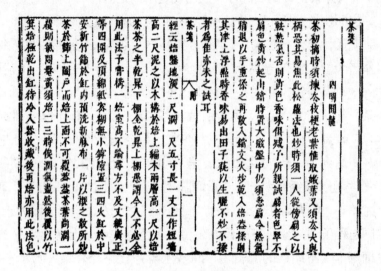

图 3-2　闻龙《茶笺》书影

《茗史》作者万邦宁，他在相当于《茗史》序言的《茗史小引》中说："须头陀邦宁……二三朋侪，羽客缁流，剥击竹户，聚话无生，余必躬治茗碗，以佐幽韵。……复愿世间好心人，共证《茗史》，并下三十棒喝，使须头陀无愧。"② 万邦宁自称"须头陀"，头陀是佛教中去除尘垢烦恼之意，也指僧人。"二三朋侪，羽客缁流"，说明他常和僧人往来。"并下三十棒喝"，佛教中有当头棒喝的典故，是禅宗的一种传教方法。僧人圆后为《茗史》也作了序言："唯咸著《茗史》，羽翼陆《经》，鼓吹蔡《谱》，发扬幽韵，流播异闻，可谓善得水交茗战之趣矣。浸假而鸿渐再来，必称千古知己；君谟重遘，讵非一代阳秋乎？"③ 圆后自称"点茶僧"，他很可能参与了万邦宁《茗史》的编写。

---

① （明）罗廪：《茶解》，喻政《茶书》，明万历四十一年刻本。
② （明）万邦宁：《茗史》，《四库全书存目丛书·子部》第 79 册，齐鲁书社 1997 年版。
③ 同上。

《茶董》的作者夏树芳，他受佛教思想影响很大，撰写过两部与佛教有关的著作，《栖真志》和《法喜志》。《四库全书总目》对《栖真志》的评价是："是编取周秦至元代之修真栖静者，各详其事迹。……凡谈论词章语意偶类释老者，即引而入志。"① 对《法喜志》的评价是："是编取历代知名之人，摭其一事一语近乎佛理者，皆谓得力于禅学，凡二百余人。"②

《茶话》和《茶董补》的作者陈继儒，《明史》记载他"暇则与黄冠老衲穷峰泖之胜，吟啸忘返，足迹罕入城市。"③ "黄冠老衲"即道士僧人，陈继儒常与道士、僧人往来。

二　茶书表现僧人开展茶叶生产

早在唐宋茶书中，就有一些表现僧人茶叶生产的内容。如唐代陆羽《茶经》之《九之略》曰："其造具，若方春禁火之时，于野寺山园，丛手而掇，乃蒸，乃舂，乃复，以火干之，则又棨、朴、焙、贯、棚、穿、育等七事皆废。"④ 采茶、制茶常于野寺山园，这是僧人从事茶叶生产的证明。《茶经》之《八之出》记载了唐代茶区的地理分布，有些茶叶即产于佛寺。浙西地区："以湖州上（湖州，生长城县顾渚山谷，与峡州、光州同；生山桑儒师二寺、白茅山悬脚岭，与襄州、荆南、义阳郡同；生凤亭山伏翼阁飞云、曲水二寺、啄木岭，与寿州、常州同。生安吉武康二县山谷，与金州、梁州同），常州次，（常州义兴县生君山悬脚岭北峰下，与荆州、义阳郡同；生圈岭善权寺、石亭山与舒州同。）宣州、杭州、睦州、歙州下（宣州生宣城县雅山，与蕲州同；太

---

① （清）纪昀等：《钦定四库全书总目》卷62《史部十八·传记类存目四》，《景印文渊阁四库全书》第1—6册，台湾商务印书馆1986年版。

② （清）纪昀等：《钦定四库全书总目》卷145《集部五·别集类五》，《景印文渊阁四库全书》第1—6册，台湾商务印书馆1986年版。

③ （清）张廷玉等：《明史》卷298《隐逸传·陈继儒传》，中华书局1974年版，第7631页。

④ （唐）陆羽：《茶经》卷下《九之略》，《丛书集成新编》第47册，新文丰出版公司1985年版。

平县生上睦、临睦，与黄州同；杭州，临安、於潜二县生天目山，与舒州同。钱塘生天竺、灵隐二寺，睦州生桐庐县山谷，歙州生婺源山谷，与衡州同）。"① 这段文字提到了山桑寺、儒师寺、飞云寺、曲水寺、善权寺、天竺寺和灵隐寺七座寺院。剑南地区："以彭州上（生九陇县马鞍山至德寺、棚口，与襄州同）。"② 这段引文提到了至德寺。产于寺院中的茶叶自然只能是由僧人生产的。

又如今人辑佚的五代毛文锡《茶谱》："蜀之雅州有蒙山，山有五顶，顶有茶园，其中顶曰上清峰。昔有僧病冷且久。尝遇一老父，谓曰：'蒙之中顶茶，尝以春分之先后，多构人力，俟雷之发声，并手采摘，三日而止。若获一两，以本处水煎服，即能祛宿疾；二两，当限前无疾；三两，固以换骨；四两，即为地仙矣。'是僧因之中顶筑室以候，及期获一两余，服未竟而病瘥。……今四顶茶园，采摘不废。"③ 其中对蒙山茶叶神奇功效的记载固然太过神化，但僧人制茶的内容是可信的。毛文锡《茶谱》还记载："觉林僧志崇收茶三等，待客以惊雷荚，自奉以萱草带，供佛以紫茸香。赴茶者，以油囊盛余沥归。"④

再如北宋陶穀《荈茗录》记载："吴僧梵川，誓愿燃顶供养双林傅大士。自往蒙顶结庵种茶。凡三年，味方全美。得绝佳者圣杨花、吉祥蕊，共不逾五斤，持归供献。"⑤ 僧人梵川在山结庵种茶。

明代茶书中反映僧人茶叶生产的内容很多，下面进行列举：

屠隆《茶说》："龙井。不过十数亩，外此有茶，似皆不及。大抵天开龙泓美泉，山灵特生佳茗以副之耳。山中仅有一二家炒法甚精；近有山僧焙者亦妙。"⑥ 龙井在浙江省杭州西湖一带。

---

① （唐）陆羽：《茶经》卷下《八之出》，《丛书集成新编》第 47 册，新文丰出版公司 1985 年版。

② 同上。

③ （五代）毛文锡：《茶谱》，朱自振等《中国古代茶书集成》，上海文化出版社 2010 年版，第 82 页。

④ 同上书，第 83 页。

⑤ （宋）陶穀：《荈茗录》，喻政《茶书》，明万历四十一年刻本。

⑥ （明）屠隆：《茶说》，喻政《茶书》，明万历四十一年刻本。

陈继儒《茶话》："琅琊山出茶，类桑叶而小，山僧焙而藏之，其味甚清。"① 琅琊山位于南直隶滁州。

冯时可《茶录》："徽郡向无茶，近出松萝茶，最为时尚。是茶始比丘大方。大方居虎丘最久，得采造法，其后于徽之松萝结庵，采诸山茶于庵焙制，远迩争市，价倏翔涌，人因称松萝茶，实非松萝所出也。是茶比天池茶稍粗，而气甚香，味更清，然于虎丘能称仲，不能伯也。松郡佘山亦有茶，与天池无异，顾采造不如。近有比丘来，以虎丘法制之，味与松萝等。老衲亟逐之，曰：'无为此山开膻径而置火坑。'盖佛以名为五欲之一，名媒利，利媒祸，物且难容，况人乎?"② 虎丘在南直隶苏州，松萝位于南直隶徽州府休宁县，僧人大方是在虎丘习得茶叶的采造方法，后在松萝创制了名声很大的松萝茶。佘山在松江府，亦有僧人以虎丘法制出了和松萝品味相当的茶叶。

徐𤊹《茗谭》中有两条有关僧人制茶的内容。第一条："余尝至休宁，闻松萝山以松多得名，无种茶者。《休志》云：'远麓有地名榔源，产茶。山僧偶得制法，托松萝之名，大噪一时，茶因涌贵。僧既还俗，客索茗于松萝司牧，无以应，往往赝售。'然世之所传松萝，岂皆榔源产欤?"此处记载的偶得松萝制法的山僧就是前述的僧人大方。第二条："适武夷道士寄新茗至，呼童烹点，而鼓山方广九烊，僧各以所产见饷，乃尽试之。"③ 鼓山位于福建省福州。

高元濬《茶乘》有数条有关唐宋时期僧人茶叶生产的内容。前三条是涉及唐代的。第一条记录的是吴僧梵川往蒙山种茶制茶的内容，因为前述陶穀《荈茗录》已经引录，这里不再重复。第二条是："义兴南岳寺，有真珠泉。稠锡禅师尝饮之，清甘可口。曰：'得此泉，烹桐庐茶，不亦称乎?'未几，有白蛇衔茶子堕寺前，由此滋蔓，茶倍佳（《义兴旧志》）。"唐代南岳寺位于常州义兴县，白蛇衔茶子的传说未必

①（明）陈继儒：《茶话》，喻政《茶书》，明万历四十一年刻本。

②（明）冯时可：《茶录》，陶珽《说郛续》卷37，清顺治三年李际期宛委山堂刊本。

③（明）徐𤊹：《茗谭》，喻政《茶书》，明万历四十一年刻本。

可信，真实情况可能是僧人引入茶种广泛种茶。第三条是："西域僧金地藏所植，名金地茶，出烟霞云雾之中，与地上产者，其味复绝（《九华山志》）。"该条内容有误，金地藏是唐代新罗籍僧人，并非西域僧。九华山位于池州青阳县。第四条内容是涉及宋代的："建安能仁院，有茶生石缝间，僧采造得八饼，号石岩白，以四饼遗蔡襄，以四饼遗王内翰禹玉。岁馀，襄被召还阙，过禹玉。禹玉命子弟于茶笥中选精品碾饷蔡。蔡捧茶未尝，即曰：'此极似能仁石岩白，公何以得之？'禹玉未信，索帖验之，果然。"①

罗廪《茶解》："松萝茶，出休宁松萝山，僧大方所创造。其法，将茶摘去筋脉，银铫炒制。今各山悉仿其法，真伪亦难辨别。"② 另外龙膺在为《茶解》所作的《跋》中亦记载了僧人制作松萝茶的内容："予理鄄日，始游松萝山，亲见方长老制茶法甚具，予手书茶僧卷赠之，归而传。其法故出山中，人弗习也。"③ 方长老即僧人大方。

陈继儒《茶董补》有三条反映唐代僧人茶叶生产的内容。第一条《白蛇衔子》文字上与高元濬《茶乘》转引的《义兴旧志》有重合但不完全一致："义兴南岳寺，有真珠泉。稠锡禅师尝饮之，曰：'此泉烹桐庐茶，不亦可乎！'未几，有白蛇衔子坠寺前，由此滋蔓，茶味倍佳。士人重之，争先饷遗，官司需索不绝，寺僧苦之（《义兴旧志》）。"④ 第二条是唐人李咸用的诗歌《谢僧寄茶》："空门少年初志坚，摘芳为药除睡眠。匡山茗树朝阳偏，暖萌如爪挐飞鸢。枝枝膏露凝滴圆，参差失向兜罗绵。倾筐短甑蒸新鲜，白贮眼细匀于研。"⑤ 第三条是唐刘禹锡的诗："山僧后檐茶数丛，春来映竹抽新茸。宛然为客振衣起，自傍芳丛摘鹰觜。斯须炒成满室香，便酌砌下金沙水。"⑥

---

① （明）高元濬：《茶乘》卷2，《续修四库全书》第1115册，上海古籍出版社2003年版。

② （明）罗廪：《茶解》，喻政《茶书》，明万历四十一年刻本。

③ 同上。

④ （明）陈继儒：《茶董补》卷上，《丛书集成初编》第1480册，中华书局1985年版。

⑤ （明）陈继儒：《茶董补》卷下，《丛书集成初编》第1480册，中华书局1985年版。

⑥ 同上。

龙膺《蒙史》:"松萝茶,出休宁松萝山,僧大方所创造。予理新安时,入松萝亲见之,为书《茶僧卷》。"① 龙膺曾任徽州府推官,这是他亲身的见闻。

喻政《茶集》辑录有一组有关明代僧人制茶的诗歌。谢肇淛《芝山日新上人自长溪归惠太姥霍童二茗赋谢四首》:"三十二峰高插天,石坛丹灶霍林烟。春深夜半茗新发,僧在悬崖雷雨边。/锡杖斜挑云半肩,开笼五色起秋烟。芝山寺里多尘土,须取龙腰第一泉。/白绢斜封各品题,嫩知太姥大支提。沙弥剥啄客惊起,两阵香风扑马蹄。/瓦鼎生涛火候谐,旗枪倾出绿仍甘。蒙山路断松萝远,风味如今属建南。"② 这四首诗分别反映了采茶、焙茶、藏茶、品茶的情形。

黄龙德《茶说》:"真松萝出自僧大方所制,烹之色若绿筠,香若兰蕙,味若甘露,虽经日而色、香、味竟如初烹而终不易。……又有六安之品,尽为僧房道院所珍赏,而文人墨士,则绝口不谈矣。"③ 六安茶产于庐州府六安州霍县,故名,黄龙德所处年代,六安茶在文人学士中还没有名气,主要为僧道人等珍赏。

周高起《洞山岕茶系》:"南岳茶也。……自是天家清供,名曰片茶。初亦如岕茶制,万历丙辰,僧稠荫游松萝,乃仿制为片。"④ 宜兴南岳茶系僧人稠荫仿松萝茶而制。

从以上有关明代茶书反映的僧人茶叶生产的内容来看,明代以及前代僧人从事种茶制茶是一种极为普遍的现象,他们对制茶技术的提高以及研制名茶都颇有贡献,最典型的就是僧人大方创制了松萝茶。

明代茶书中有大量僧人种茶制茶的内容,这并非偶然,而是有深刻的历史渊源。唐武宗灭佛以后禅宗成为最重要的宗派,禅宗诸大师都不

---

① (明)龙膺:《蒙史》下卷,喻政《茶书》,明万历四十一年刻本。

② (明)喻政:《茶集》卷2,喻政《茶书》,明万历四十一年刻本。

③ (明)黄龙德:《茶说》,《中国古代茶道秘本五十种》第1册,全国图书馆文献缩微复制中心2003年版。

④ (明)周高起:《洞山岕茶系》,《丛书集成续编》第86册,新文丰出版公司1988年版。

排斥农业生产，形成了农禅制度，这种制度在《百丈清规》中有明确的规定，"一日不作，一日不食"。寺院一般有大量通过国家赏赐或民众捐献得来的寺田，形成寺院经济，土地能够得到保证。禅宗不像有的宗派在武宗灭佛以后衰微下去，反而发展壮大起来，一个重要原因就是僧团自行组织生产，生存能力很强。佛寺多建于丘陵和山区，南方地区僧人十分适宜开展茶叶生产，大多用于自食，也可销售牟利。

唐宋时期有关僧人进行茶叶生产的史料很多。如唐柳宗元诗《巽上人以竹闲自采新茶见赠，酬之以诗》："芳丛翳湘竹，零露凝清华。复此雪山客，晨朝掇灵芽。蒸烟俯石濑，咫尺凌丹崖。圆方丽奇色，圭璧无纤瑕。"① 唐吕岩《大云寺茶诗》："玉蕊一枪称绝品，僧家造法极功夫。……幽丛自落溪岩外，不肯移根入上都。"② 北宋僧人了元《送茶与东坡》："穿云摘尽社前春，一两平分半与君。遇客不须求异品，点茶还是吃茶人。"③ 南宋僧人普济所编《五灯会元》亦有涉及禅僧茶叶生产的内容。如则川和尚采茶："师（指则川和尚）摘茶次，士曰：'法界不容身，师还见我否？'师曰：'不是老师洎答公话。'士曰：'有问有答，盖是寻常。'师乃摘茶不听。士曰：'莫怪适来容易借问。'师亦不顾。士喝曰：'这无礼仪老汉，待我一一举向明眼人。'师乃抛却茶篮，便归方丈。"④ 又如密禅师锄茶园："一日，与洞山锄茶园，山掷下钁头曰：'我今日一点气力也无。'师（指密禅师）曰：'若无气力，争解恁么道？'"⑤

明代有关僧人进行茶叶生产的史料极多。如顾起元《客座赘语》

---

① （清）曹寅：《全唐诗》卷351，《景印文渊阁四库全书》第1423—1431册，台湾商务印书馆1986年版。

② （清）曹寅：《全唐诗》卷858，《景印文渊阁四库全书》第1423—1431册，台湾商务印书馆1986年版。

③ （明）高元濬：《茶乘》卷5，《续修四库全书》第1115册，上海古籍出版社2003年版。

④ （宋）释普济：《五灯会元》卷3，《景印文渊阁四库全书》第1053册，台湾商务印书馆1986年版。

⑤ （宋）释普济：《五灯会元》卷5，《景印文渊阁四库全书》第1053册，台湾商务印书馆1986年版。

载："金陵旧无茶树，惟摄山之栖霞寺，牛首之弘觉寺，吉山之小庵，各有数十株，其主僧亦采而荐客。"① 又如曹学佺《蜀中广记》记载夔州府奉节县的香山寺："寺产香山茶，因名香山寺。"② 保宁府剑州的梁山寺："有梁山寺产茶，亦为蜀中奇品。"③ 再如沈德符《万历野获编》："云南大理府城南十里有感通寺……寺产茶甚佳。"④ 再如洪武年间，萧洵任长兴县令，为完成贡茶任务，组织的是吉祥寺的僧人进行生产："招来僧之窜避者，复其身，专事于茶。寺宇之蠹折者，悉令撤而完之，以居岁入山之众，制备和笼焙之器，饰童子数十，至期盥栉易衣，入授采筐，平旦以从，采毕乃收寺。僧喜悦，定为常典。"⑤

明代诗歌中反映僧人茶叶生产的内容也很多。下举数例：陈继儒《又天池图》："春当三月鸟声忙，柳浪参差麦浪凉。此日吴阊好风景，僧厨十里焙茶香。"⑥ 程敏政《追思旧遊寄浙江左时翊叅政十绝次草庭都尉韵》："一馽龙井寒，未续茶经笔。林外忽闻香，僧房焙茶日。"⑦ 何景明《玺上人送茶》："欝欝云中秀，山僧采相馈，我有毒热肠，此是清凉味。"⑧ 黄淳耀《春日山行》："山僧采茶亦种松，松籁茶香一室中。坐来日淡风亦淡，飒然万壑攒狞龙。"⑨ 逯昶《游寺寄统有宗集仲

---

① （明）顾起元：《客座赘语》卷9，中华书局1987年版，第305页。

② （明）曹学佺：《蜀中广记》卷21《名胜记第二十一》，《景印文渊阁四库全书》第591册，台湾商务印书馆1986年版。

③ （明）曹学佺：《蜀中广记》卷26《名胜记第二十六》，《景印文渊阁四库全书》第591册，台湾商务印书馆1986年版。

④ （明）沈德符：《万历野获编》卷27《释道》，《明代笔记小说大观》第3册，上海古籍出版社2005年版，第2615页。

⑤ （明）萧洵：《顾渚采茶记》，李广德、蔡一平、邵钰《湖州茶文》，浙江古籍出版社2008年版，第66—67页。

⑥ （明）汪砢玉：《珊瑚网》卷42《名画题跋十八》，《景印文渊阁四库全书》第818册，台湾商务印书馆1986年版。

⑦ （明）程敏政：《篁墩文集》卷77，《景印文渊阁四库全书》第1253册，台湾商务印书馆1986年版。

⑧ （明）何景明：《大复集》卷16，《景印文渊阁四库全书》第1267册，台湾商务印书馆1986年版。

⑨ （明）黄淳耀：《陶庵全集》卷17，《景印文渊阁四库全书》第1297册，台湾商务印书馆1986年版。

祥》："静院莓苔色，深林鸟雀声。新茶僧采得，更汲涧泉烹。"① 蔡羽《与陆无蹇宿资庆寺》："春随落花去，人自采茶忙。叶暗翻经室，泉虚点易床。"② 僧如兰《采茶》："为采雨前香茗，从教露湿灵簪。石鼎煎来自吃，胸中净洗六经。"③ 骆云程《送弘与上人采茶埭山》："飞锡蹑芙蓉，穿萝摘紫茸。香烦三等判，色借一溪浓。雪乳擎波泛，云芽裹箬封。师还结汤社，参破赵州宗。"④

明清和民国地方志中亦有大量明代僧人制茶种茶的内容。下列地方志明代僧人茶叶生产史料表（表18）：

表18　**地方志明僧人茶叶生产史料表**

地点	寺院	史料	史料来源
南直隶歙县	不详	茶概曰松萝，松萝，休山也。明隆庆间，休僧大方住此，制作精妙，郡邑师之，因有此号	乾隆《歙县志》卷六⑤
南直隶泾县	白云寺	白云寺有寻丈之地，面阳而在山之腰，茶甘而香，号白云茶	嘉靖《泾县志》⑥
南直隶吴县西山	虎丘寺	虎邱金粟房旧产茶极佳……明时有司申馈大吏，骚扰不堪，守僧剃除殆尽，文震孟作《剃茶说》戒之	乾隆《苏州府志》⑦
南直隶无锡县慧山	听松庵	茶（普真始植听松庵，今尚有存者）	正德《慧山记》⑧

① （明）沐昂：《沧海遗珠》卷2，《景印文渊阁四库全书》第1372册，台湾商务印书馆1986年版。

② （明）钱谷：《吴都文粹续集》卷33，《景印文渊阁四库全书》第1385—1386册，台湾商务印书馆1986年版。

③ （明）释正勉、释性愐：《古今禅藻集》卷26，《景印文渊阁四库全书》第1416册，台湾商务印书馆1986年版。

④ （清）沈季友：《槜李诗系》卷22，《景印文渊阁四库全书》第1475册，台湾商务印书馆1986年版。

⑤ （清）张佩芳、刘大櫆等：《歙县志》卷6《食货志下》，清乾隆三十六年刊本，成文出版社有限公司影印。

⑥ 朱自振：《中国茶叶历史资料续辑》，东南大学出版社1991年版，第175页。

⑦ 同上书，第186页。

⑧ 同上书，第188页。

续表

地点	寺院	史料	史料来源
浙江临安县天目山	昭明寺	明张京元《游临安记》。……望昭明寺，夹路松杉，大皆合抱，树外种茶，清芬袭人	光绪《临安县志》卷四①
浙江吴兴县岘山	不详	岘山麓近僧房处，时有茶，味亦佳（《岘山志》）	天启《吴兴备志》第十一②
浙江武康县莫干山	天池寺	吴康侯《游天池寺登莫干山记》。……塔山，实则莫干之顶矣。寺僧种茶其上，茶吸云雾，其芳烈十倍恒等	道光《武康县志》卷二③
浙江鄞县太白山	不详	李邺嗣《鄞东竹枝词》。太白尖茶晚发枪，闲闲云气过兰香，里人那得轻沾味，只许山僧自在尝（太白山顶茶，山僧采摘，岁不过一、二斤。其上多兰花，故茶叶自然兰香）	乾隆《鄞县志》卷二十九④
浙江乐清县雁宕山	龙湫背庵	嘉靖初游僧白云、云外适会山下，相与扪萝蹑险，据幽胜结庵。种茶，茶称绝品	隆庆《乐清县志》⑤
福建崇安县武彝山	不详	《闽小纪》云……崇安殷令，招黄山僧，以松萝法制建茶，堪并驾，今年余分得数两，甚珍重之，时有武彝松萝之目	民国《福建通志》卷四⑥
福建福宁州	白箬庵	白箬庵，旧午所庵，至玄成禅师住山……前后百亩皆茶园	万历《太姥山志》⑦
江西德化县、星子县庐山	不详	茶，诸庵寺皆艺之，有风标，不减它名产	嘉靖《庐山纪事》⑧
江西德化县、星子县庐山	白石寺	山中无别产，衣食取办于茶。地又寒苦，树茶皆不过一尺，五、六年后，梗老无芽，则须伐去，侯其再蘖。其在最高为云雾茶，此间名品也。……（《黄宗羲游记》）	民国《庐山志》卷四⑨

---

① 吴觉农：《中国地方志茶叶历史资料选辑》，农业出版社 1990 年版，第 88 页。

② 同上书，第 107 页。

③ （清）疏箬、陈殿阶等：《（道光）武康县志》卷 2《地域志·山川上》，《中国地方志集成·浙江府县志辑》第 29 册，上海书店 2000 年版。

④ 吴觉农：《中国地方志茶叶历史资料选辑》，农业出版社 1990 年版，第 126 页。

⑤ 朱自振：《中国茶叶历史资料续辑》，东南大学出版社 1991 年版，第 126 页。

⑥ 吴觉农：《中国地方志茶叶历史资料选辑》，农业出版社 1990 年版，第 307 页。

⑦ 朱自振：《中国茶叶历史资料续辑》，东南大学出版社 1991 年版，第 235 页。

⑧ 同上书，第 139 页。

⑨ 吴觉农：《中国地方志茶叶历史资料选辑》，农业出版社 1990 年版，第 236 页。

地点	寺院	史料	史料来源
湖广麻城县黄蘗山	不详	万历间，僧无念者开荒建刹，山产茶、笋	康熙《麻城县志》卷一①
湖广巴陵县	不详	《汇苑详注》：湄湖诸滩旧出茶。……今不甚种植，惟白鹤僧园有十余本，颇类北苑，所出一岁不过一、二十两，土人谓之白鹤茶	嘉庆《巴陵县志》卷十四②
四川大邑县雾中山	开化寺	王圻《游雾中山记》。雾中开化寺者……僧人植茶树棕而待值，借以养生	民国《大邑县志》卷十③
云南大理府	感通寺	《徐霞客游记》：感通寺茶树，皆高三、四尺，绝与桂相似，茶味颇佳，焰而复曝，不免黝黑	道光《云南通志稿》卷六十九④
云南大理府	感通寺	感通茶（产于感通寺，其味胜于他处所产者）	景泰《云南图经志书》⑤
云南永昌军民府灵鹫山	报恩寺	灵鹫山（在府城北八里，高如宝盖，延袤七里余，山巅旧有报恩寺）俗呼大寺山，有茶园果林	隆庆《云南通志》⑥

三 茶书表现僧人嗜茶和精于茶艺

唐宋茶书中就已有一些表现僧人嗜好饮茶以及精于烹茶技艺的内容。如唐代陆羽《茶经》引释道说《续名僧传》：“宋释法瑶，姓杨氏，河东人。元嘉中过江，遇沈台真，请真君武康小山寺，年垂悬车，饭所饮茶。永明中，敕吴兴礼致上京，年七十九。”又引《宋录》：“新安王子鸾、豫章王子尚诣昙济道人于八公山，道人设茶茗。子尚味之曰：‘此甘露也，何言茶茗？’”⑦ 释法瑶是南朝宋人，极为嗜茶，昙济道人

---

① 吴觉农：《中国地方志茶叶历史资料选辑》，农业出版社 1990 年版，第 389 页。

② 同上书，第 434 页。

③ 王铭新、钟毓灵等：《（民国）大邑县志》卷 10《食货志》，《中国地方志集成·四川府县志辑》第 14 册，巴蜀书社 1992 年版。

④ 吴觉农：《中国地方志茶叶历史资料选辑》，农业出版社 1990 年版，第 729 页。

⑤ 朱自振：《中国茶叶历史资料续辑》，东南大学出版社 1991 年版，第 61 页。

⑥ 同上。

⑦ （唐）陆羽：《茶经》卷下《七之事》，《丛书集成新编》第 47 册，新文丰出版公司 1985 年版。

也是南朝宋人，茶艺水品极高，以致豫章王刘子尚称之为甘露。唐张又新《煎茶水记》记载刘伯刍品第了七种适宜烹茶的佳水，其中四种就是在寺院中的水，分别为："无锡惠山寺石水第二，苏州虎丘寺石水第三。丹阳县观音寺水第四，扬州大明寺水第五。"又记载陆羽品第了二十种佳水，其中五种为寺院中的水："无锡县惠山寺石泉水第二……苏州虎丘寺石泉水第五；庐山招贤寺下方桥潭水第六……丹阳县观音寺水第十一；扬州大明寺水第十二。"[1] 寺院中的佳水这么多，绝非偶然，而是僧人们喜好饮茶又精于茶艺，容易发现那些适宜烹茶的水源。宋陶穀《荈茗录》之《乳妖》条曰："吴僧文了善烹茶。游荆南，高保勉白于季兴，延置紫云庵，日试其艺。保勉父子呼为汤神，奏授华定水大师上人，目曰：'乳妖。'"[2] 文了为五代僧人，被高保勉父子目为汤神、乳妖，烹茶技艺达到很高水平。

明代茶书中反映佛僧嗜茶和精于茶艺的内容很多。下面进行列举。真清《茶经外集》辑录了许多这方面的诗歌。如张本洁《闻清公从新安来大新龙盖寺春日同梦野过访》诗曰："茶井频添碗，松坛续见灯。徘徊飞锡处，因迓远来僧。"鲁彭《寻清上人因怀可公次韵》诗曰："春湖入古寺，昼雨对卢能。……茶共西偏路，提壶忆老僧。"汪可立《西塔院访古》："煮茗分新汲，沉檀爇博山。百年乘兴至，半日共僧闲。"萧选《游西禅寺》："山僧扫叶烹清茗，野客吹箫醉碧桃。却忆当年桑苎客，小山丛桂竞谁招。"江楚《冬起过访西禅》："气爽疑天别，僧闲竟话长。驯鹤人不避，入座茗犹香。"[3] 这些诗歌表现在寺院，僧人与文人学士们频频饮茶。

徐献忠《水品》记录的佳水很多，其中有些就是寺院中的水。如京师西山玉泉："玉泉山在西山大功德寺西数百步……莹澈照映，其水甘洁，上品也。……又西香山寺有甘露泉，更佳。"无锡惠山寺泉：

---

① （唐）张又新：《煎茶水记》，《丛书集成新编》第47册，新文丰出版公司1985年版。

② （宋）陶穀：《荈茗录》，喻政《茶书》，明万历四十一年刻本。

③ （明）真清：《茶经外集》，明嘉靖二十二年柯口刻本。

"何子叔皮一日汲惠水遗予，时九月就凉，水无变味，对其使烹食之，大佳也。……就寺僧再宿而归。"灵谷寺水："寺在黄岩、太平之间，寺后石罅中，出泉甘洌而香，人有名为圣泉者。"姑苏七宝泉："光禄寺左邓尉山东三里有七宝泉……庵僧接竹引之，甚甘。"宜兴善权寺水："前有涌金泉……今人有饮者，云无害。"宜兴铜官山水："南岳铜官山麓有寺，寺有卓锡泉……相传稠锡禅师卓锡出泉于寺，而剖腹洗肠于此，今名洗肠池。……庵后有泉出石间，涓涓不息。僧引竹入厨煎茶，甚佳。"观音寺水、大明寺水："丹阳观音寺、扬州大明寺水，俱入处士品，予尝之，与八角无异。"① 僧人精于茗事，善于发现佳水，这是佳水常与僧寺联系的原因。

陆树声《茶寮记》："终南僧明亮者，近从天池来，饷余天池苦茶，授余烹点法甚细。……而僧所烹点，绝味清，乳面不黟，是具入清净味中三昧者。……适园无净居士与五台僧演镇、终南僧明亮，同试天池茶于茶寮中。"② 陆树声的茶艺是从僧人明亮处习得的，明亮烹茶技艺很高。而且"茶寮"一词的本意就是寺中品茶的小斋，陆树声写出《茶寮记》受佛僧的影响很大。

许世奇为许次纾《茶疏》所作的《小引》曰："丙申之岁，余与（许）然明游龙泓，假宿僧舍者浃旬。日品茶尝水，抵掌道古。僧人以春茗相佐，竹炉沸声，时与空山松涛响答，致足乐也。然明喟然曰：'阮嗣宗以步兵厨贮酒三百斛，求为步兵校尉，余当削发为龙泓僧人矣。'嗣此经年，然明以所著《茶疏》视余，余读一过，香生齿颊，宛然龙泓品茶尝水之致也。"③ 许世奇和许次纾宿于僧舍长达十天，许次纾十分欣赏僧人的茶艺，他写作《茶疏》毫无疑问受到龙泓僧人的影响。

高元濬的《茶乘》是一部汇编著作，辑录一些僧人嗜茶善茶的内

---

① （明）徐献忠：《水品》，《四库全书存目丛书·子部》第80册，齐鲁书社1997年版。
② （明）陆树声：《茶寮记》，《四库全书存目丛书·子部》第79册，齐鲁书社1997年版。
③ （明）许次纾：《茶疏》，《四库全书存目丛书·子部》第79册，齐鲁书社1997年版。

容。如引《纪异录》："有积禅师者，嗜茶久，非（陆）羽供事不乡口。会羽出游江湖四五载，师绝于茶味。代宗召入内供奉，命宫人善茶者烹以饷师。师一啜而罢。上疑其诈，私访羽召入。翌日，赐师斋，俾羽煎茗。师捧瓯，喜动颜色，且啜且赏曰：'此茶有若渐儿所为也。'帝由是叹师知茶，出羽见之。"① 积禅师是从小将陆羽抚养长大的僧人。引皎然诗《晦夜李侍御萼宅集招潘述汤衡海上人饮茶赋》："晦夜不生月，琴轩犹为开。墙东隐者在，淇上逸僧来。茗爱传花饮，诗看卷素裁。风流高此会，晓景屡徘徊。"② 皎然《对陆迅饮天目山茶因寄元居士晟》："喜见幽人会，初开野客茶。日成东井叶，露采北山芽。文火香偏胜，寒泉味转嘉。投铛涌作沫，著碗聚生花。稍与禅经近，聊将睡网赊。知君在天目，此意日无涯。"③ 皎然是和陆羽交谊最厚的僧人。引龙牙和尚《山居》诗："觉倦烧炉火，安铛便煮茶。就中无一事，唯有野僧家。"④ 龙牙和尚是晚唐僧人。引释德洪《谢性之惠茶》诗："午窗石碾哀怨语，活火银瓶暗浪翻。射眼色随云脚乱，上眉甘作乳花繁。味香已觉臣双井，声价从来友壑源。却忆高人不同试，暮山空翠共无言。"⑤ 释德洪为北宋僧人。引明人都穆《寓意编》："卢廷璧见僧诇可庭茶具十事，具衣冠拜之。"⑥ 诇可庭是元僧。积禅师、皎然、龙牙和尚、释德洪和诇可庭这些僧人都精于茗事。

龙膺《蒙史》引唐无名氏《玉泉子》："慧山源出石穴，陆羽品为第二泉，又名陆子泉。李德裕在中书，自毗陵至京，置驿递，名水递。人甚苦之。有僧诣曰：'京都一眼井与惠泉脉通。'公笑曰：'真荒唐也，井在何坊曲？'僧曰：'昊天观常住库后是也。'公因取惠山一罂，

---

① （明）高元濬：《茶乘》卷2，《续修四库全书》第1115册，上海古籍出版社2003年版。
② （明）高元濬：《茶乘》卷5，《续修四库全书》第1115册，上海古籍出版社2003年版。
③ 同上。
④ 同上。
⑤ 同上。
⑥ 同上。

昊天一罂，杂他水八罂，遣僧辨析。僧啜之，止取惠山、昊天二水，公大奇叹，水递遂停。"① 京城的井水和千里之遥的惠山泉水（在常州无锡县）一脉相通自然是绝不可能的，但说明这名僧人对用于烹茶的水有极强的鉴别能力。

根据周高起的《阳羡茗壶系》，声名赫赫的宜兴茶壶创始于金沙寺的僧人。"金沙寺僧，久而逸其名矣。闻之陶家云，僧闲静有致，习与陶缸瓮者处，为其细土，加以澄练，捏而为胎，规而圆之，刳使中空，踵傅口、柄、盖、的，附陶穴烧成，人遂传用。"供春不过加以改进提高而已。"供春，学宪吴颐山公青衣也。颐山读书金沙寺中，供春于给役之暇，窃仿老僧心匠，亦淘细土抟胚，茶匙穴中，指掠内外，指螺文隐起可按……敦庞周正，允称神明垂则矣。"制壶所用的陶土，最早也是僧人发现的。"相传壶土初出用时，先有异僧经行村落，日呼曰：'卖富贵！'土人群嗤之。僧曰：'贵不要买，买富何如？'因引村叟，指山中产土之穴，去。及发之，果备五色，烂若披锦。"②

明代茶书中为何有大量表现僧人嗜茶以及精于茶艺的内容，这有深刻的历史原因。唐宋时期开始，茶在僧人生活中就占据极重要地位，使嗜好茶叶和精于茗事的僧人大量出现。《百丈清规》产生于唐代，由百丈山僧人百丈怀海制定，基本反映了佛教禅宗的丛林清规，内有大量与茶有关的内容。如"入寮出寮茶"仪式："入蒙堂者白寮主。挂点茶牌。牌左小纸贴云（某拜请合寮尊众斋退就上寮）斋罢备香烛普同问讯。揖寮主居主位。点茶人居宾位。略坐起身烧香问讯。复坐点茶收盏。寮主起炉前相谢。自蒙堂出充头首者。点交代茶毕。别日令茶头报寮主挂点茶牌。斋退鸣寮中小板。点茶人门外右立揖众入。炉前问讯。寮主主位点茶人分手位。略坐起身烧香问讯。复坐献茶了。寮主与众起身炉前致谢。送点茶人出。自众寮出充头首者。令茶头预报寮主挂点茶

---

① （明）龙膺：《蒙史》上卷，喻政《茶书》，明万历四十一年刻本。

② （明）周高起：《阳羡茗壶系》，《丛书集成续编》第 90 册，新文丰出版公司 1988 年版。

牌。斋退鸣板。先到众寮门外右立揖众。入位立定。问讯揖坐。进中间上下问烧香。复中间上下间问讯。仍中央问讯寮元揖点茶人。对面位坐。行茶毕。寮元出炉前致谢送出。入众寮者点茶（礼与出寮茶同）但寮元寮长分宾主位。自不可入位坐。""头首就僧堂点茶"仪式："伺点出寮茶毕。具茶榜（式见后）令茶头贴僧堂前下间。具威仪请方丈请茶。诸寮挂点茶牌报请。预令供头烧汤出盏。库司备茶烛。斋毕就坐。点茶头首入堂炷香行茶（与旦望礼同）。"①

　　因为佛教寺院与茶有密切关系，唐宋时期嗜好茶叶并精于茶艺的僧人很多。如宋人钱易《南部新书》记载了一个每日要饮茶四五十碗甚至百余碗的僧人："大中三年，东都进一僧，年一百二十岁。宣皇问：'服何药而至此。'僧对曰：'臣少也贱，素不知药性。本好茶，至处唯茶是求。或出，亦日遇百余碗，如常日，亦不下四五十碗。'因赐茶五十斤，令居保寿寺。"② 主要记载唐宋禅僧语录事迹的《五灯会元》中更有大量关于僧人饮茶的内容。如庐山归宗寺智常禅师："师尝与南泉同行，后忽一日相别，煎茶次……师乃打翻茶铫，便起。泉曰：'师兄吃茶了。普愿未吃茶。'师曰：'作这个语话，滴水也难销。'"③ 又如松山和尚："松山和尚同庞居士吃茶。士举槖子曰：'人人尽有分，为甚么道不得？'……师便吃茶。士曰：'阿兄吃茶，为甚么不揖客？'师曰：'谁？'士曰：'庞公。'师曰：'何须更揖。'"④ 又如吉州资福如宝禅师："问：'如何是和尚家风？'师曰：'饭后三碗茶。'"⑤ 再如洪州百丈道恒禅师："上堂，众才集，便曰：'吃茶去。'或时众集，便曰：

---

　　① （元）释德辉：《敕修百丈清规》卷4，续修四库全书第1281册，上海古籍出版社2003年版。

　　② （宋）钱易：《南部新书》辛集，《景印文渊阁四库全书》第1036册，台湾商务印书馆1986年版。

　　③ （宋）释普济：《五灯会元》卷3，《景印文渊阁四库全书》第1053册，台湾商务印书馆1986年版。

　　④ 同上。

　　⑤ （宋）释普济：《五灯会元》卷9，《景印文渊阁四库全书》第1053册，台湾商务印书馆1986年版。

'珍重。'或时众集，便曰：'歇。'后有颂曰：'百丈有三诀：吃茶、珍重、歇。直下便承当，敢保君未彻。'师终于本山。"①

到明代，僧人饮茶嗜茶的风气仍然很盛。如陆容《送茶僧》诗："江南风致说僧家，石上清香竹里茶。法藏名僧知更好，香烟茶晕满袈裟。"②《明史》记载："在浙，（顾璘）慕孙太初一元不可得见。道衣幅巾，放舟湖上，月下见小舟泊断桥，一僧、一鹤、一童子煮茗，笑曰：'此必太初也。'移舟就之，遂往还无间。"③ 僧人饮茶几乎成为他们自身的典型形象。

一些明代官僚文人在他们的游记中记录了僧人烹茶敬客的内容。如张京元《游临安记》："为径山寺界……至山半，舆人少歇，庵僧供茗，泉清茗香，洒然忘疲。"④ 蒋镤《永州西山遊记》："本公（为茶庵僧人）令侍者以佳茗从，每逢奇赏啜茗数杯，茗尽而奇赏未已。"⑤ 王祎《开先寺观瀑布记》："余命取水煮新茗，一公（一公指开先寺主僧志一）谓近从后岩下得泉一洼，以煮茗，味比瀑水乃倍佳，试之果然，暮乃回。"⑥

有关明代僧人饮茶的诗句很多，下面列举一些例子。僧明秀《尝茶》："小堂春晚正寥寥，洗水尝茶带雨烧。……松边落日明虚阁，梦里西山度野桥。"⑦ 僧永瑛《题院壁》："自爱青山常住家，铜瓶闲煮壑源

---

① （宋）释普济：《五灯会元》卷10，《景印文渊阁四库全书》第1053册，台湾商务印书馆1986年版。

② （清）张玉书、汪霦等：《御定佩文斋咏物诗选》卷244，《景印文渊阁四库全书》第1432—1434册，台湾商务印书馆1986年版。

③ （清）张廷玉等：《明史》卷286《文苑传二·顾璘传》，中华书局1974年版，第7355页。

④ 《（光绪）临安县志》卷4《物产》，吴觉农《中国地方志茶叶历史资料选辑》，农业出版社1990年版，第88页。

⑤ （清）黄宗羲：《明文海》卷359，《景印文渊阁四库全书》第1453—1458册，台湾商务印书馆1986年版。

⑥ （明）王祎：《王忠文集》卷8，《景印文渊阁四库全书》第1226册，台湾商务印书馆1986年版。

⑦ （明）释正勉、释性禪：《古今禅藻集》卷24，《景印文渊阁四库全书》第1416册，台湾商务印书馆1986年版。

茶，春深白日岩扉静，坐看蛛丝胃落花。"① 李昱《登中台山》："山僧倒屣迎，汲泉为烹茗。共谈出世法，坐对白月影。"② 王绂《悼松庵性海师》："方外交情师最优，寻常相见即相留。蒲团对坐听松雨，茶具同携淪碉流。"③ 朱朴《为养泉上人题》："洗钵修斋煮茗芽，道心涵泳静尘砂，闲来礼佛无余供，汲取甇鉼浸野花。"④ 高攀龙《黄龙庵访超然上人》："见我掇衣起，坦腹笑咥咥。……摘茗煮鲜泉，豈芋楚楚设。"⑤ 文肇祉《借榻楞伽寺对上人房》："净室焚香僧入定，雨窗闲话烛生花。……依旧钟声禅榻畔，晓催新汲试烹茶。"⑥ 杨基《留题湘江寺》："山僧知我携客至，身披袈裟下榻迎。汲泉敲火煮新茗，茶香鼎洁泉甘清。"⑦ 蓝智《游东林寺》："隔溪兰若有云住，背郭草堂无酒赊。……一二老僧皆旧识，松根敲火试新茶。"⑧ 王越《游灵岩寺》："山僧汲水煮新茶，茶罢焚香看佛牙。莫言此事为虚诞，请君更问铁袈裟。"⑨ 徐溥《僧舍尝茶》："缁流不类玉川家，石鼎风炉自煮茶。徃日品题无客和，先春滋味向谁夸。"⑩ 以上这些例子，有僧人自饮，也有以茶敬客。

---

① （明）释正勉、释性㰏：《古今禅藻集》卷27，《景印文渊阁四库全书》第1416册，台湾商务印书馆1986年版。

② （明）李昱：《草阁诗集》卷1，《景印文渊阁四库全书》第1232册，台湾商务印书馆1986年版。

③ （明）王绂：《王舍人诗集》卷4，《景印文渊阁四库全书》第1237册，台湾商务印书馆1986年版。

④ （明）朱朴：《西村诗集》之《补遗》，《景印文渊阁四库全书》第1273册，台湾商务印书馆1986年版。

⑤ （明）高攀龙：《高子遗书》卷6，《景印文渊阁四库全书》第1292册，台湾商务印书馆1986年版。

⑥ （明）文肇祉：《文氏五家集·录事诗集》卷13，《景印文渊阁四库全书》第1382册，台湾商务印书馆1986年版。

⑦ （明）曹学佺：《石仓历代诗选》卷294，《景印文渊阁四库全书》第1387—1394册，台湾商务印书馆1986年版。

⑧ （明）曹学佺：《石仓历代诗选》卷311，《景印文渊阁四库全书》第1387—1394册，台湾商务印书馆1986年版。

⑨ （明）曹学佺：《石仓历代诗选》卷386，《景印文渊阁四库全书》第1387—1394册，台湾商务印书馆1986年版。

⑩ （明）曹学佺：《石仓历代诗选》卷389，《景印文渊阁四库全书》第1387—1394册，台湾商务印书馆1986年版。

在明代，寺院作为慈善目的施茶的茶庵极为普遍，这也能反映佛教与茶的密切关系。"茶庵。旧时建于路旁施茶或作供茶用的佛寺或草棚。佛寺的茶庵以尼姑庵居多，亦有建供周围居民朔望献茶敬神者，多数用于暑日备茶供路人歇脚解渴。……主要供施茶用。"① 《徐霞客游记》中有大量涉及茶庵的内容。如丁丑三月十三日："再西将抵茶庵，则溪自南来，抵石东转，转处其石势尤森特，但亦溪湾一曲耳，无所谓潭也。"② 戊寅四月二十六日："又西二里为茶庵，其北有山，敧突可畏，作负嵎之势者，旧名歪山，今改名威山。……西向直下一里，有茶庵跨路隅，飞泉夹洒道间，即前唧唧细流，至此而奔腾矣。"③ 丁丑五月十二："时途中又纷言城门已闭，竭蹶东趋三里，过茶庵，又二里，过前木陵分岐处，已昏黑矣。"④ 丁丑六月初十日："五里，西过茶庵，令顾仆同行李先趋苏桥，余拉静闻由茶庵南小径经演武场，西南二里，至琴潭岩。"⑤ 戊寅十二月二十二日："五里，有庵当岭，是为茶庵。"⑥ 己卯四月十二日："于是直下三里，为茶庵。"⑦ 己卯六月初二："又南下里余，为西来大道，有茅庵三间倚路旁，是为茶庵。"⑧ 己卯七月十六日："曲折八里，冈脊稍平，有庐三楹横于冈上，曰茶庵，土人又呼为蒲蛮寨，而实无寨也。"⑨ 己卯八月二十二日："于是又西北二

---

① 陈宗懋：《中国茶叶大辞典》，中国轻工业出版社 2000 年版，第 6 页。

② （明）徐宏祖：《徐霞客游记》卷 2 下《楚游日记》，上海古籍出版社 2011 年版，第 213 页。

③ （明）徐宏祖：《徐霞客游记》卷 3 上《粤西游日记一》，上海古籍出版社 2011 年版，第 317 页。

④ （明）徐宏祖：《徐霞客游记》卷 3 上《粤游日记一》，上海古籍出版社 2011 年版，第 317 页。

⑤ 同上书，第 352 页。

⑥ （明）徐宏祖：《徐霞客游记》卷 6 下《滇游日记五》，上海古籍出版社 2011 年版，第 821 页。

⑦ （明）徐宏祖：《徐霞客游记》卷 8 下《滇游日记九》，上海古籍出版社 2011 年版，第 965 页。

⑧ （明）徐宏祖：《徐霞客游记》卷 9 上《滇游日记十》，上海古籍出版社 2011 年版，第 1021 页。

⑨ （明）徐宏祖：《徐霞客游记》卷 9 下《滇游日记十一》，上海古籍出版社 2011 年版，第 1056 页。

里，逾一坡，又西北一里余，过茶庵。"① 甚至崇祯帝驾崩后，棺椁是停于茶庵之内。《明史》载："（成德）俄闻帝崩，痛哭。持鸡酒奔东华门，奠梓宫于茶棚之下，触地流血。"② 这里的茶棚，其实就是寺院所设的茶庵。《明季北略》载，在崇祯帝死后，"未时，逆贼发钱二贯，遣太监市柳木棺，枕以土块，停于东华门外施茶庵，覆以蓬厂。"③

四 茶书中的禅茶一味思想

所谓禅茶一味指的是茶与禅相通，通过茶领悟禅的意境。禅宗强调自身领悟，主张有即无，无即有，教人心胸淡泊，而茶能使人心绪宁静，不烦乱，二者于是联系起来。早在唐代，茶书中就已有一些体现禅茶一味的文字。如陆羽《茶经》曰："茶之为用……若热渴、凝闷、脑疼、目涩、四支烦、百节不舒，聊四五啜，与醍醐、甘露抗衡也。"④ 醍醐、甘露都是佛教用语，比喻对佛法的领悟，饮茶有助于去除烦恼，使人清醒，接受佛教的智慧，如醍醐灌顶，甘露滋心。王敷《茶酒论》曰："茶为酒曰：'我之茗草，万木之心。或白如玉，或似黄金。名僧大德，幽隐禅林。饮之语话，能去昏沉。供养弥勒，奉献观音。千劫万劫，诸佛相钦。酒能破家散宅，广作邪淫。打却三盏已后，令人只是罪深。'"⑤《茶酒论》提到了茶的一个非常重要的功能即"能去昏沉"，这有助于提神去睡，保持冷静清醒，达到佛法的修炼。而酒容易使人暴躁，情绪失控，所以佛教教义是禁酒的。

明代茶书中有关禅茶一味的内容很多。下面进行列举。

---

① （明）徐宏祖：《徐霞客游记》卷10上《滇游日记十二》，上海古籍出版社2011年版，第1104页。

② （清）张廷玉等：《明史》卷266《成德传》，中华书局1974年版，第6869页。

③ （明）计六奇：《明季北略》卷20《崇祯十七年甲申·廿一得先帝遗魄》，中华书局1984年版，第465页。

④ （唐）陆羽：《茶经》卷上《一之源》，《丛书集成新编》第47册，新文丰出版公司1985年版。

⑤ （唐）王敷：《茶酒论》，王重民《敦煌变文集》，人民文学出版社1957年版，第267页。

真清《茶经外集》辑录的很多茶诗体现了浓浓的禅意。如程键："佛法归三昧，神通说七能。煮茶松鹤避，洗钵水龙兴。"又如汪可立《西塔院访古》："西禅湖面寺，风致异嚣寰。煮茗分新汲，沉檀爇博山。百年乘兴至，半日共僧闲。幽讨成心癖，天云互往还。"又如方新《登西禅访陆羽故居》："谈经早悟安禅旨，煮茗深知玩世心。我欲从君君莫哂，洞庭秋水拟投簪。"又如苏雨《西禅寺饮陆羽泉》："开泉名陆羽，煮茗驻朱颜。味澄清凉果，人超烦恼关。阿谁同汲引，分得老僧闲。"再如程子谏《题西禅茶井》："逃禅重陆羽，岂为浮名牵。采茗南山下，凿泉古刹前。"①

陆树声《茶寮记》："其禅客过从予者，每与余相对结跏趺坐，啜茗汁，举无生话。……是具入清净味中三昧者。要之，此一味非眠云跂石人，未易领略。余方远俗，雅意禅栖，安知不因是遂悟入赵州耶？"② 所谓"三昧"是佛教用语，指的是止息杂念，使心神平静，这是佛教的重要修行方法，饮茶有助于修行。

邓志谟《茶酒争奇》描绘了一个名为上官四知的士人，嗜好饮茶，他家中的陈设是："明窗净几，左列古今图史百家，右列道释禅寂诸书。前植名花三十馀种，琴一、炉一、石磬一，茶人鼎灶、衲子蒲团、茶具、酒具各二十事。"③ 这位士人家中陈列大量道释禅寂的书，又将茶人鼎灶、衲子蒲团、茶具陈列在一起，充分体现了禅茶一味的意境。

明代茶书普遍认为饮茶最宜僧人、佛寺。如冯时可为夏树芳《茶董》所作的《序》中说："夫茶有四宜焉……宜其人，则名僧骚客，文士淑姬。否则与茶韵调大不相谐，不亦辱乎？"④ 又如黄龙德《茶说》之《八之侣》曰："茶灶疏烟，松涛盈耳，独烹独啜，故自有一种乐趣。又不若与……黄冠谈玄、缁衣讲禅……之为愈也。"《九之饮》曰：

---

① （明）真清：《茶经外集》，明嘉靖二十二年柯口刻本。
② （明）陆树声：《茶寮记》，《四库全书存目丛书·子部》第79册，齐鲁书社1997年版。
③ （明）邓志谟：《茶酒争奇》卷1，邓志谟《七种争奇》，清春语堂刻本。
④ （明）夏树芳：《茶董》，《四库全书存目丛书·子部》第79册，齐鲁书社1997年版。

"僧房道院，饮何清也；山林泉石，饮何幽也。"① 又如许次纾《茶疏》列举的适合的饮时就包括："心手闲适……清幽寺观。"② 再如朱祐槟《茶谱》引曹士谟《茶要》："禅房佛供，丹鼎天浆，茶之超脱也。"③ 茶之所以和僧人及佛寺最为相宜，原因在于他们有相通的地方，茶使人心绪宁静，而僧人的修行也需去除烦恼。

　　明代茶书中多次出现茶寮。如屠隆《茶说》之《茶寮》条曰："构一斗室，相傍书斋。内设茶具，教一童子专主茶役，以供长日清谈，寒宵兀坐。幽人首务，不可少废者。"④ 高元濬《茶乘拾遗》："小斋之外，别构一寮，两橼萧疏，取明爽高燥而已。中置茶炉，傍列茶器。兴到时，活火新泉。随意烹啜，幽人首务，不可少废。"⑤ 许次纾《茶疏》之《茶所》条："小斋之外，别置茶寮。"⑥ 陆树声甚至作有《茶寮记》。茶寮本为寺中的品茶小斋，士人亦普遍构置这种饮茶的小室，是受了佛教的影响。在茶寮中，他们通过饮茶，品味禅意，营造禅茶一味的境界。吴智和《明代茶人的茶寮意匠》指出："'僧寺茗所曰茶寮。寮，小窗也'。这是茶寮的原始释义，也可泛指僧俗饮茶的小室或小屋。自从寺院禅风兴起之后，禅僧与茶寮有密不可分的关系。文人与禅家往返，渐次受其影响，居家生活也建构起茶寮来，以作为安顿日常生活的中心。"⑦

　　明代茶书之所以出现大量反映禅茶一味的内容，有深刻的历史渊源。早在唐代，僧人就广泛借助饮茶禅修。唐人封演《封氏闻见记》载："南人好饮之，北人初不多饮。开元中，太山灵岩寺有降魔师大兴禅教，学禅务于不寐，又不夕食，皆恃其饮茶。人自怀挟，到处煮饮。

---

　　① （明）黄龙德：《茶说》，《中国古代茶道秘本五十种》第 1 册，全国图书馆文献缩微复制中心 2003 年版。

　　② （明）许次纾：《茶疏》，《四库全书存目丛书·子部》第 79 册，齐鲁书社 1997 年版。

　　③ （明）朱祐槟：《茶谱》，朱祐槟《清媚合谱》，明崇祯刻本。

　　④ （明）屠隆：《茶说》，喻政《茶书》，明万历四十一年刻本。

　　⑤ （明）高元濬：《茶乘拾遗》上篇，《续修四库全书》第 1115 册，上海古籍出版社 2003 年版。

　　⑥ （明）许次纾：《茶疏》，《四库全书存目丛书·子部》第 79 册，齐鲁书社 1997 年版。

　　⑦ 吴智和：《明代茶人的茶寮意匠》，《史学集刊》1993 年第 3 期，第 21 页。

从此转相仿效，逐成风俗。"① 禅宗甚至在北宋时期形成"吃茶去"的著名佛门公案。《五灯会元》载："赵州观音院从谂禅师，曹州郝乡人也。……问：'如何是赵州一句？'师曰：'老僧半句也无。'曰：'岂无和尚在？'师曰：'老僧不是一句。'师问新到：'曾到此间么？'曰：'曾到：'师曰：'吃茶去。'又问僧，僧曰：'不曾到。'师曰：'吃茶去。'后院主问曰：'为甚么曾到也云吃茶去，不曾到也云吃茶去？'师召院主，主应喏。师曰：'吃茶去。'"② 这就是影响很大的赵州禅，从谂禅师教人吃茶，实际上是要通过茶来让人领悟佛法。

明代有关禅茶一味的记载很多。如明人吴之鲸《武林梵志》："理安禅寺……衲子每月一会茗，供寂寞随意谈楞严老庄。……黄汝亨诗：短日优游亦小年，不须薙发竟安禅。澄澄水白杯停雪，片片峰青座拥莲。僧自开山同慧理，客来漱石号寒泉。陶公莫作攒眉态，日饮茗茶已霍然。"③ 明人吴逖为宋人黄儒《品茶要录》所作的题录曰："茶，宜松，宜竹，宜僧，宜销夏。比者余结夏于天界最深处，松万株，竹万杆，手程幼舆（指程百二）所集《茶品》一编，与僧相对，觉腋下生风，口中露滴，恍然身在清凉国也。今人事事不及古人，独茶政差胜。余每听高流谈茶，其妙旨参入禅玄，不可思议。幼舆从斯搜补之，令茶社与莲邦共证净果也。"④ 清人王士禛《居易录》："宗弟少司徒颛庵（捣）云少时闻太常公（时敏）言在径山，亲见雪峤禅师将入涅盘，召集大众升座说法，竟呼茶，茶至，笑谓众曰：'吃一杯茶，坐脱去也。'置茶椀而寂。"⑤ 雪峤禅师是明末清初人，主要生活于明末。明人高濂

---

① （唐）封演：《封氏闻见记》卷6《饮茶》，《景印文渊阁四库全书》第862册，台湾商务印书馆1986年版。

② （宋）释普济：《五灯会元》卷4，《景印文渊阁四库全书》第1053册，台湾商务印书馆1986年版。

③ （明）吴之鲸：《武林梵志》卷3，《景印文渊阁四库全书》第588册，台湾商务印书馆1986年版。

④ （宋）黄儒：《品茶要录》附录吴逖《题〈品茶要录〉》，朱自振等《中国古代茶书集成》，上海文化出版社2010年版，第114页。

⑤ （清）王士禛：《居易录》卷28，《景印文渊阁四库全书》第869册，台湾商务印书馆1986年版。

《遵生八笺》之《三生石谈月》条曰："中竺后山鼎分三石，居然可坐，传为泽公三生遗迹。山僻景幽，云深境寂，松阴树色蔽日张空，人罕遊赏。炎天月夜，煮茗烹泉，与禅僧诗友分席相对。觅句赓歌，谈禅说偈，满空孤月，露泡清辉，四野轻风，树分凉影。岂俨人在冰壶，直欲谭空玉宇，寥寥岩壑境是仙都最胜处矣。"①

明代还有大量表现禅茶一味的诗歌。下面列举数例。文征明《文衡山诸绝句》："解带禅房春日斜，曲阑供佛有名花。高情更在樽罍外，坐对清香荐一茶。"② 胡奎《寄震龙门和尚》："石老三生梦，茶枯一味禅。……我亦除烦恼，还来了胜缘。"③ 邵宝《与客谈竹茶炉二首》："松下煎茶试古垆，涛声隐隐起风湖。老僧妙思禅机外，烧尽山泉竹未枯。"④ 许相卿《雨宿真如寺》："夜雨僧斋滞客舆，清灯高榻信吾庐。玄谈种种浮生外，茗碗深深坐醉余。"⑤ 丘云霄《舟中与元上人坐话》："卷帘疏雨入，传茗慧谈深。……尘缘惭未断，空自问禅心。"⑥ 蔡羽《春尽遊马禅寺》："桑下曾闻道，松间听煮茶。坐来心自适，此地寂无哗。"⑦ 张羽《遊虎丘》："春入翠微深，春风吹客襟。……林僧修茗供，默坐契禅心。"⑧

------

① （明）高濂：《遵生八笺》卷4，《景印文渊阁四库全书》第871册，台湾商务印书馆1986年版。

② （清）倪涛：《六艺之一录》卷387《历朝书谱七十七·明贤墨迹》，《景印文渊阁四库全书》第830—838册，台湾商务印书馆1986年版。

③ （明）胡奎：《斗南老人集》卷3，《景印文渊阁四库全书》第830—838册，台湾商务印书馆1986年版。

④ （明）邵宝：《容春堂集》前集卷8，《景印文渊阁四库全书》第1258册，台湾商务印书馆1986年版。

⑤ （明）许相卿：《云村集》卷2，《景印文渊阁四库全书》第1272册，台湾商务印书馆1986年版。

⑥ （明）丘云霄：《北观集》卷2，《景印文渊阁四库全书》第1277册，台湾商务印书馆1986年版。

⑦ （明）钱谷：《吴都文粹续集》卷31，《景印文渊阁四库全书》第1385—1386册，台湾商务印书馆1986年版。

⑧ （清）张玉书、汪霦等：《御定佩文斋咏物诗选》卷68，《景印文渊阁四库全书》第1102—1103册，台湾商务印书馆1986年版。

第三节　茶书与道家(道教)的关系

明代许多茶书作者受到道家思想很深的影响，这些思想不可避免融入他们的作品之中。中国古代道士们普遍嗜好茶叶并且广泛种植茶叶，这在明代茶书中有大量体现。明代茶书中的道家思想最主要的是道法自然和养生乐生。

一　茶书作者深受道家思想影响

唐宋时期就已有一些茶书作者深受道家思想的影响。如中国第一部茶书《茶经》的作者陆羽，就已一定程度受到道家的影响，他曾参与的一个以颜真卿为核心的江东文人团，其中就有多位著名道士，陆羽与女冠李冶、道士张志和交谊甚厚。李冶曾赋诗《湖上卧病喜陆鸿渐至》："昔去繁霜月，今来苦雾时。相逢仍卧病，欲语泪先垂。强劝陶家酒，还吟谢客诗。偶然成一醉，此外更何之。"① 陆鸿渐即陆羽。

《大观茶论》的作者宋徽宗赵佶，是深受道家思想影响的典型。他以帝王的身份，开展了大量崇道活动。如政和三年，"十二月癸丑，诏天下访求道教仙经"。政和四年，"正月戊寅朔，置道阶凡二十六等"。政和六年，"夏四月乙丑，会道士于上清宝箓宫。……九月辛卯朔，诣玉清和阳宫，上太上开天执符御历含真体道昊天玉皇上帝徽号宝册。丙申，赦天下。令洞天福地修建宫观，塑造圣像"。政和七年，"夏四月庚申，帝讽道箓院上章，册己为教主道君皇帝，止于教门章疏内用。辛酉，升温州为应道军"。重合元年，"九月……丙戌，诏太学、辟雍各置《内经》《道德经》《庄子》《列子》博士二员。……丁酉，用蔡京言，集古今道教事为纪志，赐名《道史》"。② 宣和元年，"正月……乙

---

① （清）曹寅：《全唐诗》卷805，《景印文渊阁四库全书》第1423—1431册，台湾商务印书馆1986年版。

② （元）脱脱：《宋史》卷21《徽宗本纪三》，中华书局1977年版，第389—401页。

卯，诏：'佛改号大觉金仙，余为仙人、大士。僧为德士，易服饰，称姓氏。寺为宫，院为观。'改女冠为女道，尼为女德。……五月……丁未，诏德士并许入道学，依道士法。……六月……甲申，诏封庄周为微妙元通真君，列御寇为致虚观妙真君，仍行册命，配享混元皇帝"。①

到明代，更有大批茶书作者受到道家思想的深刻影响。下举数例。

《茶谱》的作者朱权较为典型。他由于受到明成祖、明宣宗的猜忌和压制，政治抱负无法施展，"深自韬晦，所居宫廷无丹彩之饰，覆殿瓴甋不请琉璃，构精庐一区，莳花艺竹鼓琴，著书其间，故终长陵之世不被谴责。……晚节益慕翀举，自号臞仙，建生坟缑岭之上，数往游焉"。他开始把主要精力转向道教信仰和文化事业。所谓"翀举"，即成仙升天，是修道者的追求。朱权所号的"臞仙"意即相貌清瘦的仙人，有很深的道家意味。他的著作主要有"《通鉴博论》二卷，《汉唐秘史》二卷，《史断》一卷，《文谱》八卷，《诗谱》一卷，《神隐》《肘后神枢》各二卷，《寿域神方》四卷，《活人心》二卷，《太古遗音》二卷，《异域志》一卷，《遐龄洞天志》二卷，《运化玄枢》《琴阮启蒙》各一卷，《乾坤生意》《神奇秘谱》各三卷，《采芝吟》四卷，其他注纂数十种，经子九流星历医卜黄冶诸术皆具"。② 这其中相当一部分即为道教书籍。朱权晚年与居于龙虎山的道教领袖张天师交往甚多，曾赋诗《送天师》："霜落芝城柳影疏，殷勤送客出鄱湖。黄金甲锁雷霆印，红锦韬缠日月符。天上晓行骑只鹤，人间夜宿解双凫。匆匆归到神仙府，为问蟠桃熟也无。"③

《水品》的作者徐献忠也有很深的道教信仰，这部著作亦多引道书。王世贞为他所作的《文林郎知奉化县事贞宪徐先生墓志铭》曰："君又爱其山水清远（指徐父的葬地吴兴之福山），土风醇嘉，既罢则斥，置墓田傍，构丙舍为终老计，不竟称华亭人矣。五柳双桐，偃蹇枝

---

① （元）脱脱：《宋史》卷22《徽宗本纪四》，中华书局1977年版，第403—418页。
② （明）焦竑：《献征录》卷1《宁献王权传》，上海书店1987年版，第47—48页。
③ 张立敏（编注）：《千家诗》卷2《七言律诗》，中华书局2009年版，第144页。

门，疎棂净几，奇书古文，间以金石三代之器，葛巾羽氅徜徉其间，客至则留小饮听去。春容寂寥，随取而足，时命单舫渔童樵青于苕雪菰芦间，不复可踪迹也。……君虽道在不朽，迹犹方内，而博探外典，遐想冲举，每自谓刀圭投咽，羽翰立张，投金示报，揖洪崖浮丘于玉京之上，葛稚川、陶隐居而下所不论也，竟以访道不谐邑邑成疾。"① 到了徐献忠晚年，他已是"葛巾羽氅"的道士打扮，经常往各地访道寻仙，因为访道不成功甚至悒悒成疾。"玉京"是道家认为的天帝所居之处，葛稚川、陶隐居分别指的是道教著名人物葛洪和陶弘景。

《茶说》的作者屠隆在罢官以后的后半生花费很大的精力修道，深受道教影响。他著有《鸿苞》一书，该书极力宣扬道、佛思想。《四库全书总目》评论曰："大旨轶于二氏之学，引而驾于儒者之上。谓周公、孔子大而化之谓圣，老子、释迦圣不可知之谓神。儒者言道之当然，佛氏言道之所以然，盖李贽之流亚也。"② 屠隆在《鸿苞》中提及了自己的修道行为："仆所授聂师大道，实钟、吕相传嫡派。"③ 钟、吕是道教中的仙人钟离权与吕岩，道教中有宋人王庭珪整理的重要道书《钟吕传道集》，是道教内丹经典著作。《鸿苞》一书还主张儒释道三教合一的思想："道者，清净物也。三教圣人之所以得道者，清净心也。……正心诚意，是儒之清净也；致虚守静，是仙之清净也；除妄归真，是佛之清净也。……此所谓同归于清净也。"④

万邦宁在给自己的著作《茗史》所作的《茗史小引》中说："二三朋侪，羽客缁流，剥击竹户，聚话无生，余必躬治茗碗，以佐幽韵。"⑤

---

① （明）王世贞：《弇州四部稿》卷89《文部》，《景印文渊阁四库全书》第1279—1281册，台湾商务印书馆1986年版。

② （清）纪昀等：《钦定四库全书总目》卷125《子部三十五·杂家类存目二》，《景印文渊阁四库全书》第1—6册，台湾商务印书馆1986年版。

③ （明）屠隆：《鸿苞》卷39，《四库全书存目丛书·子部》第88—90册，齐鲁书社1997年版。

④ （明）屠隆：《鸿苞》卷27，《四库全书存目丛书·子部》第88—90册，齐鲁书社1997年版。

⑤ （明）万邦宁：《茗史》之《茗史小引》，《四库全书存目丛书·子部》第79册，齐鲁书社1997年版。

《明史·陈继儒传》记载撰写了茶书《茶话》《茶董补》的陈继儒：
"暇则与黄冠老衲穷峰泖之胜，吟啸忘返，足迹罕入城市。"[①]"羽客缁流"和"黄冠老衲"皆为道士僧人之意，万邦宁和陈继儒都常和道士往来，不能不受到道家思想的影响。

　　田艺蘅《煮泉小品》曰："茶如佳人，此论虽妙，但恐不宜山林间耳。……若欲称之山林，当如毛女、麻姑，自然仙风道骨，不浼烟霞可也。必若桃脸柳腰，宜亟屏之销金帐中，无俗我泉石。"毛女和麻姑都是道教中极为长寿的女仙。又曰："又《十洲记》：'扶桑碧海，水既不成苦，正作碧色，甘香味美。'此固神仙之所食也。"[②] 田艺蘅认为扶桑碧海之水为 神仙之所食。这两则材料都说明田艺蘅受到道家神仙思想的很大影响。

　　周高起《阳羡茗壶系》曰："瑞草、封泉，性情攸寄，实仙子之洞天福地，梵王之香海莲邦。"洞天福地是道家仙境的一部分，是神仙所居的名山胜地。又曰："壶入用久……若腻滓烂斑，油光烁烁，是曰'和尚光'，最为贱相。……以注真茶，是藐姑射山之神人，安置烟瘴地面矣，岂不舛哉！"[③]"藐姑射山之神人"，典出《庄子》，"藐姑射之山，有神人居焉，肌肤若冰雪，淖约若处子。不食五谷，吸风饮露，乘云气，御飞龙，而游乎四海之外"。[④] 周高起亦深受道家神仙思想浸染。

二　茶书表现道士嗜茶种茶

　　在唐代茶书中就已有一些表现道士嗜茶的内容。如《茶经》引西

　　① （清）张廷玉等：《明史》卷298《隐逸传·陈继儒传》，中华书局1974年版，第7631页。

　　② （明）田艺蘅：《煮泉小品》，《四库全书存目丛书·子部》第80册，齐鲁书社1997年版。

　　③ （明）周高起：《阳羡茗壶系》，《丛书集成续编》第90册，新文丰出版公司1988年版。

　　④ （晋）郭象（注）：《庄子注》卷1《内篇·逍遥游第一》，《景印文渊阁四库全书》第1056册，台湾商务印书馆1986年版。

晋王浮所撰的《神异记》曰："余姚人虞洪入山采茗，遇一道士，牵三青牛，引洪至瀑布山曰：'吾，丹丘子也。闻子善具饮，常思见惠。山中有大茗可以相给。祈子他日有瓯牺之余，乞相遗也。'因立奠祀，后常令家人入山，获大茗焉。"《茶经》又引南朝道士陶弘景《杂录》曰："苦茶轻身换骨，昔丹丘子、黄山君服之。"① 丹丘子、黄山君虽然未必实有其人，只是道教中的神异人物，但至少说明在两晋南朝时道士饮茶嗜茶就已是一种常见现象。

明代茶书中有关道士嗜茶的内容较多，也有有关道士种茶的内容，下面进行列举。

朱权《茶谱》曰："会茶而立器具，不过延客款话而已，大抵亦有其说焉。凡鸾俦鹤侣，骚人羽客，皆能志绝尘境，栖神物外，不伍于世流，不污于时俗。或会于泉石之间，或处于松竹之下，或对皓月清风，或坐明窗静牖，乃与客清谈款话，探虚玄而参造化，清心神而出尘表。"这描绘的是道徒超凡脱俗的饮茶场景。《茶谱》又曰："茶炉。与炼丹神鼎同制，通高七寸，径四寸，脚高三寸，风穴高一寸，上用铁隔，腹深三寸五分，泻铜为之。近世罕得。"② 这里将烹茶的茶炉与道家炼丹的神鼎相提并论。

道士们因嗜茶，所以普遍极为关注水质的优劣，一些佳水因之与道教的宫观联系起来，这在崇信道教的徐献忠所著之《水品》中多有反映。如王屋玉泉圣水："王屋山，道家小有洞天。……其半山有紫微宫，宫之西，至望仙坡北折一里，有玉泉，名玉泉圣水。《真诰》云：'王屋山，仙之别天，所谓阳台是也。诸始得道者，皆诣阳台。阳台是清虚之宫。''下生鲍济之水，水中有石精，得而服之可长生。'"《真诰》是南朝道士陶弘景所著道教经书。又如泰山诸泉："白鹤泉，在升元观后，水冽而美。王母池，一名瑶池，在泰山之下，水极清，味甘

---

① （唐）陆羽：《茶经》卷下《七之事》，《丛书集成新编》第47册，新文丰出版公司1985年版。

② （明）朱权：《茶谱》，《艺海汇函》，明抄本。

美。崇宁间，道士刘崇□石。"再如终南山澄源池："终南山之阴太乙宫者，汉武因山有灵气，立太乙元君祠于澄源池之侧。宫南三里，入山谷中，有泉出奔，声如击筑、如轰雷，即澄源泒也。池在石镜之上，一名太乙湫，环以群山，雄伟秀特，势逼霄汉。神灵降游之所，止可饮勺取甘，不可秽亵，盖灵山之脉络也。"①

孙大绶《茶经外集》辑录了唐代著名道士卢仝的《茶歌》："日高丈五睡正浓，将军扣门惊周公。口传谏议送书信，白绢斜封三道印。开缄宛见谏议面，手阅月团三百片。闻道新年入山里，蛰虫惊动春风起。天子须尝阳羡茶，百草不敢先开花。仁风暗结珠蓓蕾，先春抽出黄金芽。摘鲜焙芳旋封裹，至精至好且不奢。至尊之余合王公，何事便到山人家。柴门反关无俗客，纱帽笼头自煎吃。碧云引风吹不断，白花浮光凝碗面。一碗喉吻润；二碗破孤闷；三碗搜枯肠，唯有文字五千卷；四碗发轻汗，平生不平事，尽向毛孔散；五碗肌骨清；六碗通仙灵；七碗吃不得也，唯觉两腋习习清风生。蓬莱山，在何处？玉川子，乘此清风欲归去。山上群仙司下土，地位清高隔风雨。安得知百万亿苍生，命堕颠崖受辛苦。便从谏议问苍生，到头不得苏息否。"② 卢仝的《茶歌》表现饮茶一定程度上是道家修炼的手段，喝到六碗、七碗，可"通仙灵"，可"两腋习习清风生"，玉川子（卢仝的号）甚至要乘风归去到蓬莱山（道教中神仙所居的仙境）。"山上群仙司下土，地位清高隔风雨。安得知百万亿苍生，命堕颠崖受辛苦。"这是用道教宗教语言隐晦批评以皇帝为首的上层统治者不体恤民间疾苦，贡茶导致了茶农的灾难。

高元濬《茶乘》辑录了好几首唐宋时期有关道士饮茶的诗歌。晚唐温庭筠《西岭道士茶歌》："乳泉溅溅通石脉，绿尘秋草春江色。涧花人井水味香，山月当人松影直。仙翁白扇霜鸟翎，拂坛夜读黄庭经。

---

① （明）徐献忠：《水品》，《四库全书存目丛书·子部》第 80 册，齐鲁书社 1997 年版。
② （明）孙大绶：《茶经外集》，《中国古代茶道秘本五十种》第 2 册，全国图书馆文献缩微复制中心 2003 年版。

疏香皓齿有余味，更觉鹤心通杳冥。"① 北宋欧阳修《送茶与许道人》："颍阳道士青霞客，来似浮云去无迹。夜朝北斗太清坛，不道姓名人不识。我有龙团古苍璧，九龙泉深一百尺。凭君汲井试烹之，不是人间香味色。"② 南宋道士白玉蟾《茶歌》："柳眼偷看梅花飞，百花头上春风吹。壑源春到不知时，霹雳一声惊晓枝。枝头未敢展枪旗，吐玉缀金先献奇。雀舌含春不解语，只有晓露晨烟知。带露和烟摘归去，蒸来细捣几千杵。捏作月团三百片，火候调匀文与武。碾边飞絮卷玉尘，磨下细珠散金缕。首山红铜铸小铛，活火新泉自烹煮。蟹眼已没鱼眼浮，飕飕松声送风雨。定州红石琢花瓷，瑞雪满瓯浮白乳。绿云入口生香风，满口兰芷香无穷。两腋飕飕毛窍通，洗尽枯肠万事空。君不见，孟谏议送茶惊起卢仝睡；又不见，白居易馈茶唤醒禹锡醉。陆羽作《茶经》，曹晖作《茶铭》。文正范公对客笑，纱帽笼头煎石铫。素虚见雨如丹砂，点作满盏菖蒲花。东坡深得煎水法。酒阑往往觅一呷。赵州梦里见南泉，爱结焚香瀹茶缘。吾侪烹茶有滋味，华池神水先调试。丹田一亩自栽培，金翁姹女采归来。天炉地鼎依时节。炼作黄芽烹白雪。味如甘露胜醍醐，服之一顿觉沉疴苏。身轻便欲登天衢，不知天上有茶无?"③ 白玉蟾《武夷六曲》："仙掌峰前仙子家，客来活水煮新茶。主人遥指青烟里，瀑布悬崖剪雪花。"④

徐㶅《茗谭》曰："谷雨乍晴，柳风初暖，斋居燕坐，澹然寡营。适武夷道士寄新茗至，呼童烹点……又思眠云跛石人，了不可得，遂笔之于书，以贻同好。"⑤ 喻政《茶集》引徐㶅《闵道人寄武夷茶与曹能始烹试有作》诗曰："幔亭仙侣寄真茶，缄得先春粟粒芽。信手开封非

---

① （明）高元濬：《茶乘》卷4，《续修四库全书》第1115册，上海古籍出版社2003年版。

② 同上。

③ 同上。

④ （明）高元濬：《茶乘》卷5，《续修四库全书》第1115册，上海古籍出版社2003年版。

⑤ （明）徐㶅：《茗谭》，喻政《茶书》，明万历四十一年刻本。

白绢，笼头煎吃是乌纱。秋风破屋卢仝宅，夜月寒泉陆羽家。野鹤避烟惊不定，满庭飘落古松花。"① 武夷山道士馈赠给徐熥的茶叶，只能是道士自种的，这说明道士嗜茶需要茶叶，也说明道士是山区茶叶生产的一支力量。

　　明代茶书中出现大量道士嗜茶、种茶的内容，归根到底是一种历史事实的反映。唐宋时期，道士嗜茶、种茶就已是普遍现象。

　　道士嗜茶的，如《南部新书》载："（唐）肃皇赐高士玄真子张志和奴婢各一人，玄真子配为夫妻，名曰渔僮、樵青。人问其故，答曰：'渔僮使卷钓收纶，芦中鼓枻。樵青使苏兰薪桂，竹里煎茶。'"② 张志和为唐代著名道士。宋人苏轼《惠山谒钱道人烹小龙团登绝顶望太湖》诗曰："踏遍江南南岸山，逢山未免更留连。独携天上小团月，来试人间第二泉。石路萦回九龙脊，水光翻动五湖天。孙登无语空归去，半岭松声万壑传。"③ 宋苏辙《题方子明道人东窗》诗曰："纸窗云叶净，香篆细烟青。客到催茶磨，泉声响石瓶。禅关敲每应，丹诀问无经。赠我刀圭药，年来发变星。"④ 宋吴则礼《同李汉臣赋陈道人茶匕诗》："诸方妙手嗟谁何，旧闻江东卜头陀。即今世上称绝伦，只数钱塘陈道人。宣和日试龙焙香，独以胜韵媚君王。平生底处蠹盐眼，饱识斓斑翰林碗。腐儒惯用语烧折，两耳要听苍蝇声。苦遭汤饼作魔事，坐睡只教渠唤醒。岂知公子不论价，千金争买都堂胯。心知二叟操铃锤，种种幻出真瑰奇。何当为吾调云腴，豆饭藜羹与扫除。个中风味太高彻，问取老师三昧舌。"⑤

　　① （明）喻政：《茶集》卷2，喻政《茶书》，明万历四十一年刻本。
　　② （宋）钱易：《南部新书》壬集，《景印文渊阁四库全书》第1036册，台湾商务印书馆1986年版。
　　③ （宋）苏轼：《东坡全集》卷3，《景印文渊阁四库全书》第1107—1108册，台湾商务印书馆1986年版。
　　④ （宋）苏辙：《栾城集》卷12，《景印文渊阁四库全书》第1112册，台湾商务印书馆1986年版。
　　⑤ （宋）吴则礼：《北湖集》卷2，《景印文渊阁四库全书》第1122册，台湾商务印书馆1986年版。

　　道士种茶的，如唐人李冲昭《南岳小录》之《王氏药院》载："王氏药院，咸通间有术士王生居之，有茂松修竹流水周绕，及多榧树茶园。"① 王氏药院周边的茶园是道士所种。《南岳小录》之《九真观》又载："九真观，按碑文晋太康中邓真人建置，徐真人祠。唐开元年中，有王天师仙乔。初天师为行者，道性冲昭，有非常之志，因将岳中茶二百余串直入京国。每携茶器于城门内施茶。忽一日遇高力士见而异之，问其所来。乃曰：'某是南岳行者，今为本住九真观殿宇破落，特将茶来募施主耳。'于是力士上闻玄宗，召见嘉叹久之。问曰：'尔有愿否？'对曰：'愿郁郁家国盛，济济经道兴。'上深加礼焉，俾于内殿披度，厚与金帛建置，令归岳中修刱观宇。不数年而完全，道行逾高，声流上国。寻有诏命封为天师，干元二年三月三十日得道。"② 九真观的道士王仙乔携入京城的二百多串茶应为道观所自种。南宋许棐《赠衡山侯霖》诗曰："家住衡山茗坞深，轩辕道士是知音。污尊酒好聊同醉，石鼎诗难莫浪吟。"③ 衡山道士所种茶园已经成坞，规模很大。

　　明代道士饮茶嗜茶的现象更为普遍，这在大量的明人诗歌中多有反映。下面进行列举。王履《道士汲泉烹茶摘胡桃以供》："清泉鲜果醉仙风，活火枪旗韵里通。坐久忽惊吾丧我，安知何处是方蓬。"④ 王冕《玄真观》："青冈直上玄真观，即是人间小洞天。……仙客相逢更潇洒，煮茶烧竹夜谈玄。"⑤ 文嘉《羽客载茗》："路出华阳远，冠犹碧玉低。轻舠载茶具，送我过荆溪。"⑥ 詹同《寄方壶道人》："海上神仙

　　① （唐）李冲昭：《南岳小录》，《景印文渊阁四库全书》第585册，台湾商务印书馆1986年版。

　　② 同上。

　　③ （清）曹庭栋：《宋百家诗存》卷36《梅屋集》，《景印文渊阁四库全书》第1477册，台湾商务印书馆1986年版。

　　④ （明）赵琦美：《赵氏铁网珊瑚》卷16，《景印文渊阁四库全书》第815册，台湾商务印书馆1986年版。

　　⑤ （明）王冕：《竹斋集》卷上，《景印文渊阁四库全书》第1233册，台湾商务印书馆1986年版。

　　⑥ （明）文嘉：《文氏五家集·和州诗集》卷9，《景印文渊阁四库全书》第1382册，台湾商务印书馆1986年版。

馆，天边处士星。卧云歌酒德，对雨注茶经。"① 陈颢《次韵答张道士》："谢俗怡清淡，探玄论白坚。何时造林下，煮茗试山泉。"② 张灿《紫虚观》："药炉伏火仙留诀，茶灶生烟客到门。欲就上清传宝箓，未知何日谢尘喧。"③ 林廷选《宿武夷宫（道士李常春同邑人也）》："踏月呼开竹下扉，羽人云是旧令威。煎龙井残年雪，蔬摘狮峰绝顶薇。"④ 周伦《神乐观会次邓司徒韵》："幽径霓裳列羽仙，仙人煮茗瀹幽泉。……山房胜赏消长昼，未必桃源是洞天。"⑤ 杭济《赠蒋羽士》："氅衣出山披紫烟，飘飘丰度人中仙。……秋风吹来过我室，对我熏茗谈玄玄。"⑥ 黄希英《到太平观》："鞅掌人间世，仙都偶此游。竹林晴翠重，茶灶紫烟浮。"⑦ 文征明《闰正月十一日游玄妙观历诸道院晚登露台乘月而归》："探春行觅羽人家，洞里仙桃未着花。一段闲情杯酒外，山童能供竹间茶。"⑧ 王叔承《观音岩讯苏道人适山头虎》："层岩飞茗烟，道人正高坐。牧童折山花，笑指神虎过。"⑨

　　明代道士种茶的现象也很常见。如施渐《赠欧道士卖茶》诗曰："静守黄庭不炼丹，因贫却得一身闲。自看火候蒸茶熟，野鹿衔筐送下山。"⑩ 欧道士所卖之茶当然是自种的。又如周亮工《闽小记》载：

---

　　① （明）曹学佺：《石仓历代诗选》卷327，《景印文渊阁四库全书》第1387—1394册，台湾商务印书馆1986年版。

　　② 同上。

　　③ 同上。

　　④ （明）曹学佺：《石仓历代诗选》卷422，《景印文渊阁四库全书》第1387—1394册，台湾商务印书馆1986年版。

　　⑤ （明）曹学佺：《石仓历代诗选》卷464，《景印文渊阁四库全书》第1387—1394册，台湾商务印书馆1986年版。

　　⑥ （明）曹学佺：《石仓历代诗选》卷468，《景印文渊阁四库全书》第1387—1394册，台湾商务印书馆1986年版。

　　⑦ （明）曹学佺：《石仓历代诗选》卷477，《景印文渊阁四库全书》第1387—1394册，台湾商务印书馆1986年版。

　　⑧ （明）曹学佺：《石仓历代诗选》卷494，《景印文渊阁四库全书》第1387—1394册，台湾商务印书馆1986年版。

　　⑨ （清）朱彝尊：《明诗综》卷55，《景印文渊阁四库全书》第1459—1460册，台湾商务印书馆1986年版。

　　⑩ （清）张豫章等：《御选明诗》卷109，《景印文渊阁四库全书》第1442—1444册，台湾商务印书馆1986年版。

"崇安仙令递常供，鸭母船开朱印红。急急符催难挂壁，无聊斫尽大王峰（新茶下，崇安令例致诸贵人。黄冠苦于追呼，尽斫所种。武夷真茶遂绝。漕篷船前狭后广延，建人呼为鸭母）。"又载："一曲休教松栝长，悬崖侧岭展旗枪。茗柯妙理全为祟，十二真人坐大荒（茗柯为松栝蔽，不见朝曦，味多不足。地脉他分，树亦不茂。黄冠既获茶利，遂遍种之。一时松栝樵苏都尽。后百年，为茶所困，复尽刈之。九曲遂濯濯矣。十二真人，皆从王子骞学道者）。"① 周亮工是明末清初人，清初长期在福建为官，因此写成了《闽小记》。明代时黄冠（即道士）在武夷山种茶制茶本来规模很大，获利颇多，但清初由于官府的过度索求，茶树几乎全被伐去。

三 茶书中的道法自然的思想

道法自然、天人合一是道家的重要思想，老子的《道德经》中对"自然"一词有大量的论述。如《道德经》指出："功成事遂，百姓皆谓我自然。""人法地，地法天，天法道，道法自然。"② 《道德经》又指出："是以圣人欲不欲，不贵难得之货；学不学，复众人之所过。以辅万物之自然而不敢为。""道之尊，德之贵，夫莫之命而常自然。"③《庄子》提出天人合一："天地与我并生，而万物与我为一。"④ 道家还特别重视"真"，《庄子》曰："谨修而身，慎守其真……真者，所以受于天也，自然不可易也。故圣人法天贵真，不拘于俗。"⑤

唐宋茶书中就已有大量道法自然的道家思想。唐代茶书陆羽《茶

---

① （清）周亮工：《闽小记》卷1，上海古籍出版社1985年版，第65—70页。
② （汉）河上公（注）：《老子道德经》上篇，《景印文渊阁四库全书》第1055册，台湾商务印书馆1986年版。
③ （汉）河上公（注）：《老子道德经》下篇，《景印文渊阁四库全书》第1055册，台湾商务印书馆1986年版。
④ （晋）郭象（注）：《庄子注》卷1《内篇·齐物论第二》，《景印文渊阁四库全书》第1056册，台湾商务印书馆1986年版。
⑤ （晋）郭象（注）：《庄子注》卷10《杂篇·渔父三十一》，《景印文渊阁四库全书》第1056册，台湾商务印书馆1986年版。

经》之《一之源》认为，茶叶"野者上，园者次"①，原因就在于野生茶叶更接近自然，更少受到人工的干扰。《五之煮》认为："其火用炭，次用劲薪。其炭，曾经燔炙，为膻腻所及，及膏木、败器，不用之。"之所以烤过肉、染上腥膻油腻的木炭以及有油烟和朽坏的木器都不适合烹茶，这是因为这些燃料受到人为的污染，容易破坏茶水自然的本味。《五之煮》又曰："其水，用山水上，江水中，井水下。其山水，拣乳泉、石池慢流者上；其瀑涌湍漱，勿食之。久食令人有颈疾。又多别流于山谷者，澄浸不泄，自火天至霜降以前，或潜龙蓄毒于其间，饮者可决之，以流其恶，使新泉涓涓然，酌之。其江水取去人远者，井取汲多者。"② 山水去人最远，最接近自然，所以山水上，井水最易受到人的污染，所以井水下。即便山水，也不宜饮用奔涌或停滞的水，前者是急流易带来污染，后者则易滋生水生物带来毒素。《九之略》曰："其煮器，若松间石上可坐，则具列废。用槁薪、鼎枥之属，则风炉、灰承、炭挝、火笑、交床等废。若瞰泉临涧，则水方、涤方、漉水囊废。……若援藟跻嵓，引絙入洞，于山口炙而末之，或纸包合贮，则碾、拂末等废。"③ 陆羽描绘了在松间石上、瞰泉临涧、攀岩入洞状态的饮茶，这是为了追求天人合一，与自然融为一体。

唐代苏廙《十六汤品》曰："唯沃茶之汤，非炭不可。在茶家亦有法律：水忌停，薪忌薰。……调茶在汤之淑慝，而汤最恶烟。燃柴一枝，浓烟蔽室，又安有汤耶？苟用此汤，又安有茶耶？所以为大魔。"④ 烹茶燃料最宜用炭，因为炭不会产生烟尘，容易保持茶水的自然本味，茶水十分忌烟，易染入异味。

---

① （唐）陆羽：《茶经》卷上《一之源》，《丛书集成新编》第47册，新文丰出版公司1985年版。

② （唐）陆羽：《茶经》卷下《五之煮》，《丛书集成新编》第47册，新文丰出版公司1985年版。

③ （唐）陆羽：《茶经》卷下《九之略》，《丛书集成新编》第47册，新文丰出版公司1985年版。

④ （唐）苏廙：《汤品》，《丛书集成新编》第47册，新文丰出版公司1985年版。

宋代蔡襄《茶录》："茶有真香，而入贡者微以龙脑和膏，欲助其香。建安民间试茶，皆不入香，恐夺其真。若烹点之际，又杂珍果香草，其夺益甚，正当不用。"所谓"真香"，也就是自然的本来香味。《茶录》又曰："茶碾，以银或铁为之。黄金性柔，铜及鍮石皆能生鉎，不入用。"① 铜和鍮石之所以不适合做茶碾，是因为容易生锈对茶水造成人为的污染。

宋徽宗《大观茶论》之《制造》条曰："涤芽唯洁，濯器唯净"。制茶要注意茶芽的清洗和容器的洁净，防止外在污染。《罗碾》条曰："碾以银为上，熟铁次之。生铁者，非淘炼槌磨所成，间有黑屑藏于隙穴，害茶之色尤甚。"生铁之所以不宜用是因为会产生黑屑害茶，破坏自然本味。《水》条曰："水以清轻甘洁为美，轻甘乃水之自然，独为难得。……但当取山泉之清洁者，其次，则井水之常汲者为可用。若江河之水，则鱼鳖之腥，泥泞之污，虽轻甘无取。"水之所以轻甘为美，因为这是水之自然，井水要用常汲者，江河水不足取，都是从防止人为污染角度而言的。《味》条曰："夫茶以味为上……真香灵味，自然不同。"《香》条曰："茶有真香，非龙麝可拟。"② 茶的"真香"也就是自然的本身香味，不需要再入添加物以增其香。

明代茶书中更是有大量反映道法自然的内容，下面进行列举：

明代朱权《茶谱》之序言曰："盖（陆）羽多尚奇古，制之为末，以膏为饼。至仁宗时，而立龙团、凤团、月团之名，杂以诸香，饰以金彩，不无夺其真味。然天地生物，各遂其性，若莫叶茶，烹而啜之，以遂其自然之性也。"《品茶》条曰："于谷雨前，采一枪一叶者制之为末，无得膏为饼，杂以诸香，失其自然之性，夺其真味。"朱权认为唐宋时期的团茶杂入诸香，夺去了茶的真味，不符合自然的本性，不如散茶，保持了茶的真味。《茶架》条曰："茶架，今人多用木，雕镂藻饰，尚于华丽。予制以斑竹、紫竹，最清。"朱权并不赞成使用过度雕饰的

① （宋）蔡襄：《茶录》，《丛书集成初编》第1480册，中华书局1985年版。
② （宋）赵佶：《大观茶论》，陶宗仪《说郛》卷93，清顺治三年李际期宛委山堂刊本。

木茶架，而倾向于使用自然的竹制品。《茶匙》条曰："茶匙要用击拂有力，古人以黄金为上，今人以银、铜为之，竹者轻。予尝以椰壳为之，最佳。后得一瞽者，无双目，善能以竹为匙，凡数百枚，其大小则一，可以为奇。特取异于凡匙，虽黄金亦不为贵也。"① 朱权最欣赏椰壳和竹制的茶匙，因为这是最自然的，甚至觉得"黄金亦不为贵也"。

顾元庆《茶谱》之《择果》条曰："茶有真香，有佳味，有正色。烹点之际，不宜以珍果、香草杂之。"《茶谱》引盛虞《王友石竹炉并分封六事》曰："茶宜密裹，故以箬笼盛之，宜于高阁，不宜湿气，恐失真味。……茶之真味，蕴诸枪旗之中，必浣之以水而后发也。……古者，茶有品香而入贡者，微以龙脑和膏，欲助其香，反失其真。煮而膻鼎腥瓯，点杂枣、橘、葱、姜，夺其真味者尤甚。"② 顾元庆《茶谱》特别重视保持茶的真香、真味。

田艺蘅《煮泉小品》曰："茶之团者、片者，皆出于碾硙之末，既损真味，复加油垢，即非佳品，总不若今之芽茶也，盖天然者自胜耳。"田艺蘅认为团茶有损茶的真味，不如芽茶（即散茶）更为自然。又曰："芽茶以火作者为次，生晒者为上，亦更近自然，且断烟火气耳。况作人手器不洁，火候失宜，皆能损其香色也。生晒茶，瀹之瓯中，则旗枪舒畅，青翠鲜明，尤为可爱。"田艺蘅之所以更认同晒青茶而非用火的炒青茶，因为前者更少经过人手，更接近自然。又曰："今人荐茶，类下茶果，此尤近俗。纵是佳者，能损真味，亦宜去之。且下果则必用匙，若金银，大非山居之器，而铜又生腥，皆不可也。"茶中入果和茶匙用铜都会损害茶的真味。又曰："江，公也，众水共人其中也。水共则味杂，故鸿渐曰'江水中'，其曰'取去人远者'，盖去人远，则澄清而无荡港之漓耳。……井，清也，泉之清洁者也……鸿渐曰：'井水下。'其曰'井取汲多者'，盖汲多，气通而流活耳。终非佳品，勿食可也。……市廛民居之井，烟爨稠密，污秽渗漏，特潢潦耳，

① （明）朱权：《茶谱》，《艺海汇函》，明抄本。
② （明）顾元庆：《茶谱》，《续修四库全书》第1115册，上海古籍出版社2003年版。

在郊原者庶几。"① 江水要取去人远者，井水要取汲多者，都是为了避免人为污染，尽量得到更接近自然的水。市廛民居之井，污秽渗透，郊区原野的井水才勉强可用。

徐献忠《水品》曰："瀑布，水虽盛，至不可食。……予尝揽瀑水上源，皆派流会合处，出口有峻壁，始垂挂为瀑，未有单源只流如此者。源多则流杂，非佳品可知。"徐献忠认为瀑布水不可食，原因是源多流杂，更易受污染。又曰："山气幽寂，不近人村落，泉源必清润可食。……《水记》第虎丘石水居三。石水虽泓淳，皆雨泽之积，渗窦之潢也。虎丘为阖闾墓隧，当时石工多（外门内必）死，山僧众多，家常不能无秽浊渗入，虽名陆羽泉，与此脉通，非天然水脉也。"② 远人村落泉水之所以清润可食，因为更近自然未受污染，徐献忠之所以对虎丘石水不以为然，是因为他认为秽浊渗入，不再是自然的水脉。

屠隆《茶说》："唯夏月暴雨不宜，或因风雷所致，实天之流怒也。龙行之水，暴而霪者，旱而冻者，腥而墨者，皆不可食。"这些水之所以都不宜食，因为易混入各种人为污染，破坏自然本性。又曰："凡茶，须缓火炙，活火煎。活火，谓炭火之有焰者。以其去余薪之烟，杂秽之气，且使汤无妄沸，庶可养茶。……茶瓶、茶盏、茶匙生鉎，致损茶味，必须先时洗洁则美。……凡木可以煮汤，不独炭也；唯调茶在汤之淑慝。而汤最恶烟，非炭不可。若暴炭膏薪，浓烟蔽室，实为茶魔。……茶有真香，有佳味，有正色，烹点之际，不宜以珍果、香草夺之。"③ 屠隆十分注重保持茶的自然本味。

张源《茶录》之《点染失真》条曰："茶自有真香，有真色，有真味。一经点染，便失其真。如水中著咸，茶中著料，碗中著果，皆失真也。"《品泉》条曰："茶者水之神，水者茶之体。非真水莫显其神，非

---

① （明）田艺蘅：《煮泉小品》，《四库全书存目丛书·子部》第 80 册，齐鲁书社 1997 年版。
② （明）徐献忠：《水品》，《四库全书存目丛书·子部》第 80 册，齐鲁书社 1997 年版。
③ （明）屠隆：《茶说》，喻政《茶书》，明万历四十一年刻本。

精茶曷窥其体。……真源无味，真水无香。"① 张源十分注重要保持茶的"真"，也即自然本色。特别是提出"真源无味，真水无香"，十分符合老子《道德经》"大音希声，大象无形"的主张。

许次纾《茶疏》之《今古制法》条曰："古人制茶，尚龙团凤饼，杂以香药。……然冰芽先以水浸，已失真味，又和以名香，益夺其气，不知何以能佳？不若近时制法，旋摘旋焙，香色俱全，尤蕴真味。"许次纾认为散茶比之团茶更保持了茶的真味。《贮水》条曰："贮水，瓮口厚箬泥固，用时旋开。"《舀水》条曰："舀水必用瓷瓯，轻轻出瓮，缓倾铫中，勿令淋漓瓮内，致败水味，切须记之。"《火候》条曰："火必以坚木炭为上，然木性未尽，尚有余烟，烟气入汤，汤必无用。"《烹点》条曰："未曾汲水，先备茶具，必洁必燥，开口以待。盖或仰放，或置瓷盂，勿竟覆之案上，漆气、食气，皆能败茶。"② 许次纾这些主张都是为了保持茶的自然本性，防止受到各种污染。

程用宾《茶录》之《品真》条曰："茶有真乎？曰有。为香、为色、为味，是本来之真也。……盏中投果，譬如玉貌加脂，蛾眉施黛，翻为本色累也。"③ 程用宾追求茶的真香、真色和真味。

罗廪《茶解》曰："即茶之一节，唐宋间研膏蜡面，京挺龙团，或至把握纤微，直钱数十万，亦珍重哉。而碾造愈工，茶性愈失，矧杂以香物乎？曾不若今人止精于炒焙，不损本真。"罗廪认为碾造极工的团茶，不如只是炒焙的散茶，因为前者丧失了茶性的本真。又曰："茶园不宜杂以恶木……其下可莳芳兰、幽菊及诸清芬之品。最忌与菜畦相逼，不免秽污渗漉，滓厥清真。"茶园种植兰菊等有利于茶的自然本味，十分忌讳靠近受到污秽渗透的菜园。又曰："采茶、制茶，最忌手汗、羶气、口臭、多涕、多沫不洁之人及月信妇人。"④ 这些都是人为

---

① （明）屠隆：《茶说》，喻政《茶书》，明万历四十一年刻本。
② （明）许次纾：《茶疏》，《四库全书存目丛书·子部》第79册，齐鲁书社1997年版。
③ （明）程用宾：《茶录》，明万历三十二年戴凤仪刻本。
④ （明）罗廪：《茶解》，喻政《茶书》，明万历四十一年刻本。

的污染。

周之夫为喻政《茶书》所作《序》记载了他与喻政的对话："余（指周之夫）亦还对：'……故事：太守与丞倅李官，名为僚，而实无敢以雁行，进常会一茶而退，郑重不出声。即不然，亦聊启口而尝之。又不然，漫造端而骈之。而使君（指喻政）质任自然，心无适莫，合刻《茶书》以发舒其澹远清真之意，遂使不受世网如余者，得以窥见微指，作寥旷之谈，破矜庄之色，无亦非所宜乎？请使君自今引于绳。'使君欣然而笑曰：'有是哉！广搜之请，敢不子从？何谓引绳，不敢闻命。我与二三子游于形骸之外，而子索我于形骸之内，子其犹有蓬蒿之心也。'夫余而后知使君之澹远清真，雅合茶理，不虚也。"① 周之夫认为喻政"质任自然"，与茶性相通。喻政所言"我与二三子游于形骸之外，而子索我于形骸之内"文字化自《庄子·德充符第五》，《庄子》原文为："吾与夫子游十九年矣，而未尝知吾兀者也。今子与我游于形骸之内，而子索我于形骸之外，不亦过乎！"② 形骸之外是人外在的肉体形貌，是身体表现出来的种种行为，形骸之内是指人的精神世界，以德相交。

周高起《阳羡茗壶系》曰："近百年中，壶黜银锡及闽豫瓷而尚宜兴陶……陶曷取诸？取诸其制，以本山土砂，能发真茶之色、香、味"。又曰："壶供真茶，正在新泉活火，旋瀹旋啜，以尽色、声、香、味之蕴。……况真茶如荳脂，采即宜羹；如笋味，触风随劣。悠悠之论，俗不可医。……每见好事家，藏列颇多名制，而爱护垢染，舒袖摩挲，惟恐拭去。……以注真茶，是藐姑射山之神人，安置烟瘴地面矣，岂不舛哉！"③ 周高起所谓的"真茶"，是指最符合自然本味的茶叶。

---

① （明）喻政：《茶书》，明万历四十一年刻本。

② （晋）郭象（注）：《庄子注》卷 2《内篇·德充符第五》，《景印文渊阁四库全书》第 1056 册，台湾商务印书馆 1986 年版。

③ （明）周高起：《阳羡茗壶系》，《丛书集成续编》第 90 册，新文丰出版公司 1988 年版。

四 茶书中的养生乐生的思想

养生乐生、贵生恶死是道家重要的思想。《道德经》曰："出生入死。生之徒十有三，死之徒十有三，人之生，动之死地，十有三。夫何故？以其生生之厚。盖闻善摄生者，陆行不遇兕虎，入军不被甲兵。兕无所投其角，虎无所措其爪，兵无所容其刃。夫何故？以其无死地。"①《庄子》曰："吾生也有涯，而知也无涯。以有涯随无涯，殆已；已而为知者，殆而已矣。为善无近名，为恶无近刑。缘督以为经，可以保身，可以全生，可以养亲，可以尽年版。"② 成书于东汉的道家经典《太平经》曰："凡天下人死亡，非小事也。壹死，终古不得复见天地日月也，脉骨成涂土。"③ 养生护体，追求长寿，以致羽化登仙是道家修炼的重要目标。

服食药饵是道家追求怯病延年、长生不老甚至羽化登仙的手段之一，茶是道家药饵中的重要一种。"人们对茶的功效寄予了很大的期望，相信能够凭借饮茶达到羽化登仙的道教养生的最高境界。""道教对于饮茶习俗的形成所产生的直接影响主要是通过养生服食而施加的"。④

在唐代茶书陆羽《茶经》中就已有一些表现道家养生乐生的内容。《茶经》引《神农食经》曰："茶茗久服，令人有力、悦志。"引华佗《食论》曰："苦茶久食，益意思。"引壶居士《食忌》："苦茶久食，羽化；与韭同食，令人体重。"引陶弘景《杂录》："苦茶轻身换骨，昔

---

① （汉）河上公（注）：《老子道德经》下篇，《景印文渊阁四库全书》第 1055 册，台湾商务印书馆 1986 年版。

② （晋）郭象（注）：《庄子注》卷 2《内篇·养生主第三》，《景印文渊阁四库全书》第 1056 册，台湾商务印书馆 1986 年版。

③ 王明（编）：《太平经合校》卷 72《不用大言无效诀第一百一十》，中华书局 1960 年版，第 298 页。

④ 关剑平：《茶与中国文化》，人民出版社 2001 年版，第 87、93 页。

丹丘子、黄山君服之。"① 茶之所以会使人有力、悦志、益思，这是茶内咖啡因兴奋剂的效果，至于认为茶可使人羽化、轻身换骨，则是道家服食以求羽化成仙思想的一种反映。

明代茶书中更是有大量有关养生乐生的内容。

田艺蘅《煮泉小品》曰："异，奇也。水出地中，与常不同，皆异泉也，亦仙饮也。醴泉……圣王在上，德普天地，刑赏得宜．则醴泉出，食之令人寿考。玉泉……《十洲记》：'瀛洲玉石。高千丈，出泉如酒。味甘，名玉醴泉，食之长生。……'……朱砂泉：下产朱砂，其色红，其性温，食之延年却疾。"《十洲记》是伪托西汉东方朔所撰的一部道教典籍，真正成书时间可能在六朝，十洲也即仙人所居的十个岛。田艺蘅认为异泉是仙饮，醴泉、玉泉、朱砂泉食之都可使人益寿延年版。又曰："又《十洲记》：'扶桑碧海，水既不成苦，正作碧色，甘香味美。'此固神仙之所食也。"② 扶桑碧海之水既然是神仙所食，自然也是可以让人长生的。

徐献忠深受道家思想影响，其所著《水品》中更有大量服食以求长生的内容。《上池水》条曰："上池水者，水未至地，承取露华水也。汉武志慕神仙，以露盘取金茎饮之。此上池真水也，《丹经》以方诸取太阴真水，亦此义。……朝露未晞时，取之柏叶及百花上佳，服之可长年不饥。……《本草》载：六天气，令人不饥，长年美颜色，人有急难阻绝之处，用之如龟蛇服气不死。陵阳子明《经》言：'春食朝露，秋食飞泉，冬食沆瀣，夏食正阳，并天玄地黄，是为六气。'亦言'平明为朝露，日中为正阳，日人为飞泉，夜半为沆瀣'，此又服气之精者。"《丹经》是道教讲述炼丹术的专书，陵阳子明是道教中著名的仙人，《本草》可能是指《神农本草经》，是受道家思想影响很深的一部

---

① （唐）陆羽：《茶经》卷下《七之事》，《丛书集成新编》第 47 册，新文丰出版公司 1985 年版。

② （明）田艺蘅：《煮泉小品》，《四库全书存目丛书·子部》第 80 册，齐鲁书社 1997 年版。

药物学著作。徐献忠所言上池水也就是露水，服之有常年不饥甚至不死的功效。《玉井水》条曰："玉井者，诸产有玉处，其泉流泽润，久服令人仙。《异类》云：'昆仑山有一石柱，柱上露盘，盘上有玉水溜下，土人得一合服之，与天地同年版。又太华山有玉水，人得服之长生。'今人山居者多寿考，岂非玉石之津乎。《十洲记》：'瀛洲，有玉膏泉如酒，令人长生。'"玉井水服之可使人长生甚至成仙。《南阳郦县北潭水》条曰："郦县北潭水，其源悉芳菊生被岸，水为菊味。盛弘之《荆州记》：太尉胡广久患风羸，常汲饮此水，遂疗。《抱朴子》云：郦县山中有甘谷水，其居民悉食之，无不寿考。故司空王畅、太尉刘宽、太傅袁隗，皆为南阳太守，常使郦县月送甘谷水四十斛，以为饮食，诸公多患风痹及眩，皆得愈。"《抱朴子》是东晋道士葛洪所著的道教经典。郦县北潭水可疗疾甚至使人长寿。《句曲山喜客泉》条曰："陶隐居《真诰》云：茅山'左右有泉水，皆金玉之津气'。又云：'水味是清源洞远沾尔，水色白，都不学道，居其土，饮其水，亦令人寿考。是金津润液之所溉耶。'"陶隐居也即南朝著名道士陶弘景，《真诰》是他撰写的一部有关道教的重要宗教书籍。茅山泉水饮之令人寿考。《王屋玉泉圣水》条曰："王屋山，道家小有洞天。……在医家去痾，如东阿之胶，青州之白药，皆其伏流所制也。……《真诰》云：'王屋山，仙之别天，所谓阳台是也。诸始得道者，皆诣阳台。阳台是清虚之宫。''下生鲍济之水，水中有石精，得而服之可长生。'"王屋山是道教的十大洞天之首，王屋山的玉泉圣水被认为有去痾的功效，还可长生。《偃师甘露泉》："又缑山浮丘冢，建祠于庭下，出一泉，澄澈甘美，病者饮之即愈，名浮丘灵泉。"① 浮丘灵泉有疗疾的作用。

屠隆《茶说》之《采茶》条曰："谷雨日晴明采者，能治痰嗽、疗百疾。"屠隆认为谷雨日所采之茶有治咳疗百疾的功效。《灵水》条曰："上天自降之泽，如上池天酒、甜雪香雨之类，世或希觏，人亦罕识。

---

① （明）徐献忠：《水品》，《四库全书存目丛书·子部》第 80 册，齐鲁书社 1997 年版。

乃仙饮也。"灵水是上天所降之水，乃是仙饮。《丹泉》条曰："名山大川，仙翁修炼之处，水中有丹，其味异常，能延年却病，尤不易得。凡不净之器，切不可汲。如新安黄山东峰下，有朱砂泉，可点茗，春色微红，此自然之丹液也。临沅廖氏家世寿，后掘井左右，得丹砂数十斛。西湖葛洪井，中有石瓮，陶出丹数枚，如芡实，啖之无味。弃之；有施渔翁者，拾一粒食之，寿一百六岁。"① 丹泉是水中有丹之泉，水中之所以有丹是仙翁修炼的遗留，食之令人长寿。

胡文焕《茶集》所引明人徐岩泉拟人化文学作品《六安州茶居士传》曰："神仙家以松柏芝苓，服之可长生，吾又未闻见其术。……若茶氏者，樵夫牧竖所共知，而知之者，鲜能达其精。其精通于神仙家，而功用之广则过之，且世宠于王者，而器之不少衰焉。吁。最贵哉，最贵哉！"② 徐岩泉认为茶叶精通于神仙家（即道教），功用十分广泛。

许次纾《茶疏》之《烹点》条曰："病可令起，疲可令爽；吟坛发其逸思，谈席涤其玄襟。"③ 张丑《茶经》之《茶效》条曰："人饮真茶，能止渴消食，除痰少睡，利水道，明目益思，除烦去腻。"④ 许次纾和张丑列举了茶种种养生乐生的功效。

龙膺《蒙史》曰："《淮南子》曰：昆仑四水者，帝之神泉，以和百药，以润万物。/《括地图》曰：负丘之山上有赤泉，饮之不老。神宫有英泉，饮之眠三百岁乃觉，不知死。/……/翁源山顶石池，有泉八，曰涌泉、香泉、甘泉、温泉、震泉、龙泉、乳泉、玉泉。相传一庞眉叟时见池中，因名翁水。居人饮此多寿。/柳州融县灵岩上，有白石，巍然如列仙。灵寿溪贯入岩下，清响作环佩声。旧传仙史投丹于中，饮者多寿。/《列仙传》曰：负局先生止吴山绝崖，世世悬药与人，曰：吾欲还蓬莱山，为汝曹下神水。涯头一旦有水，白色，从石间来下，服

---

① （明）屠隆：《茶说》，喻政《茶书》，明万历四十一年刻本。
② （明）胡文焕：《茶集》，《百家名书》，明万历胡氏文会堂刻本。
③ （明）许次纾：《茶疏》，《四库全书存目丛书·子部》第 79 册，齐鲁书社 1997 年版。
④ （明）张丑：《茶经》，《中国古代茶道秘本五十种》第 2 册，全国图书馆文献缩微复制中心 2003 年版。

之多所愈。(以上皆灵泉。)"① 《淮南子》是西汉淮南王刘安编撰的道家典籍,《列仙传》是有系统叙述古代神仙事迹的书籍,被看作道教宗教著作。龙膺引用文献列举了种种饮之令人长寿的水泉。

---

① (明)龙膺:《蒙史》上卷,喻政《茶书》,明万历四十一年刻本。

第四章 明代茶书与明代社会

明代特别是到了明代后期，社会有浓厚的隐逸风气和观念，许多文人隐于茶，明代茶书对此多有反映。明代尤其是晚明商品经济有很大发展，社会的观念也发生了巨大变迁，与唐宋茶书主要记录贡茶有很大不同的是，明代茶书主要反映的是商品茶。明代士人普遍饮茶，嗜茶者极多，主要原因是他们希望通过饮茶来追求一种闲逸超脱的生活，他们还结成以茶相交的茶人群体，明代茶书至少可归纳出二十六个茶人群体。

第一节 茶书与明代隐逸之风

中国自古历朝历代都有一批选择逃名避世、远离政治的隐逸之士，明代特别是晚明时期隐逸之风特别盛行。早在唐代，茶已成为隐逸文化的象征，明代的隐者与茶普遍有密切的关系。明代茶书大量表现了文人追求隐逸的思想观念。

一 明代的隐逸之风

早在先秦典籍中就已有大量表现隐逸的思想和内容。例如《庄子》记述，尧欲让天下给许由，许由的回答则是："子治天下，天下既已治也。而我犹代子，吾将为名乎？名者，实之宾也。吾将为宾乎？鹪鹩巢于深林，不过一枝；偃鼠饮河，不过满腹。归休乎君，予无所用天下为！庖人虽不治庖，尸祝不越樽俎而代之矣。"① 《庄子》还以大树作为比喻："今子有大树，患其无用，何不树之于无何有之乡，广莫之野，彷徨乎无为其侧，逍遥乎寝卧其下。不夭斤斧，物无害者，无所可用，安所困苦哉！"② 《论语》中亦有一些表现隐逸避世的内容，记述了接舆、长沮、桀溺、荷蓧丈人等隐者的言行。③ 《论语》曰："逸民：伯夷、叔齐、虞仲、夷逸、朱张、柳下惠、少连。子曰：'不降其志，不辱其身，伯夷、叔齐与！'谓：'柳下惠、少连降志辱身矣，言中伦，行中虑，其斯而已矣。'谓：'虞仲、夷逸隐居放言，身中清，废中权。我则异于是，无可无不可。'"④ 中国历史上隐者历代不乏其人。《后汉书》描绘这些隐者为："或隐居以求其志，或回避以全其道，或静已以镇其躁，或去危以图其安，或垢俗以动其概，或疵物以激其清。"⑤

明代特别是明代中后期存在浓厚的隐逸之风。沈德符的《万历野获编》成书于万历年间，描述了明代的山人现象。"山人之名本重。如李邺侯仅得此称。不意数十年来出游无籍辈。以诗卷遍赍达官。亦谓之山人。始于嘉靖之初年。盛于今上之近岁。……近来山人遍天下。……弇州先生与王文肃书有云。近日风俗愈浇。健儿之能哗伍者。青衿之能卷堂者。山人之能骂坐者。则上官即畏而奉之如骄子矣。"⑥ 方志远在《"山人"与晚明政局》一文中指出："'山人'，不管是自称为山人的山人，还是自己不认为是山人但被他人认为是山人的山人，也不管是政治型山人还是娱乐型山人，其实无时不有，但没有哪一个时代像明代中后期那样，'山人'成为众多读书人的一种谋生手段、一种生存方式、

---

① （晋）郭象（注）：《庄子注》卷1《内篇·逍遥游第一》，《景印文渊阁四库全书》第1056册，台湾商务印书馆1986年版。

② 同上。

③ （宋）朱熹（集注）：《四书章句集注·论语集注》卷9《微子第十八》，《景印文渊阁四库全书》第197册，台湾商务印书馆1986年版。

④ 同上。

⑤ （南朝宋）范晔：《后汉书》卷83《逸民列传》，中华书局1965年版，第2755页。

⑥ （明）沈德符：《万历野获编》卷23《山人》，《明代笔记小说大观》第3册，上海古籍出版社2005年版，第2512—2515页。

一种社会身份，并且形成了人数众多、分布极广的山人群体，掀起了一场席卷全国的山人运动，演绎出对近两百年中国历史、特别是对晚明政局产生重大影响的山人现象。"①

至于为何明代中后期会出现影响很大的山人现象，方志远是从榜样的感召、人地矛盾和科举名额有限的角度来论述的。"一方面，有这些活生生榜样（指谢榛等游于公卿之间获得很大声誉的著名山人）的感召和启示，另一方面，明代中后期的社会内部矛盾，从某种意义上说，表现为两种社会需求剧增和社会资源匮乏之间的矛盾。第一种是物质生活层面上的，集中表现为有限的耕地与日益增加的人口之间的矛盾。第二种是政治生活层面上的，教育的普及、科举的风行，培养了大量的各类生员及监生，作为政府的后备官员，使得明太祖时期以'诸司职掌'固定下来的有限的官员名额更为紧俏。出于对科举的失望，从嘉靖末至万历初开始，发生了自隋唐实行科举制以来首次颇具规模的'反科举'运动。大批的生员乃至监生、儒士，纷纷'弃举业''裂秀才冠''着山人服'，或群欢共乐于当地，或招朋呼友而出行，聚集在京师北京、留都南京，游走于蓟、辽、宣、大各边镇，辗转于黄河上下、大江南北"。② 山人本意是隐居于山中的隐逸之士，虽然山人实际未必居于山中，也未必绝意于仕进，更不可能完全不入尘俗，但至少表面上要显得以清高自诩，不乐仕进。

早在唐代，茶已成为隐逸的文化象征，中国历史上第一部茶书《茶经》的作者陆羽即终身未仕，被称为处士。《新唐书·陆羽传》载："上元初，更隐苕溪，自称桑苎翁，阖门著书。或独行野中，诵诗击木，裴回不得意，或恸哭而归，故时谓今接舆也。久之，诏拜羽太子文学，徙太常寺太祝，不就职。……羽嗜茶，着经三篇，言茶之原、之法、之具尤备，天下益知饮茶矣。"③ 关剑平在《陆羽的身份认同——

---

① 方志远：《"山人"与晚明政局》，《中国社会科学》2010 年第 1 期，第 205 页。
② 同上书，第 210 页。
③ （宋）欧阳修、宋祁：《新唐书》卷 196《陆羽传》，中华书局 1975 年版，第 5611—5612 页。

隐逸》一文中指出："尽管陆羽也有盛唐文人普遍存在的隐逸与出仕矛盾的思想感情、隐士与侠少的浪漫主义精神，但是无论是他的友人，还是后世的史学家，都把隐士作为陆羽的本质身份特征。隐逸属性把茶与陆羽联系了起来是陆羽关注茶的内在原因，而陆羽出色的总结与鼓吹进一步强化了饮茶生活的隐逸属性。"① 他在另一篇论文《唐代饮茶生活的文化身份——隐逸》又指出："隐逸是唐代饮茶生活的文化身份……从中唐开始，饮茶生活体现孤寂脱俗精神的意义已经得到更加普遍的认同，并以这种精神形象进入了诗的世界。隐逸成为唐代饮茶的文化身份，隐士成为决定唐代茶文化发展方向的核心力量，不仅茶圣陆羽，被后世视为亚圣的卢全也同样是隐士。中国茶文化的隐逸文化身份一直到清代才日渐消亡"。②

在明代，茶仍然具有鲜明的隐逸文化象征，隐者普遍与茶有密切关系。下以《明史·隐逸传》中的数人为例。

孙一元，《明史》载："一元姿性绝人，善为诗，风仪秀朗，踪迹奇谲，乌巾白帢，携铁笛鹤瓢，遍游中原，东逾齐、鲁，南涉江、淮，历荆抵吴越，所至赋诗，谈神仙，论当世事，往往倾其座人。……时刘麟以知府罢归，龙霓以佥事谢政，并客湖州，与郡人故御史陵昆善，而长兴吴珫隐居好客，三人者并主于其家。珫因招一元入社，称'苕溪五隐'。"③ 孙一元的影响极大，李梦阳《空同集》载："吴会人识山人，又识山人诗，于是争礼敬山人。山人固善说玄虚，又肤莹渥颜飘须，望之如神仙中人，于是愈礼敬山人，而好异之士踵接于门矣。山人徃来越湖间，多在支硎南屏山寺中，巨家则争造寺馈山人。"④ 孙一元

---

① 关剑平：《陆羽的身份认同——隐逸》，《中国农史》2014 年第 3 期，第 135 页。

② 关剑平：《唐代饮茶生活的文化身份——隐逸》，《茶叶科学》2014 年第 1 期，第 108—110 页。

③ （清）张廷玉等：《明史》298《隐逸传·孙一元传》，中华书局 1974 年版，第 7629—7630 页。

④ （明）李梦阳：《空同集》卷 58《太白山人传》，《景印文渊阁四库全书》第 1262 册，台湾商务印书馆 1986 年版。

嗜茶，而茶是他隐逸的重要形象。《明史·顾璘传》载："在浙，（顾璘）慕孙太初一元不可得见。道衣幅巾，放舟湖上，月下见小舟泊断桥，一僧、一鹤、一童子煮茗，笑曰：'此必太初也。'移舟就之，遂往还无间。"① 孙一元著有《太白山人漫稿》一书，内有他饮茶的一些诗歌。如《夜起煮茶》："碎擘月团细，分灯来夜缸。瓦铛然野竹，石瓮泻秋江。水火声初战，旗枪势已降。月明犹在壁，风雨打山窗。"又如《春晓》："薄晓鸠声初睡起，山光半落竹门开。清风茗椀蒲团静，细雨春盘菜甲堆。"②

沈周，《明史》载："祖澄，永乐间举人才，不就。所居曰西庄，日置酒款宾，人拟之顾仲瑛。伯父贞吉，父恒吉，并抗隐。……郡守欲荐周贤良，周筮《易》，得《遯》之九五，遂决意隐遁。所居有水竹亭馆之胜，图书鼎彝充牣错列，四方名士过从无虚日，风流文采，照映一时。……居恒厌入城市，于郭外置行窝，有事一造之。晚年，匿迹唯恐不深，先后巡抚王恕、彭礼咸礼敬之，欲留幕下，并以母老辞。"③ 沈周的隐居不仕受到他父祖的很大影响。茶是沈周隐逸生活的重要角色，他的诗集《石田诗选》中有许多有关饮茶的诗歌。如《月夕汲虎丘第三泉煮茶坐松下清啜》："夜扣僧房觅碉腴，山童道我齐村沽。未传卢氏煎茶法，先执苏公调水符。石鼎沸风怜碧绉，磁瓯盛月看金铺。细吟满啜长松下，若使无诗味亦枯。"④ 又如《病怀二首》："衰迟宜静不宜哗，事莫堪怀动叹嗟。……任是客来难强酒，小陪清话一烧茶。"⑤ 又如《雨夜宿吴匏庵宅》："雨中客舍苦局促，故人招我有尺牍。书云竹

① （清）张廷玉等：《明史》286《文苑传二·顾璘传》，中华书局1974年版，第7355页。

② （明）孙一元：《太白山人漫稿》卷4，《景印文渊阁四库全书》第1268册，台湾商务印书馆1986年版。

③ （清）张廷玉等：《明史》298《隐逸传·沈周传》，中华书局1974年版，第7630页。

④ （明）沈周：《石田诗选》卷2，《景印文渊阁四库全书》第1249册，台湾商务印书馆1986年版。

⑤ （明）沈周：《石田诗选》卷5，《景印文渊阁四库全书》第1249册，台湾商务印书馆1986年版。

居可闲坐，烹茶剪韭亦不俗。"① 再如《写画赠陈惟孝》："绿阴亦可爱，茗碗浮新芽，迟留越信宿，谈笑补叹嗟，莫易判风袂，后会未可涯。"② 沈周是著名画家，他还创作了一批茶画。如《竹居图》，他自己的题诗是："小桥溪路有新泥，半日无人到水西。残酒欲醒茶未熟，一帘春雨竹鸡啼。"刘廷美为他这幅画的题诗为："隐侯何处觅，家在水云边。鹤瘦原非病，人间即是仙。诗题窗外竹，茶煮石根泉。老我唯疏放，新图拟巨然。"③ 沈周还曾为自己的一幅茶画题诗："白日林堂杂树阴，青苔萦转路深深。屐声鸣谷人来处，不会新茶定会琴。"④ 沈周的茶画《桐荫濯足图》，画一山涧，一高人逸士坐弄流泉，左边一名童子走来，盘内盛有茶具，准备将烹好的茶水递给主人，体现了一种怡然自得、志在林泉、超尘脱俗的隐逸生活。⑤

陈继儒，《明史》载："继儒通明高迈，年甫二十九，取儒衣冠焚弃之。隐居昆山之阳，构庙祀二陆，草堂数楹，焚香晏坐，意豁如也。……屡奉诏征用，皆以疾辞。"⑥ 陈继儒撰写了《茶话》和《茶董补》两部茶书。《岩栖幽事》是他撰写的描述自己隐居生活的一部著作，其中有许多与茶有关的内容。《钦定四库全书总目》评曰："所载皆山居琐事，如接花、艺木以及于焚香、点茶之类，词意佻纤，不出明季山人之习。"⑦《岩栖幽事》曰："香令人幽，酒令人远，石令人隽，

---

　　① （明）沈周：《石田诗选》卷6，《景印文渊阁四库全书》第1249册，台湾商务印书馆1986年版。

　　② （明）沈周：《石田诗选》卷8，《景印文渊阁四库全书》第1249册，台湾商务印书馆1986年版。

　　③ （清）卞永誉：《书画汇考》卷55《画二十五·明》，《景印文渊阁四库全书》第827—829册，台湾商务印书馆1986年版。

　　④ （明）张丑：《真迹日录》卷5，《景印文渊阁四库全书》第817册，台湾商务印书馆1986年版。

　　⑤ 王小红：《坐弄流泉烹溪月 篝火调汤煮云林——"明四家"所绘茶文化图举要》，《书画世界》2006年第1期，第86—88页。

　　⑥ （清）张廷玉等：《明史》298《隐逸传·陈继儒传》，中华书局1974年版，第7631页。

　　⑦ （清）纪昀等：《钦定四库全书总目》卷130《子部四十·杂家类存目七》，《景印文渊阁四库全书》第1—6册，台湾商务印书馆1986年版。

琴令人寂，茶令人爽……'泃泃乎如涧松之发清吹，浩浩乎如春空之行白云。'可谓得煎茶三昧。……箕居于斑竹林中，徙倚于青石几上，所有道笈梵书，或校雠四五字，或参讽一两章。茶不甚精，壶亦不燥；香不甚良，灰也不死；短琴无曲而有弦，长讴无腔而有音；激气发于林樾，好风送之水涯。若非羲皇心上，亦定稽阮兄弟之间。……品茶一人得神，二人得趣，三人得味，七八人是名施茶。"① 陈继儒撰写的《小窗幽记》中亦有大量茶与隐逸的内容。

除隐者外，明代许多为官者也往往有浓厚的隐逸情怀。典型的是茶书《茶寮记》的作者陆树声。《明史》载："陆树声……举嘉靖二十年会试第一。……初，树声屡辞朝命，中外高其风节。遇要职，必首举树声，唯恐其不至。张居正当国，以得树声为重，用后进礼先谒之。树声相对穆然，意若不甚接者，居正失望去。……树声端介恬雅，翛然物表，难进易退。通籍六十余年，居官未及一纪。与徐阶同里，高拱则同年生。两人相继柄国，皆辞疾不出。"② 茶饮是他公余生活的重要内容："树声居尝闭门宴坐，焚香啜茗，启处服御笑饮，在所休休然，其和光缀接里之执经问道与士大夫东西行礼于其庐者，不择贤愚少长皆意满去。王锡爵称其道不苦空而禅，不标炽而儒，不垢俗而隐。"③ 陆树声建了适园，追求隐于茶的适意人生。"奔太公丧，服阕久之不出。丁巳自家拜南京，丙子监司业，同志诸公驰书劝驾，勉一就职，未几即郎，请告归，辟适园宴处若将老焉。……江陵（指张居正）既败，台谏奏诏举海内耆德三十七人，以公为首，自是荐剡无虚岁，而公高卧弥，坚终无世念。"④ 他所著《茶寮记》记述的即是他与僧人在适园中的茶事活动和品茶感悟。

---

① （明）陈继儒：《岩栖幽事》，《四库全书存目丛书·子部》第118册，齐鲁书社1997年版。

② （清）张廷玉等：《明史》216《陆树声传》，中华书局1974年版，第5694—5695页。

③ （明）何乔远：《名山藏》卷81，福建人民出版社2010年版，第2453页。

④ （明）焦竑：《献征录》卷34，上海书店1987年版，第1400—1401页。

二　茶书大量表现了隐逸之风

明代隐逸的风气很盛，而茶有很强的隐逸文化象征，明代茶书中于是大量表现了明代的隐逸之风，有许多反映隐逸避世思想的内容。

朱权《茶谱》曰："挺然而秀，郁然而茂，森然而列者，北园之茶也。泠然而清，锵然而声，涓然而流者，南涧之水也。块然而立，崒然而温，铿然而鸣者，东山之石也。癯然而酸，兀然而傲，扩然而狂者，渠也。以东山之石，击灼然之火；以南涧之水，烹北园之茶，自非吃茶汉，则当握拳布袖，莫敢伸也。本是林下一家生活，傲物玩世之事，岂白丁可共语哉？"又曰："予故取亨茶之法，末茶之具，崇新改易，自成一家。为云海餐霞服日之士，共乐斯事也。……凡鸾俦鹤侣，骚人羽客，皆能志绝尘境，栖神物外，不伍于世流，不污于时俗。……寄形物外，与世相忘。"① 以上内容反映的都是朱权隐逸饮茶的生活，"本是林下一家生活"。而"云海餐霞服日之士""鸾俦鹤侣""骚人羽客"代指的都是隐士。

茅一相在给顾元庆《茶谱》所作的《后序》中说："大石山人顾元庆，不知何许人也。久之知为吾郡王天雨社中友。王固博雅好古士也，其所交尽当世贤豪，非其人虽轩冕黼黻，不欲挂眉睫间。天雨至晚岁，益厌弃市俗，乃筑室于阳山之阴，日唯与顾、岳二山人结泉石之盟。顾即元庆，岳名岱，别号漳馀，尤善绘事，而书法颇出入米南宫，吴之隐君子也。三人者，吾知其二，可以卜其一矣。今观所述《茶谱》，苟非泥淖一世者，必不能勉强措一词。吾读其书，亦可以想见其为人矣。"② 这说明王天雨终身为避世的隐者，可谓是隐于茶者，顾元庆、岳岱被称为山人，自然也是不仕者，他们三人结为"泉石之盟"。

真清《茶经外集》辑录了许多明代竟陵文人的诗歌，其中有些茶诗表现了浓厚的隐逸思想。如程键《过西禅次陆泉韵》："佛法归三昧，

---

① （明）朱权：《茶谱》，《艺海汇函》，明抄本。

② （明）顾元庆：《茶谱》，《续修四库全书》第 1115 册，上海古籍出版社 2003 年版。

神通说七能。煮茶松鹤避，洗钵水龙兴。白昼花飞雨，青莲夜焕灯。何当谢尘故，接迹伴山僧。"又如程口《游龙盖寺》："十载江山访赤松，半湖烟浪隐仙踪。……花底寻幽残露湿，竹间下榻口云封。"又如程太忠《宿龙盖寺》："仙茗浮春香满座，胡床向晚腋生风。恍疑身世乾坤外，便欲凌翰访赤松。"再如鲁彭《怀陆篇》："平生浪说《煮茶记》，此日却咏《怀陆篇》。嗟公磊呵不喜名，眼空尘世窥蓬瀛。几回天子呼不去，但见两腋清风生。清风飘飘湖海中，云笼月朾随飞蓬。自从维扬品鉴后，千山万水为一空。……放歌曳履且归去，回首沧波生白苹。"再如程子谦《题西禅茶井》："逃禅重陆羽，岂为浮名牵。采茗南山下，凿泉古刹前。非消司马渴，那慕接舆贤。谁觉幽求士，茶经为寓言。"①

赵观为田艺蘅《煮泉小品》所作《叙》中称："田子艺（即田艺蘅）夙厌尘嚣，历览名胜，窃慕司马子长之为人，穷搜遐讨。固尝饮泉觉爽，啜茶忘喧，谓非膏粱纨绮可语。爰著《煮泉小品》，与漱流枕石者商焉。"田艺蘅在《煮泉小品》的《引》中说："昔我田隐翁尝自委曰'泉石膏肓'。噫！夫以膏肓之病，固神医之所不治者也，而在于泉石，则其病亦甚奇矣。……偶居山中，遇淡若叟，向余曰：'此病固无恙也。子欲治之，即当煮清泉白石，加以苦茗，服之久久，虽辟谷可也，又何患于膏肓之病邪！'"②田艺蘅啜茶忘喧，以写作茶书作为自己隐逸生活的内容。他自称"田隐翁"，有"泉石膏肓"之疾，而这种病只有清泉白石加苦茗才能治愈，这表现的是自己对隐逸饮茶的极度崇尚与热爱。

徐献忠《水品》之《京师西山玉泉》条曰："玉泉山在西山大功德寺西数百步……京师所艰得唯佳泉，且北地暑毒，得少憩泉上，便可忘世味尔。"徐献忠认为憩于泉上，即可忘世味，一定程度体现了隐逸思想。《苏门山百泉》条曰："苏门山百泉者，卫源也。……其地山冈胜

---

① （明）真清：《茶经外集》，明嘉靖二十二年柯口刻本。
② （明）田艺蘅：《煮泉小品》，《四库全书存目丛书·子部》第80册，齐鲁书社1997年版。

丽，林樾幽好，自古幽寂之士，卜筑啸咏，可以洗心漱齿。晋孙登、嵇康，宋邵雍皆有陈迹可寻。讨其光寒沏穆之象，闻之且可醒心，况下上其间耶？"孙登是晋代著名隐士，嵇康曾求教于他，宋代邵雍也是终身不仕的隐士。《四明山雪窦上岩水》条曰："四明山巅出泉甘冽，名四明泉，上矣。南有雪窦，在四明山南极处，千丈岩瀑水殊不佳，至上岩约十许里，名隐潭，其瀑在险壁中，甚奇怪。……世间高人自晦于蓬蘽间，若此水者，岂堪算计耶？"① 徐献忠以水比喻世间存在大量隐逸的高人。

陆树声《茶寮记》曰："要之，此一味非眠云跂石人，未易领略。余方远俗，雅意禅栖，安知不因是遂悟入赵州耶？""眠云跂石人"字面意思是眠于云中、垂足石上之人，此处代指的是隐士。《茶寮记》之《一人品》条指出："煎茶非漫浪，要须其人与茶品相得。故其法每传于高流隐逸、有云霞泉石磊块胸次间者。"《六茶侣》条曰："翰卿墨客，缁流羽士，逸老散人，或轩冕之徒，超轶世味。"② 说明陆树声认为茶是最适合隐逸之士饮用的。

卫承芳为陈师《茶考》所作《跋》曰："永昌太守钱唐陈思贞（即陈师），少有书淫，老而弥笃。蹴脱郡组，市隐通都，门无杂宾，家无长物，时乎悬磬，亦复晏如。"③ 陈师虽曾为官，年老后市隐于通都，写作了《茶考》。

屠隆《茶说》之《择器》条曰："凡瓶……所以策功建汤业者，金银为优；贫贱者不能具，则瓷石有足取焉。瓷瓶不夺茶气，幽人逸士，品色尤宜。石凝结天地秀气而赋形，琢以为器，秀犹在焉。"④ 屠隆认为幽人逸士适合用瓷、石之茶瓶，说明屠隆视野中的饮茶者相当一部分是隐逸者。

---

① （明）徐献忠：《水品》，《四库全书存目丛书·子部》第80册，齐鲁书社1997年版。
② （明）陆树声：《茶寮记》，《四库全书存目丛书·子部》第79册，齐鲁书社1997年版。
③ （明）陈师：《茶考》，喻政《茶书》，明万历四十一年刻本。
④ （明）屠隆：《茶说》，喻政《茶书》，明万历四十一年刻本。

顾大典为张源《茶录》所作《引》曰："洞庭张樵海山人（即张源），志甘恬澹，性合幽栖，号称隐君子。其隐于山谷间，无所事事，日习诵诸子百家言。每博览之暇，汲泉煮茗，以自愉快。"① 张源亦是避世的隐者。

冯时可《茶录》曰："鸿渐伎俩磊块，著是《茶经》，盖以逃名也。示人以处其小，无志于大也。意亦与韩康市药事相同，不知者，乃谓其宿名。夫羽恶用名？彼用名者，且经六经，而经茶乎？张步兵有云：'使我有身后名，不如生前一杯酒。'夫一杯酒之可以逃名也，又恶知一杯茶之欲以逃名也？"② 冯时可认为陆羽著《茶经》是一种逃名避世的行为。

闻龙《茶笺》曰："所谓它泉者……水色蔚蓝，素砂白石，粼粼见底，清寒甘滑，甲于郡中。余愧不能为浮家泛宅，送老于斯，每一临泛，浃旬忘返。携茗就烹，珍鲜特甚，洵源泉之最，胜瓯牺之上味矣。以僻在海陬，图经是漏，故又新之记罔闻，季疵之杓莫及，遂不得与谷帘诸泉齿。譬犹飞遁吉人，灭影贞士，直将逃名世外，亦且永托知稀矣。"所谓"飞遁吉人"和"灭影贞士"都指的是隐士，它泉虽佳，但无名气，如逃名世外的隐士一般。又曰："山林隐逸，水铫用银，尚不易得，何况鍑乎？若用之恒，而卒归于铁也。"③ 闻龙倾向于铫、鍑等茶具用铁，因为银昂贵，山林隐逸并不适合。

屠本畯为罗廪《茶解》所作的《叙》曰："罗高君性嗜茶，于茶理有县解，读书中隐山，手著一编曰《茶解》云。……其论审而确也，其词简而核也，以斯解茶，非眠云跛石人不能领略。高君自述曰：'山堂夜坐，汲泉烹茗，至水火相战，俨听松涛，倾泻入杯，云光潋滟。此时幽趣，未易与俗人言者，其致可挹矣。'……'斯足以为政于山林矣。'"屠本畯认为罗廪的《茶解》只有眠云跛石人也即隐逸之人才能

---

① （明）张源：《茶录》，喻政《茶书》，明万历四十一年刻本。
② （明）冯时可：《茶录》，陶珽《说郛续》卷37，清顺治三年李际期宛委山堂刊本。
③ （明）闻龙：《茶笺》，陶珽《说郛续》卷37，清顺治三年李际期宛委山堂刻本。

领略。龙膺为《茶解》所作《跋》曰："予疲暮，尚逐戎马，不耐膻乡潼酪，赖有此家常生活，顾绝塞名茶不易致，而高君乃用此为政中隐山，足以茹真却老，予实妒之。更卜何时盘砖相对，倚听松涛，口津津林壑间事，言之色飞。予近筑园，作沤息计……予归且习禅，无所事酿，孤桐怪石，夙故畜之。"① 龙膺在边地有十分繁忙的公务活动，对罗廪隐于中隐山的茶事活动十分向往，并筑园作归隐的准备。

徐𤊟为屠本畯《茗笈》所作《序》曰："凡天下奇名异品，无不烹试定其优劣，意豁如也。及先生擢守辰阳，挂冠归隐鉴湖，益以烹点为事。铅椠之暇，著为《茗笈》十六篇，本陆羽之文为经，采诸家之说为传，又自为评赞以美之。文典事清，足为山林公案，先生其泉石膏肓者耶？……善夫陆华亭有言曰：'此一味，非眠云跂石人未易领略。'可为幽叟实录云。"徐𤊟指出屠本畯写作《茗笈》是在他挂冠归隐鉴湖（浙江省绍兴）时期，只有隐逸之士才可领略。屠本畯在《茗笈》序言中所作《南山有茶》诗第七章曰："予本憨人，坐草观化。赵茶未悟，许瓢欲挂。""赵茶未悟"是指尚未领悟禅理，"许瓢欲挂"指的是欲要归隐，许瓢即许由舀水之瓢，许由是上古著名隐士。《茗笈》之《第八定汤章》的赞词是："茶之殿最，待汤建勋。谁其秉衡？跂石眠云。"《第十二防滥章》赞词是："客有霞气，人如玉姿。不泛不施，我辈是宜。"《第十六玄赏章》赞词为："谈席玄衿，吟坛逸思。品藻风流，山家清事。"② 这些文字都表现了茶与隐士是最相宜的。王嗣奭等人的《茗笈品藻》是对《茗笈》的评论，王嗣奭《品一》曰："余贫不足道，即贵显家力能制佳茗，而委之僮婢烹瀹，不尽如法。故知非幽人开士、披云漱石者，未易了此。"③ 王嗣奭认为非幽人开士、披云漱石者即隐者难以真正精于茗事。

徐𤊟《茗谭》曰："陆鲁望尝乘小舟，置笔宝、茶灶、钓具往来江

① （明）罗廪：《茶解》，喻政《茶书》，明万历四十一年刻本。
② （明）屠本畯：《茗笈》，喻政《茶书》，明万历四十一年刻本。
③ （明）王嗣奭等：《茗笈品藻》，喻政《茶书》，明万历四十一年刻本。

湖。性嗜茶，买园于顾渚山下，自为品第，书继《茶经》《茶诀》之后。有诗云：'决决春泉出洞霞，石叠封寄野人家。草堂尽日留僧坐，自向前溪摘茗芽。'可以想其风致矣。"陆鲁望即陆龟蒙，是唐代著名隐士，他曾在顾渚山下开辟了茶园，作有《奉和袭美茶具十咏》。徐𤊹对陆龟蒙的隐逸和茶事生活十分欣赏。《茗谭》又曰："谷雨乍晴，柳风初暖，斋居燕坐，澹然寡营。适武夷道士寄新茗至，呼童烹点，而鼓山方广九侪，僧各以所产见饷，乃尽试之。又思眠云跂石人，了不可得，遂笔之于书，以贻同好。"① 徐𤊹多和僧、道等方外之人来往，得到他们赠予的茶叶，他十分遗憾没能与眠云跂石人即隐士共饮茶水。

董其昌为夏树芳《茶董》所作《茶董题词》曰："荀子曰：'其为人也多暇，其出入也不远矣。'陶通明曰：'不为无益之事，何以悦有涯之生？'余谓茗碗之事，足当之。盖幽人高士，蝉脱势利，藉以耗壮心而送日月。……予夙秉幽尚，入山十年，差可不愧茂卿语。……唯是绝交，书所谓心不耐烦而官事鞅掌者，竟有负茶灶耳。"陶通明是东晋著名隐士陶渊明，董其昌阐述了茶与隐士之间的密切关系。陈继儒为《茶董》所作《小序》曰："热肠如沸，茶不胜酒；幽韵如云，酒不胜茶。酒类侠，茶类隐，酒固道广，茶亦德素。"陈继儒认为"茶类隐"，茶与隐者有类似的气质，产于山林，不求闻达。夏树芳《茶董》自序曰："调鹤听莺，散发卧羲皇，则桧雨松风，一瓯春雪，亦所亟赏。故断崖缺石之上，木秀云腴，往往于此吸灵芽，漱红玉，瀹气涤虑，共作高斋清话。"② "调鹤听莺，散发卧羲皇"，"断崖缺石之上"象征的都是隐逸生活，茶与此是最适宜的。

龙膺学生朱之蕃为龙膺《蒙史》所作《题辞》曰："吾师龙夫子，与舒州白力士铛，夙有深契，而于瀹茗品泉，不废净缘。顷治兵湟中，夷虏款塞，政有馀闲，纵观泉石，扶剔幽隐。得北泉，甚甘烈，取所携松萝、天池、顾渚、罗岕、龙井、蒙顶诸名茗尝试之，且著《醒乡

---

① （明）徐𤊹：《茗谭》，喻政《茶书》，明万历四十一年刻本。
② （明）夏树芳：《茶董》，《四库全书存目丛书·子部》第79册，齐鲁书社1997年版。

记》，以与王无功千古竞爽，文囿颉颃，破绝塞之颛蒙，增清境之胜事。"① 龙膺虽长期为官，但在繁忙公务之余，仍然不废茶事，以体现自己的隐逸情怀。"王无功"即隋末唐初著名隐士王绩，弃官归乡，崇尚老庄，因他嗜酒，曾著《醉乡记》，所以龙膺写《醒乡记》与之抗衡。

喻政《茶集》辑录的明人蔡复一《茶事咏》曰："酒，养浩然之气；而茶，使人之意也消。……酒和中取劲，劲气类侠；茶香中取淡，淡心类隐。酒如春云笼日，草木宿悴，都化恺容；茶如晴雪饮月，山水新光，顿失尘貌。醉乡道广，人得狎游；而茗格高寒，颇以风裁御物。……仆野人也，雅沐温风，终存介性，病眼数月，山居沉寥，不能效苏子美读《汉书》，以斗酒为率，唯一与茶客酒徒，既专且久，振爽涤烦，间有会心，便觉陆季疵辈去人不远，中口而发，随命笔吏，得小诗若干首。"② 蔡复一亦指出茶类隐者，"茶香中取淡，淡心类隐"。蔡复一还自称为"野人"，"山居沉寥"，道家隐者的思想在他身上打下了深深的烙印。

喻政《烹茶图集》收录有唐寅的《陆羽烹茶图》，所绘图中高人逸士饮茶于山林泉石之间，喻政的许多同僚和朋友为之题词。庄懋循（疑为臧懋循之误）的题词为："桐阴竹色领闲人，长日烟霞傲角巾。煮茗汲泉松子落，不知门外有风尘。/坐来石榻水云清，何事空山有独醒。满地落花人迹少，闭门终日注茶经。"此诗实际为宋人杜小山所作，描绘的是隐者避世饮茶的形象。李光祖的题词《李光祖绳伯父书》曰："万历癸卯伏日，过同年喻职方正之斋中，出所藏唐伯虎画《陆羽烹茶图》，韵远景闲，澹爽有致，时烦暑郁蒸，飒然入清凉之境界。……然俗韵清赏，时有乖合，乃高人不呈一物，而能以妙理寄于吹云泼乳之中。大都其地宜深山流泉，纸窗竹屋；其时宜雪雾雨冥，亭午丙夜；其侣宜苍松怪石，山僧逸民。……吾乡厌原云雾，品味殊胜，间

① （明）龙膺：《蒙史》，喻政《茶书》，明万历四十一年刻本。
② （明）喻政：《茶集》，喻政《茶书》，明万历四十一年刻本。

一试之，大似无弦琴、直钩钓也。有同此好者，约法三章：勿谈世事，勿杂腥秽，勿溷遝客。正之素心玄尚，眉宇间有烟霞气。"① 李光祖的题词反映饮茶最宜隐逸之人。"无弦琴、直钩钓"指的是隐士韵味，陶渊明有无弦琴，姜子牙隐居时以直购钓鱼。所谓正之（即喻政）"眉宇间有烟霞气"，也即喻政具有隐逸的气质。

谢肇淛为喻政编辑的《茶书》所作《序》云："夫世竞市朝，则烟霞者赏矣；人耽粱肉，则薇蕨者贵矣。……矧于茶，其色香风味，既迥出尘俗之表……远谢世氛，清供自适，则陈思谱海棠、范成大品梅花之致也。"烟霞者、薇蕨者代指的都是隐者。周之夫的《茶书》之《序》曰："喻正之不甚嗜茶，而澹远清真，雅合茶理。……畅韵士之幽怀，作词场之佳话，功不在陆处士之下，更何待言。……徼天之幸，日侍正之左右，觉名利之心都尽。……夫余而后知使君之澹远清真，雅合茶理，不虚也。"周之夫评价喻政："而使君，质任自然，心无适莫，合刻《茶书》以发舒其澹远清真之意，遂使不受世网如余者，得以窥见微指，作寥旷之谈，破矜庄之色，无亦非所宜乎？"② 周之夫之所以指出喻政雅合茶理，是因为喻政虽然为官，但具有隐逸情怀，性格上淡远清真，与茶的文化象征具有一致性。

邓志谟创作的《茶酒争奇》虚构了一个叫上官四知的士人："极豪爽，且耐淡泊，虽家赀巨万，若一蓑人子耳。建一别墅，枕冈面流，疏梧修竹。扁于门曰'迎翠'，扁于楼曰'栖云'。有一联云：'迭翠层峦疑欲雨，环村密树每留云。'樵牧与群，鹿豕与游，而坐，而卧，而登临，而高吟纵览，会有得意，则索句付奚囊。又有一架数植，明窗净几，左列古今图史百家，右列道释禅寂诸书。前植名花三十余种，琴一、炉一、石磬一，茶人鼎灶、衲子蒲团、茶具、酒具各二十事。时敲

---

① （明）喻政：《烹茶图集》，喻政《茶书》，明万历四十一年刻本。
② （明）喻政：《茶书》，明万历四十一年刻本。

石火，汲新泉，煎先春；时泛桃花，或一斗，或五斗。每谓羲皇上人。"① 此人虽家财巨万，却为人淡泊，有若穷人子弟，饮茶是他崇尚的隐逸生活的重要组成部分。《种松堂庆寿茶酒筵宴大会》是《茶酒争奇》中的一部戏曲，表现了吴有德、全如璞、高尚志三人不爱富贵、唯喜茶酒之志，官妓桂香有一段唱词："富贵不可求，何须分外巧机谋？万事皆有定，奔忙到白头。人心不足蛇吞象，百岁人生有几秋？籧草衣凄凉穷巷，安吾拙亦安吾愚。银黄金紫，驰骋康衢，是甚才，亦是其命。倒不如粗衣淡饭，可休即休，空使身心半夜愁。"② 这部戏曲也表现了很强的隐逸思想。

张楫琴为黄履道《茶苑》所作的《序》记录了黄履道的一段话："吾少也贱，病而废业，抱皇甫之书，婴相如之消渴。及壮，复耽茗事，名品必搜，左泉右灶，唯日不足。……偶读陆子《茶经》，有会于心者，恨其未备，亟取箧中群籍，辑录一通，聊以寄志。……"③ 张楫琴认为黄履道潦倒不仕，胸中充满着牢骚怨气，所以借饮茶以消解，编写出了《茶苑》，但黄履道本人并不赞同，指出自己嗜茶并写作茶书与自己的隐逸之志有关，在茶中寄托自己的志向，所谓"抱皇甫之书"，即抱有做高尚隐士的志向，魏晋时人皇普谧著有《高士传》，为历代隐士立传。

黄履道《茶苑》辑录陈继儒《眉公笔记》曰："文博士寿承云：在长安时，过顾舍人汝由砚山斋。见其窗明几净，折松枝梅花作供，凿玉河水烹茗啜之，又新得凫鼎奇古，目所未睹，炙内府龙涎香。恍然如在世外，不复知有京华尘土。"文博士寿承即明人文征明的长子文彭，他观察到顾汝由烹茶啜茗，恍然如在世外。《茶苑》又引陈继儒《小窗幽记》曰："白云在天，明月在地，焚香煮茗，阅偈翻经，俗念都捐，尘

---

① （明）邓志谟：《茶酒争奇》卷 1《叙述茶酒争奇》，邓志谟《七种争奇》，清春语堂刻本。

② （明）邓志谟：《茶酒争奇》卷 1《茶酒传奇——庆寿茶酒》，邓志谟《七种争奇》，清春语堂刻本。

③ （明）黄履道：《茶苑》，清抄本。

心顿尽。……风阶拾叶，山人茶灶劳薪；月径聚花，素士吟坛绮席。药杵捣残疏月上，茶铛煮破碧烟浮。……云水中载酒，松篁里煎茶，何必銮坡侍宴；山林下著书，花鸟中得句，不须凤沼挥毫。"陈继儒是晚明著名隐士，《小窗幽记》表现了隐逸文人淡泊名利、乐处山林的陶然超脱之情，此书中有大量有关茶的内容。《茶苑》辑录元末明初人高启诗歌《赠倪元镇》曰："名落人间四十年，绿蓑细雨自江天。寒池蕉雪诗人卷，午榻茶烟病叟禅。四面青山高阁外，数株杨柳旧庄前。相思不及鸥飞去，空恨风波滞酒舡。"① 倪元镇即元末明初人倪瓒，张廷玉《明史·隐逸传》为他作了传记，是著名隐士，从这首诗看饮茶是他隐逸生活的重要内容。

醉茶消客《茶书》辑录了明人李熔等人的一组茶诗。李熔《林秋窗精舍啜茶》诗曰："月团封寄小窗间，惊起幽人晓梦闲。玉碗啜来肌骨爽，却疑林馆是蓬山。"陈希登、旋世亨、宋儒、林焯和俞世洁作诗奉和，如宋儒的和诗为"云脚春芽一啜间，尘心为洗觉清闲。若教得比陶家味，支杖从容看云山"。在这一组茶诗中，茶有很强的隐逸象征意味。醉茶消客《茶书》辑录了明成化年间曾中状元之谢迁的两首茶诗："茗碗清风竹下泉，汲泉仍付竹炉煎。……卢仝故业王猷宅，凭仗山人为保全。""不慕糟丘与酒泉，竹炉更取瓦瓶煎。……古来放达非吾愿，颇爱陶家风味全。"诗中的"山人"和"陶家"都指的是隐士，谢迁虽然政治地位很高，仕途也较为通达，但仍对隐逸生活显露出欣赏和向往。醉茶消客《茶书》辑录了盛时泰《大城山房十咏》，他终身不得志，隐居于大城山中，这组诗表现了他在山中的隐逸茶事生活。如《茶所》："云里半间茅屋，林中几树梅花。扫地焚香静坐，汲泉敲火煎茶。"又如《茶铛》："四壁青灯掣电，一天碎石繁星。野客采苓同煮，山僧隐几闲听。"又如《茶瓢》："雨里平分片玉，风前遥泻明珠。忆昔许由空老，即今颜子何如。"再如《茶宾》："枯木山中道士，绿萝庵里

---

① （明）黄履道：《茶苑》，清抄本。

高僧。一笑人间白尘，相逢肘后丹经。"醉茶消客《茶书》辑录了钱椿年《茶谱》的自序，《序》云："予在幽居，性不苟慕，唯于茶则尝属爱，是故临风坐月，倚山行水，援琴命奕；茶之助发余兴者最多，而余亦未有一遗于茶者。"① 这说明钱椿年撰写《茶谱》是在幽居之时，茶是他隐逸生活的至爱。

第二节　茶书与明代商品经济的发展

晚明时期，商品经济得到极大发展，茶叶的生产贸易十分兴盛。唐宋茶书虽也涉及一些商品茶的内容，但主要反映的是违反商品经济规律、超经济剥削的贡茶。明代的情况发生了很大变化，在商品经济大潮之下，商人的地位得到很大提高，许多士人也以商谋生，由于观念的转变和社会的转型，明代茶书记载的主要是商品茶，而对贡茶现象多持批判态度。

一　明代茶业商品经济的发展

明代特别是晚明时期商品经济得到很大发展，茶叶是其中的一项重要商品。明代的商品茶主要有内销茶叶、边销茶叶和外销茶叶。内销茶叶主要由南直隶、浙江、福建、江西、湖广等东南地区生产，销售于内地；边销茶叶主要由川西和陕西生产，销往边疆的藏族聚居区；外销茶叶主要生产于东南地区，销往日本、东南亚诸国、葡萄牙、荷兰、英国、俄国等境外国家。② 茶叶的消费主体主要是皇亲国戚、达官贵人、富家绅豪、文人墨客、僧侣道士、武将军士、平民百姓、少数民族、国外饮客等，除帝王宗室可享用无偿获得的地方贡茶，贵族官僚可通过特

---

① （明）醉茶消客：《茶书》，明抄本。
② 章传政：《明代茶叶科技、贸易、文化研究》，南京农业大学博士论文，2007 年，第147—178 页。

权向茶农搜刮掠夺茶叶，绝大多数普通消费者只能在市场上购取商品茶。① 明代影响最大的三大商帮是徽商、晋商和陕商，茶叶都是他们经营的最主要商品之一。②

明代商品茶生产的范围很广，据《明史·食货志四》，除供应边销的"陕西汉中、金州、石泉、汉阴、平利、西乡诸县"和川西的"碉门、永宁、筠、连"等地外，"其他产茶之地，南直隶常、卢、池、徽，浙江湖、严、衢、绍，江西南昌、饶州、南康、九江、吉安，湖广武昌、荆州、长沙、宝庆，四川成都、重庆、嘉定、夔、泸，商人中引则于应天、宜兴、杭州三批验所，徽茶课则於应天之江东瓜埠。自苏、常、镇、徽、广德及浙江、河南、广西、贵州皆徽钞，云南则徽银"。③《明史》的记载并不十分全面，不知为何将产茶大省福建忽略了。

明代商品茶的数量至今没有研究得出权威的统计数字，不过即便根据《明会典》的推算，明代茶叶销售的贸易额也是一个十分庞大的数字。《明会典》载："陕西茶课……见今茶课五万一千三百八十四斤一十三两四钱。四川茶课……见今茶课，本色一十五万八千八百五十九斤零，存彼处衙门听候支用，折色三十三万六千九百六十三斤。……各处茶课钞数：应天府江东瓜埠巡检司钞一十万贯，苏州府钞二千九百一十五贯一百五十文，常州府钞四千一百二十九贯铜钱八千二百五十八文，镇江府钞一千六百二贯六百二十文，徽州府钞七万五百六十八贯七百五十文，广德州钞五十万三千二百八十贯九百六十文，浙江钞二千一百三十四贯二十文，河南、钞一千二百八十贯，广西钞一千一百八十三锭一十五贯五百九十二文，云南银一十七两三钱一分四厘，贵州钞八十一贯

① 陶德臣：《明代茶叶消费主体分析》，《茶业通报》2014 年第 2 期，第 60—63 页。

② 张显清：《明代后期社会转型研究》，中国社会科学出版社 2008 年版，第 154—160 页。

③ （明）张廷玉等：《明史》卷 80《食货志四·茶法》，中华书局 1974 年版，第 1947—1955 页。

三百七十一文。"① 这里的数字都是今额，也即万历年间的统计。供边销的陕西、四川茶课一般十取一，这两省茶课分别为 51384 和 495822 斤，则茶叶销售额分别为 513840 和 4958220 斤。南直隶的应天府、苏州府、常州府、镇江府、徽州府、广德州和浙江、河南、广西、云南及贵州数省的茶课共计钞 686625 贯（铜钱 1000 文、钞 2 锭、银 1 两均折合钞 1 贯计），因为"凡茶引一道、纳铜钱一千文。照茶一百斤"，则茶叶销售额为 68662500 斤。全国茶叶销售额共计 74134560 斤，如以人口 6000 万计，人均茶叶消费量超过 1.2 斤。因为商人对利润最大限度的无限追逐和明代茶法的逐渐弊坏，逃避征课的私茶数额十分庞大。例如弘治正德年间长期任职陕西的杨一清就指出："故汉中一府，岁课不及三万而商贩私鬻至百余万以为常。"② 仅就汉中府一地而言，私茶数量大大超过纳课的茶叶，全国这种情况也或多或少会存在。因此，明代每年的实际茶叶贸易额要远远超过 74134560 斤这个数字。

明代商品茶的名品很多。谈迁《枣林杂俎》指出："自贡茶外，产茶之地各处不一，颇多名品。如吴县之虎丘，钱塘之龙井，最著。"③谈迁认为虎丘、龙井茶最著名。高濂《遵生八笺》曰："若近时虎丘山茶，亦可称奇，惜不多得。若天池茶，在谷雨前收细芽炒得法者，青翠芳馨，嗅亦消渴。若真芥茶，其价甚重，两倍天池，惜乎难得。须用自己令人采收方妙。又如浙之六安，茶品亦精，但不善炒，不能发香而色苦，茶之本性实佳。如杭之龙泓（即龙井也），茶真者，天池不能及也。……外此天竺灵隐为龙井之次，临安、于潜生于天目山者，与舒州同，亦次品也。"④ 高濂列举了虎丘、天池、罗芥、六安、龙井等名茶。

---

① （明）申时行等：《明会典》卷 37《户部二十四·课程六·茶课》，中华书局 1989 年版，第 265—266 页。

② （明）陈子龙等：《皇明经世文编》卷 115《杨石淙文集二》，《四库禁毁书丛刊·集部》第 24 册，北京出版社 1997 年版。

③ （清）谈迁：《枣林杂俎》中集，中华书局 2006，第 477—478 页。

④ （明）高濂：《遵生八笺·饮馔服食笺》上卷，《景印文渊阁四库全书》第 871 册，台湾商务印书馆 1986 年版。

谢肇淛《五杂俎》对明代的名茶作了较为全面的评价："今造团之法皆不传，而建茶之品亦还出吴会诸品之下。其武夷、清源二种，虽与上国争衡，而所产不多，十九馈鼎，故遂令声价靡不复振。今茶品之上者，松萝也，虎丘也，罗岕也，龙井也，阳羡也，天池也，而吾闽武夷、清源、鼓山三种可与角胜。六合、雁荡、蒙山三种，祛滞有功，而色香不称，当是药笼中物，非文房佳品也。闽，方山、太姥、支提，俱产佳茗，而制造不如法，故名不出里闬。"① 谢肇淛认为最上品的茶是松萝、虎丘、罗岕、龙井、阳羡、天池，福建的武夷、清源、鼓山可与抗衡，六合、雁荡和蒙山不尽如人意，方山、太姥及支提则名声不出本地。

松萝、罗岕等茶声誉很高，在市场极受欢迎，往往有很高的茶价。如谢肇淛《五杂俎》载："余尝过松萝，遇一制茶僧，询其法，曰：'茶之香原不甚相远，唯焙者火候极难调耳。茶叶尖者太嫩，而蒂多老。至火候匀时，尖者已焦，而蒂尚未熟。二者杂之，茶安得佳?'松萝茶制者，每叶皆剪去其尖蒂，但留中段，故茶皆一色，而功力烦矣，宜其价之高也。闽人急于售利，每斤不过百钱，安得费工如许? 即价稍高，亦无市者矣。故近来建茶所以不振也。"② 松萝茶制作过程技术要求极高，每叶剪去尖蒂，售价很高，可以想见其受欢迎的程度。谢肇淛还批评福建之人制茶过于急售，质量不高，致使茶价不令人满意。沈德符《万历野获编》曰："本朝熟《茶经》者甚少，至近年岕茶盛行，其价尤绝，几与蔡君谟小龙团相埒，余所见冯开之祭酒，周本音处士，皆精此艺。而长兴之洞山茶遂遍宇内。"③ 此处岕茶指产于南直隶长兴的罗岕，价格几乎可与宋代价等黄金的小龙团相提并论，可见售价之高，极受消费者青睐。

明代茶叶贸易是极其常见的现象。明人赋诗有时也将茶叶交易写入

---

① （明）谢肇淛：《五杂俎》卷 11《物部三》，《明代笔记小说大观》第 2 册，上海古籍出版社 2005 年版，第 1715—1716 页。

② 同上书，第 1716 页。

③ （明）沈德符：《万历野获编》卷 24《技艺》，《明代笔记小说大观》第 3 册，上海古籍出版社 2005 年版，第 2556 页。

诗中。如明初诗人高启《次韵过建平县》诗曰："县虽三户小，地僻罢兵防。茶市逢山客，枫祠祭石郎。"① 高启《江村乐四首》其一曰："一犬行随饷櫵，群蛾飞绕缲车，江边女去摘茨，城里人来卖茶。"② 明末诗人智舷《题徐春门画》诗曰："山头云湿皆含雨，溪口泉香尽带花。此是天池谷雨候，松阴十里卖茶家。"③ 沈德符《万历野获编》之《京城俗对》条曰："京师人以都城内外所有作对偶，其最可破颜者，如臭水塘对香山寺，奶子府对勇士营……奇味薏米酒对绝顶松萝茶。"④ 这说明在京城，松萝茶已成为十分普遍的商品，交易量大，所以才进入了俗对之中。顾祖禹《读史方舆纪要》主要反映的是明代的情况，其中记载："西樵山，（广州）府西百二十里。……又有黄龙洞，居人皆以种茶为业。"⑤ 黄龙洞居人以种茶为业，自然是一种商品生产。计六奇《明季南略》载，崇祯十七年六月二十九日，安庐巡抚张亮给南明弘光帝上奏了《南北止隔一河疏》，其中提到崇祯帝死后有官员程之充、董配元从北京南返，"途间遇有车推夏布、扇、茶等物，皆自南而北，赴彼交易"，张亮认为"夫南北止隔衣带水，果能一苇不渡，犹虑取道中州；及今何时也，而去来自若，茫无稽察，致使茶、扇、布箱得饱载而往，于贼巢行垄断之计哉"。⑥ 这反映在明末的战乱环境下，南北的之间的交易仍然没有中断，并在大规模进行，主要商品有茶、扇、夏布等物。《明季南略》又载："大清顺治八年冬月，有人首三皇子在民间，擒捉至马提督府审问。皇子自书供云：'（顺治八年）四月，与

---

① （清）张豫章等：《御选明诗》卷50，《景印文渊阁四库全书》第1442—1444册，台湾商务印书馆1986年版。

② （清）张豫章等：《御选明诗》卷117，《景印文渊阁四库全书》第1442—1444册，台湾商务印书馆1986年版。

③ （清）张豫章等：《御选明诗》卷115，《景印文渊阁四库全书》第1442—1444册，台湾商务印书馆1986年版。

④ （明）沈德符：《万历野获编》卷24《技艺》，《明代笔记小说大观》第3册，上海古籍出版社2005年版，第2556页。

⑤ （清）顾祖禹：《读史方舆纪要》卷101《广东二》，《续修四库全书》第598册，上海古籍出版社2003年版。

⑥ （清）计六奇：《明季南略》卷7《张亮奏边防》，商务印书馆1958年版，第146页。

（陈）砥流议往芜湖借银二十两，买细茶同徽商汪礼仙往苏州卖。礼仙与常州杨秀甫、吴中虎邱相识，茶卖毕，同到常州。'"① 三皇子朱慈焕是在逃难的环境下，竟也能从芜湖会同徽商贩茶去苏州，可见在当时茶叶贸易之普遍。这虽是发生在清初的事情，也能反映明末的事实。

明代地方志对明代茶叶商品交易的现象多有记载。如《（万历十二年）六安州志》载："货属。多茶，多漆，多白蜡"。② 又如《（嘉靖三十一年）安溪县志》载："安溪茶产常乐、崇善等里，货卖甚多。"③ 又如《（万历元年）慈利县志》："有茶、椒、漆、蜜之利，暇则摘茶采蜜，割漆采椒，以图贸易"。④ 又如《（弘治四年）休宁志》载："休宁一邑之内，西北乡之民，仰给于山，多值杉木，摘茗焙芳，贸迁他郡。"⑤ 又如《（正德元年）姑苏志》："茶。出吴县西山，谷雨前采焙极细者贩于市，争先腾价，以雨前为贵也。"⑥ 再如《（嘉靖八年）石湖志略》："有茶，近山诸坞多有之。谷雨前摘细芽入焙，谓之芽茶，又谓之奴茶，一裹入市，市人争买之，或以馈送。"⑦

茶叶贸易往往获利很大，这是许多人趋之若鹜的原因。明末清初人余怀《板桥杂记》载："张魁……以此重穷困。龚宗伯奉使粤东，怜而赈之，厚予之金，使往山中贩芥茶，得息颇厚，家稍稍丰矣。然魁性僻，尝自言曰：'我大贱相，茶非惠泉水不可沾唇，饭非四糙冬舂米不可入口，夜非孙春阳家通宵橡烛不可开眼。'钱财到手辄尽，坐此不名一钱，时人共非笑之，弗顾也。年过六十，以贩茶、卖芙蓉露为业。"⑧ 张魁贩茶获利颇丰，他之所以生活奢侈，钱财到手则尽，与他贩茶的高

① （清）计六奇：《明季南略》卷6《三皇子一案》，商务印书馆1958年版，第128—129页。
② 吴觉农：《中国地方志茶叶历史资料选辑》，农业出版社1990年版，第207页。
③ 同上书，第348页。
④ 同上书，第481页。
⑤ 朱自振：《中国茶叶历史资料续辑》，东南大学出版社1991年版，第179页。
⑥ 同上书，第186页。
⑦ 同上书，第187页。
⑧ （清）余怀：《板桥杂记》下卷《轶事》，《续修四库全书》第733册，上海古籍出版社2003年版。

额利润有关。明末范景文《赏新茶（有引）》诗曰："千钱市茗止争先，才过清明寄自燕。箬叶重封来马上，乳花细沸试铛前。"① 这反映消费者对质量好的茶叶往往争先购买，商人因此能够获得厚利。

在商品经济的大潮中，连僧道都卷入了茶叶的商品生产和贸易之中。如《（万历三十五年）休宁县志》载："邑之镇山曰松萝，以多松名，茶未有也。远麓为榔源，近种茶株，山僧偶得制法，遂托松萝，名噪一时。茶因踊贵，僧贾利还俗。"② 因为盈利丰厚，创制松萝茶的僧人为追逐利润最终还俗。明人施渐《赠欧道士卖茶》诗曰："静守黄庭不炼丹，因贫却得一身闲。自看火候蒸茶熟，野鹿衔筐送下山。"③ 这首诗表现的是道士卖茶。明末清初人周亮工《闽小记》记载了武夷山道士大规模种茶的情形。《闽茶曲（并注）》之一："崇安仙令递常供，鸭母船开朱印红。急急符催难挂壁，无聊斫尽大王峰。"周亮工自注曰："新茶下，崇安令例致诸贵人。黄冠苦于追呼，尽斫所种。武夷真茶遂绝。"《闽茶曲（并注）》又之一："一曲休教松栝长，悬崖侧岭展旗枪。茗柯妙理全为祟，十二真人坐大荒。"周亮工自注："茗柯为松栝蔽，不见朝曦，味多不足。地脉他分，树亦不茂。黄冠既获茶利，遂遍种之。一时松栝樵苏都尽。后百年，为茶所困，复尽刈之。九曲遂濯濯矣。十二真人，皆从王子骞学道者。"《闽茶曲（并注）》又之一："延津廖地胜支提，山下萌芽山上奇。学得新安方锡罐，松萝小款恰相宜。"作者自注："前朝不贵闽茶，即贡亦只备宫中浣濯瓯盏之需，贡使类以价货京师所有者纳之。间有采办，皆剑津廖地产，非武夷也。黄冠每市山下茶登山贸之。"④ 所谓黄冠即道士，明末武夷山道士大规模种植销售茶叶，到清初苦于地方官吏的盘剥，被砍伐殆尽。

---

① （明）范景文：《文忠集》卷10，《景印文渊阁四库全书》第1102—1103册，台湾商务印书馆1986年版。

② 朱自振：《中国茶叶历史资料续辑》，东南大学出版社1991年版，第179—180页。

③ （清）张玉书、汪霖等《御定佩文斋咏物诗选》卷244，《景印文渊阁四库全书》第1102—1103册，台湾商务印书馆1986年版。

④ （清）周亮工：《闽小记》卷1，上海古籍出版社1985年版，第65—70页。

甚至连宫廷都开店贩茶赚取利润。刘若愚《酌中志》载："宝和等店，经管各处商客贩来杂货。一年所徵之银，约数万两，除正额进御前外，余者皆提督内臣公用，不系祖宗额设内府衙门之数也。店有六：曰宝和，曰和远，曰顺宁，曰福德，曰福吉，曰宝延。……按：每年贩来貂皮约一万余张……绍兴茶约一万箱，松萝茶约二千驮……观商民之通塞，贩货之丰耗，亦足以卜时考世云。"①

二 茶书大量反映商品茶的内容

早在唐宋茶书中，就已有一些表现茶叶商品交易的内容，反映茶叶是一种重要商品的事实。在中国古代，与粮食的大规模种植主要用于自给自足不一样，茶叶几乎天然是一种商品，主要用于交易。

唐代陆羽《茶经》中有一则反映茶叶商品交易的内容。《茶经》引南朝宋《江氏家传》曰："江统，字应元，迁愍怀太子洗马，尝上疏谏云：'今西园卖醯、面、蓝子、菜、茶之属，亏败国体。'"② 江统作为地位很高的大臣，为卖茶叶等物的事情上疏，说明当时的茶叶交易额应该比较大，影响也较大。

唐代王敷《茶酒论》借拟人化的"茶"之口表现了唐代茶叶交易繁荣的景象："浮梁歙州，万国来求；蜀山蒙顶，其（骑）山蓦岭；舒城太胡（湖），买婢买奴；越郡余杭，金帛为囊。素紫天子，人间亦少。商客来求，船车塞绍。……蓦海骑江，来朝今室。将到市廛，安排未毕。人来买之，钱财盈溢。言下便得富饶，不在明朝后日。"尽管酒攻击茶"茶贱酒贵……三文一瓶，何年得富？……茶贱三文五碗"，但这只说明茶较为廉价，贵贱皆宜，普通平民也能大量消费。水最后总

---

① （明）刘若愚：《酌中志》卷 16《内府衙门职掌》，北京古籍出版社 1994 年版，第130—131 页。
② （唐）陆羽：《茶经》卷下《七之事》，《丛书集成新编》第 47 册，新文丰出版公司1985 年版。

结："酒店发富，茶坊不穷。长为兄弟，须得始终。"①

宋代宋子安《东溪试茶录》之《茶名》条提到了一些民间之茶："茶之名有七：一曰白叶茶，民间大重，出于近岁，园焙时有之。……三曰早茶，亦类柑叶，发常先春，民间采制为试焙者。……七曰丛茶，亦曰蘖茶，丛生……贫民取以为利。"② 这些民间茶实际是和官焙所生产的贡茶相对而言的，是一种主要用于商品交易的茶叶。

宋代黄儒《品茶要录》多次提到有些茶农为获得高额利润而掺杂造假，这种茶叶只能是用于交易的商品茶。《品茶要录》之《总论》曰："盖园民射利，膏油其面，色品味易辨而难评。予因收阅之暇，为原采造之得失，较试之低昂，次为十说，以中其病，题曰《品茶要录》云。"《入杂》条曰："故茶有入他叶者，建人号为'入杂'。銙列入柿叶，常品入桴、槛叶。二叶易致，又滋色泽，园民欺售直而为之。"《辨壑源、沙溪》条曰："观夫春雷一惊，筊笼才起，售者已担簦挈囊于其门，或先期而散留金钱，或茶才入笪而争酬所直，故壑源之茶常不足客所求。其有桀猾之园民，阴取沙溪茶叶，杂就家卷而制之，人徒趣其名，眩其规模之相若，不能原其实者，盖有之矣。凡壑源之茶售以十，则沙溪之茶售以五，其直大率仿此。然沙溪之园民，亦勇于为利，或杂以松黄，饰其首面。"③《品茶要录》的内容反映的是宋代建州建安生产的茶叶，茶叶交易量很大，往往供不应求，一些人于是掺杂售假，获取不正当利益。

但唐宋茶书更多反映的是超经济剥削的贡茶的内容，贡茶与商品生产的要求完全是背道而驰的。甚至宋代现存茶书中有五部茶书完全记述的是建州北苑贡茶的内容，它们是蔡襄《茶录》、宋子安《东溪试茶录》、赵佶《大观茶论》、熊蕃《宣和北苑茶录》和赵汝砺《北苑别

---

① （唐）王敷：《茶酒论》，王重民《敦煌变文集》，人民文学出版社 1957 年版，第 267 页。

② （宋）宋子安：《东溪试茶录》，《丛书集成初编》第 1480 册，中华书局 1985 年版。

③ （宋）黄儒：《品茶要录》，喻政《茶书》，明万历四十一年刻本。

录》。

唐代王敷《茶酒论》茶以自述的口吻曰："百草之首，万木之花。……贡五侯宅，奉帝王家。时新献人，一世荣华。自然尊贵，何用论夸！"①茶以自己成为重要贡品而倍感荣耀。

唐代裴汶《茶述》已是佚失的茶书，现存少量佚文。《茶述》佚文曰："今宇内为土贡实众，而顾渚、蕲阳、蒙山为上，其次则寿阳、义兴、碧涧、渔湖、衡山，最下有鄱阳、浮梁。"②《茶述》列举了一系列当时重要的贡茶。

宋代丁谓《北苑茶录》亦是已佚茶书，是丁谓任福建路转运使管理建州北苑贡茶期间所写的著作，内容自然主要反映的是这个宋代主要贡茶基地茶叶的生产和进贡。《北苑茶录》佚文曰："北苑，里名也，今曰龙焙。苑者，天子园囿之名，此在列郡之东隅，缘何却名北苑？……官私之焙，千三百三十有六。龙茶：太宗太平兴国二年，遣使造之，规取像类，以别庶饮也。石乳：石乳，太宗皇帝至道二年诏造也。"③

宋代蔡襄《茶录》是蔡襄总结他自己任福建转运使管理北苑贡茶期间对茶的认识和经验而写作的茶书。《茶录》之《序》曰："朝奉郎、右正言、同修起居注臣蔡襄上进：臣前因奏事，伏蒙陛下谕：臣先任福建转运使日所进上品龙茶最为精好。臣退念草木之微，首辱陛下知鉴，若处之得地，则能尽其材。……臣辄条数事，简而易明，勒成二篇，名曰《茶录》。"《后序》曰："臣皇祐中修起居注，奏事仁宗皇帝，屡承天问以建安贡茶并所以试茶之状。臣谓论茶虽禁中语，无事于密，造

---

① （唐）王敷：《茶酒论》，王重民《敦煌变文集》，人民文学出版社1957年版，第267页。

② （唐）裴汶：《茶述》，朱自振等《中国古代茶书集成》，上海文化出版社2010年版，第75页。

③ （宋）丁谓：《北苑茶录》，朱自振等《中国古代茶书集成》，上海文化出版社2010年版，第169页。

《茶录》二篇上进。"①《茶录》是蔡襄专为皇帝宋仁宗所写的。

宋代宋子安《东溪试茶录》是对丁谓《北苑茶录》和蔡襄《茶录》的补充，记述的是建州贡茶的内容。《东溪试茶录》曰："我宋建隆已来，环北苑近焙，岁取上供，外焙俱还民间而裁税之。……又免五县茶民，专以建安一县民力裁足之，而除其口率泉。"②

《大观茶论》的作者是宋徽宗赵佶，是中国历史上以帝王之身写作茶书的唯一一人。这部著作对建州贡茶的种植、采摘、制作、烹点、收藏、鉴别作了较全面的记述。《大观茶论》曰："本朝之兴，岁修建溪之贡，龙团凤饼，名冠天下；壑源之品，亦自此盛。延及于今，百废俱举，海内晏然，垂拱密勿，幸致无为。……故近岁以来，采择之精，制作之工，品第之胜，烹点之妙，莫不成造其极。……呜呼，至治之世，岂唯人得以尽其材，而草木之灵者，亦得以尽其用矣。"③

《宣和北苑茶录》为宋人熊蕃所著，其子熊克增补，主要记述宣和年间建州北苑的贡茶。熊克为《宣和北苑茶录》所作《后序》曰："先人作《茶录》，当贡品极盛之时，凡有四十余色。绍兴戊寅岁，克摄事北苑，阅近所贡皆仍旧，其先后之序亦同，唯跻龙园胜雪于白茶之上，及无兴国岩小龙、小凤。盖建炎南渡，有旨罢贡三之一而省去也。先人但著其名号，克今更写其形制，庶览之者无遗恨焉。……北苑贡茶最盛，然前辈所录，止于庆历以上。……先子亲见时事，悉能记之，成编具存。"④

宋代赵汝砺《北苑别录》亦记述的是建州北苑的贡茶，是对熊蕃《宣和北苑茶录》的补充，故称"别录"。赵汝砺在《北苑别录》的后记中说："舍人熊公（指熊克），博古洽闻，尝于经史之暇，辑其先君所著《北苑贡茶录》……汝砺……遂摭书肆所刊修贡录曰几水、曰火

---

① （宋）蔡襄：《茶录》，《丛书集成初编》第 1480 册，中华书局 1985 年版。

② （宋）宋子安：《东溪试茶录》，《丛书集成初编》第 1480 册，中华书局 1985 年版。

③ （宋）赵佶：《大观茶论》，陶宗仪《说郛》卷 93，清顺治三年李际期宛委山堂刊本。

④ （宋）熊蕃襄：《宣和北苑贡茶录》，《丛书集成新编》第 47 册，新文丰出版公司 1985 年版。

几宿、曰某纲、曰某品若干云者条列之。又以所采择制造诸说，并丽于编末，目曰《北苑别录》。"①

从唐宋到明代，情况有了巨大的变化，主要在于两点：一是明代未再有专门记述贡茶的茶书，明代茶书普遍即使偶尔提到贡茶，一般也持贬抑的态度，颇有微词，与唐宋时期对贡茶的津津乐道大不相同；二是明代茶书反映茶叶商品生产和贸易的内容很多，甚至出现了好几部专门记述商品茶的著作。之所以出现这种情况，主要是因为明代中后期商品经济的巨大发展，人们的观念也发生了巨变，普遍接受工商皆本的思想。从商不再是贱流，商人地位有了很大提高，高于工农，甚至不逊于士。许多士人也卷入商品经济的洪流，不再耻言牟利。贡茶是一种朝廷对地方超经济的压榨和掠夺，与商品生产和贸易的要求格格不入，破坏了茶叶生产和贸易，和商品经济的潮流背道而驰，自然引起了很多士人的不满甚至敌意。明代茶书中大量有关商品经济的内容，既是对明代茶叶商品生产和贸易大发展的一种反映，也是茶书作者在商业大潮冲击下普遍接受工商皆本思想的一种体现。下面罗列明代茶书具体论述。

徐献忠《水品》之《黄岩铁筛泉》条曰："方山下出泉甚甘，古人欲避其泛沙，置铁筛其内，因名。士大夫煎茶，必买此水，境内无异者。"《福州南台泉》条曰："泉上有白石壁，中有二鲤形，阴雨鳞目粲然。贫者汲卖泉水，水清冷可爱。"② 从这两条材料可看出，在当时商品经济发达的情况下，士大夫煎茶经常买水，为贫者获取收入的一条途径。

屠隆《茶说》之《虎丘》条曰："最号精绝，为天下冠。惜不多产，皆为豪右所据。寂寞山家，无由获购矣。"《阳羡》条曰："俗名罗芥，浙之长兴者佳，荆溪稍下。细者其价两倍天池，惜乎难得，须亲自采收方妙。"《焙茶》条曰："茶采时，先自带锅灶入山，别租一室。择茶工之尤良者，倍其雇值，戒其搓摩，勿使生硬，勿令过焦，细细炒

---

① （宋）赵汝砺：《北苑别录》，《丛书集成新编》第47册，新文丰出版公司1985年版。
② （明）徐献忠：《水品》，《四库全书存目丛书·子部》第80册，齐鲁书社1997年版。

燥，扇冷方贮罂中。"① 屠隆称虎丘茶因为价高为豪右所购，寂寞山家无由获取，罗芥茶细者是天池的两倍，采茶制茶时租赁屋室，雇佣茶工，这些都强烈透露出商品经济的信息。

胡文焕《茶集》中录有一首他自己所作的《茶歌》："我今安知非卢仝，只恐卢仝未相及。岂但自解宿酒醒，要使苍生尽苏息。君莫学前丁后蔡相斗贡，忘却苍生无米粒。"② 胡文焕对历史上盘剥百姓造成灾难的贡茶进行了明确的批评。唐人卢仝作有《走笔谢孟谏议寄新茶》，其中有诗句谴责朝廷不顾民瘼给民众造成巨大痛苦的贡茶行为："山上群仙司下土，地位清高隔风雨。安得知百万亿苍生，命堕颠崖受辛苦。便从谏议问苍生，到头不得苏息否。"③ 胡文焕借用了卢仝诗句中的典故。"前丁后蔡"是指宋代先后主管北苑贡茶的两位著名官员丁谓和蔡襄，胡文焕认为他们不值得学习，因为贡茶不过是他们邀功沽宠的一种手段，造成了"苍生无米粒"的恶果。

许次纾《茶疏》之《采摘》条曰："吴淞人极贵吾乡龙井，肯以重价购雨前细者，狃于故常，未解妙理。芥中之人，非夏前不摘。……他山射利，多摘梅茶。梅茶涩苦，止堪作下食，且伤秋摘，佳产戒之。"吴淞人肯以高价购雨前，有些山区为获利多摘梅茶，这些都反映了茶叶的商品生产和贸易。姚绍宪为《茶疏》所作《序》曰："余辟小园其中，岁取茶租自判，童而白首，始得臻其玄诣。……余罄生平习试自秘之诀，悉以相授，故然明得茶理最精，归而著《茶疏》一帙，余未之知也。"④ 姚绍宪很大程度以种茶为生，积累了大量重要的茶叶生产和烹饮经验，他是一位参与了茶叶商品生产和贸易的文人。

冯时可《茶录》曰："徽郡向无茶，近出松萝茶，最为时尚。是茶始比丘大方。大方居虎丘最久，得采造法，其后于徽之松萝结庵，采诸

---

① （明）屠隆：《茶说》，喻政《茶书》，明万历四十一年刻本。

② （明）胡文焕：《茶集》，《百家名书》，明万历胡氏文会堂刻本。

③ （清）曹寅：《全唐诗》卷388，《景印文渊阁四库全书》第 1423—1431 册，台湾商务印书馆 1986 年版。

④ （明）许次纾：《茶疏》，《四库全书存目丛书·子部》第 79 册，齐鲁书社 1997 年版。

山茶于庵焙制，远迩争市，价倏翔涌，人因称松萝茶，实非松萝所出也。……松郡佘山亦有茶，与天池无异，顾采造不如。近有比丘来，以虎丘法制之，味与松萝等。老衲亟逐之，曰：'无为此山开膻径而置火坑。'盖佛以名为五欲之一，名媒利，利媒祸，物且难容，况人乎？"①僧大方焙制的茶叶因为质高而价格腾贵。松江府佘山也有僧人制出与松萝口味相等的茶叶，却被老僧赶走，原因并非纯粹担心牟利滋长名利之心，更因为一山出了名茶，很可能招来权贵的觊觎与掠夺，成为祸端。

《罗岕茶记》是时任浙江省长兴县知县的熊明遇所著。虽然长兴县是明代贡茶的重要来源地区，上缴贡茶本是知县的重要职责，但该书没有一字一句涉及到贡茶的内容。"罗岕立夏开园，吴中所贵"②，这种茶只能是用于交易的商品茶。

罗廪《茶解》曰："余邑贡茶，亦自南宋季至今。南山有茶局、茶曹、茶园之名，不一而止。盖古多园中植茶。沿至我朝，贡茶为累，茶园尽废，第取山中野茶，聊且塞责，而茶品遂不得与阳羡、天池相抗矣。余按：唐宋产茶地，仅仅如前所称，而今之虎丘、罗岕、天池、顾渚、松萝、龙井、雁荡、武夷、灵山、大盘、日铸诸有名之茶，无一与焉。"罗廪是浙江省慈溪县人，他所谓"余邑贡茶"是指慈溪县的贡茶，他对南宋以来至明代的贡茶颇不以为然，认为"贡茶为累"，导致茶园尽废，茶品也不能与阳羡、天池抗衡。用于贡茶的茶园之所以会荒废，原因在于随着商品经济的发展，官府很难再限制茶农的人身，茶农不愿接受贡茶制度的掠夺，不断逃亡。《茶解》列举的虎丘、罗岕等当时流行的名茶，都是商品茶。罗廪自述："余自儿时性喜茶，顾名品不易得，得亦不常有，乃周游产茶之地，采其法制，参互考订，深有所会，遂于中隐山阳栽植培灌，兹且十年。春夏之交，手为摘制，聊足供

---

① （明）冯时可：《茶录》，陶珽《说郛续》卷37，清顺治三年李际期宛委山堂刊本。
② （明）熊明遇：《罗岕茶记》，陶珽《说郛续》卷37，清顺治三年李际期宛委山堂刻本。

斋头烹啜，论其品格，当雁行虎丘。"① 他从少儿时代就开始研究茶叶生产技术，亲自开辟茶园，历十年之久，很可能以茶叶的商品生产和贸易为自己的重要收入来源，属于职业茶人。

徐𤊷《茗谭》曰："《茶经》所载，闽方山产茶，今间有之，不如鼓山者佳。侯官有九峰、寿山，福清回有灵石，永福有名山室，皆与鼓山伯仲。然制焙有巧拙，声价因之低昂。"又曰："余尝至休宁，闻松萝山以松多得名，无种茶者。《休志》云：'远麓有地名榔源，产茶。山僧偶得制法，托松萝之名，大噪一时，茶因涌贵。僧既还俗，客索茗于松萝司牧，无以应，往往赝售。'然世之所传松萝，岂皆榔源产欤？"② 以上内容记述的都是商品茶。

龙膺《蒙史》曰："楚地如桃源、安化，多产茶，第土人止知蒸法如罗芥耳。若能制如天池、松萝，香味更美。吾孝廉兄君超，置有茶山，园在桃源郑家驿西南二十里。岩谷奇峭，涧壑幽靓，居人以茶为业，耕石田而茶味浓厚。"③ 龙膺所称的"孝廉兄君超"自然是一位士人，置有茶山，以之为业，茶叶生产贸易已是一些文人的谋生方式。

喻政因为曾在福建为官的原因，他编撰的《茶集》辑录了一些有关元明时期武夷山贡茶的诗文。从这些诗文来看，元代时武夷山的贡茶很兴盛，规模浩大，但到明代贡茶慢慢难以为继，转向商品茶生产，御茶园荒废。根本原因在于随着商品经济的发展，茶农无法再接受超经济压榨的贡茶制度，纷纷以逃亡的方式反抗，当地官府只好由征茶改为征银，再用银两在市场购置茶叶作为贡茶上缴给朝廷。

《茶集》引元人赵孟𫖯《御茶园记》曰："武夷，仙山也。……（高兴）道出崇安，有以石乳饷者。公美芹思献，谋始于冲祐道士，摘焙作贡。……爰自修贡以来，灵草有知，日入荣茂。"引元张涣《重修茶场记》曰："武夷石乳湮岩谷间，风味唯野人专。洎圣朝，始登职

---

① （明）罗廪：《茶解》，喻政《茶书》，明万历四十一年刻本。
② （明）徐𤊷：《茗谭》，喻政《茶书》，明万历四十一年刻本。
③ （明）龙膺：《蒙史》，喻政《茶书》，明万历四十一年刻本。

方，任土列瑞，产蒙雨露，宠日蕃衍。繇是岁增贡额，设场官二人，领茶丁二百五十，茶园百有二所，芟辟封培，视前益加，斯焙遂与北苑等。……视龙团凤团在下矣。是贡，由平章高公平江南归觐而献，未逊蔡、丁专美。"引元代暗都剌《喊山台记》曰："武夷产茶，每岁修贡，所以奉上也。……俾修贡之典，永为成规。人神俱喜，顾不伟欤！"①以上《茶集》辑录的文字对武夷山贡茶都是赞赏的态度，贡茶制度能有效实施，十分繁盛。

明代情况发生了巨大的变化，由于商品经济的发展武夷山贡茶制度基本瓦解，转而开始大规模商品生产。《茶集》引徐㶿《武夷茶考》曰："元大德间，浙江行省平章高兴，始采制充贡……国初罢团饼之贡，而额贡每岁茶芽九百九十斤，凡四品。嘉靖三十六年，郡守钱璞奏免解茶，将岁编茶夫银二百两，解府造办解京，而御茶改贡延平。而茶园鞠为茂草，井水亦日湮塞。然山中土气宜茶，环九曲之内，不下数百家，皆以种茶为业，岁所产数十万斤。水浮陆转，鬻之四方，而武夷之名，甲于海内矣。"《茶集》引陈省《御茶园》诗曰："闽南瑞草最称茶，制自君谟味更佳。一寸野芹犹可献，御园茶不入官家。/先代龙团贡帝都，甘泉仙茗苦相须。自从献御移延水，任与人间作室庐（茶今改延平进贡）。"引徐㶿《武夷采茶词》诗曰："结屋编茅数百家，各携妻子住烟霞。一年生计无他事，老稚相随尽种茶。/荷锸开山当力田，旗枪新长绿芊绵。总缘地属仙人管，不向官家纳税钱。"②

黄龙德《茶说》谈到了当时的一些伪劣茶，这些茶只能是商品茶，因为自种自饮的茶叶是不必仿冒的，作为贡茶的茶叶往往更是不计成本要保证质量，《茶说》是一部主要阐述明代商品茶的茶书。《一之产》条曰："杭、浙等产，皆冒虎丘、天池之名；宣、池等产，尽假松萝之号。此乱真之品，不足珍赏者也。其真虎丘，色犹玉露，而泛时香味，若将放之橙花，此茶之所以为美。真松萝出自僧大方所制，烹之色若绿

---

① （明）喻政：《茶集》，喻政《茶书》，明万历四十一年刻本。
② 同上。

筠，香若兰蕙，味若甘露，虽经日而色、香、味竟如初烹而终不易。若泛时少顷而昏黑者，即为宣、池伪品矣。试者不可不辨。"①

李日华《运泉约》是一份作者与其友人订立的运送惠山泉水的契约，虽有游戏文字的性质在内，但也是商品经济侵蚀士人思想的一种反映。其实本来作为友人间运泉烹茶的雅事，未必需要什么带铜臭的契约，口头商定即可，硬写出契约来，不过是模仿世俗带有玩笑口吻的游戏文字罢了。《运泉约》曰："运惠水，每坛偿舟力费银三分。/坛精者，每个价三分，稍粗者，二分。坛盖或三厘或四厘，自备不计。/水至，走报各友，令人自抬。/每月上旬敛银，中旬运水。月运一次，以致清新。/愿者书号于左，以便登册，并开坛数，如数付银。/尊号 用水 坛 月 日付/松雨斋主人谨订"②

周高起《阳羡茗壶系》记载的是明代南直隶宜兴紫砂茶壶，名家作品，在当时就已价格十分高昂，几乎可与黄金争价，制壶名家们主要是商品生产，获取利润。周高起在《阳羡茗壶系》的序言中说："至名手所作，一壶重不数两，价重每一二十金，能使土与黄金争价。粗日趋华，抑足感矣。"甚至因为价太高，周高起收集供春、时大彬等名家所制茶壶的残缺品，周高起《供春、大彬诸名壶价高不易办，予但别其真，而旁搜残缺于好事家，用自怡悦，诗以解嘲》诗曰："阳羡名壶集，周郎不弃瑕。尚陶延古意，排闷仰真茶。燕市会酬骏，齐师亦载车。也知无用用，携欲对残花（吴迪美曰：用涓人买骏骨、孙膑刖足事，以喻残壶之好。伯高乃真赏鉴家，风雅又不必言矣）。"《阳羡茗壶系》记载了一个异僧指示陶土的故事："相传壶土初出用时，先有异僧经行村落，日呼曰：'卖富贵！'土人群嗤之。僧曰：'贵不要买，买富何如？'因引村叟，指山中产土之穴，去。及发之，果备五色，烂若披

---

① （明）黄龙德：《茶说》，《中国古代茶道秘本五十种》第1册，全国图书馆文献缩微复制中心2003年版。
② （明）李日华：《运泉约》，陶珽《说郛续》卷46，清顺治三年李际期宛委山堂刻本。

锦。"① 这则故事正反映了作为极受欢迎的紫砂壶，用发掘的陶土制壶虽不一定能使人"贵"，但可使人"富"。

周高起《洞山岕茶系》是记述明代宜兴岕茶的茶书。该书对历史上宜兴的贡茶未显示出丝毫的欣赏，却表现出强烈的憎恶，认为十分扰民，是茶农的苦难。"见时贡茶在茗山矣。……南岳产茶不绝，修贡迨今。方春采茶，清明日，县令躬享白蛇于卓锡泉亭，隆厥典也。后来橄取，山农苦之。故袁高有'阴岭茶未吐，使者牒已频'之句。郭三益题南岳寺壁云：'古木阴森梵帝家，寒泉一勺试新茶。官符星火催春焙，却使山僧怨白蛇。'卢全《茶歌》亦云：'天子须尝阳羡茶，百草不敢先开花。'又云：'安知百万亿苍生，命坠颠嵊受辛苦。'可见贡茶之苦。民亦自古然矣。"周高起不无欣慰地说："贡山茶今已绝种。"《贡茶》条曰："贡茶。即南岳茶也。天子所尝，不敢置品。"② 作为精通茶事的士人，周高起绝不至于对贡茶无法致评，而是对贡茶存在反感，不愿评价。

周高起在《洞山岕茶系》中描述了宜兴岕茶商品生产和贸易的一些情况："茶园既开，入山卖草枝者，日不下二三百石，山民收制乱真。好事家躬往，予租采焙，几视唯谨，多被潜易真茶去。人地相京，高价分买，家不能二三斤。近有采嫩叶，除尖蒂，抽细筋炒之，亦曰片茶；不去筋尖，炒而复焙，燥如叶状，曰摊茶。并难多得。又有俟茶市将阑，采取剩叶制之者，名修山，香味足而色差老。若今四方所货岕片，多是南岳片子，署为'骗茶'可矣。茶贾炫人，率以长潮等茶，本岕亦不可得。……茶人皆有市心，令予徒仰真茶已。"③ 采焙季节宜兴茶叶贸易量每天"不下二三百石"，每石为 120 斤，则每天达两三万斤，交易额很大。周高起感叹"茶贾炫人"，"茶人皆有市心"，指的是

---

① （明）周高起：《阳羡茗壶系》，《丛书集成续编》第 90 册，新文丰出版公司 1988 年版。

② （明）周高起：《洞山岕茶系》，《丛书集成续编》第 86 册，新文丰出版公司 1988 年版。

③ 同上。

茶农和茶商竭力获取利润，以致出现以假乱真的情况。他对这种情况的出现也无可奈何。发达的商品经济使一些人对利润过分追逐，人心因此败坏。假茶是当时很常见的现象，邓志谟在《茶酒争奇》中借水火二官之口说："仍着酪奴，往人间查做假茶，骗人射利者；仍着督邮，往人间查做候酒、酸酒，害人射利者。"① 前文所引黄龙德《茶说》的文字也记载了当时普遍的假茶现象。

第三节　茶书与明代士人

明代士人饮茶嗜茶的现象十分普遍，成为一种引人注目的文化现象，他们的目的是通过饮茶过上一种适意、清雅、雍容、闲逸、超脱的生活。大量明代士人还结成茶人群体，从明代茶书至少可概括出二十六个茶人群体，不同茶人群体的成员之间大多有直接或间接的关联，许多为以茶相交的好友。

一　明代士人饮茶风气极盛

明代士人有极盛的饮茶风气，出现一些十分嗜茶的士人。他们希望通过饮茶过上一种清雅、闲适、淡泊、恬静的生活，在茶中追求超脱，以期娱情适志，摆脱世俗的烦恼。明代蔡羽《事茗说》记录了一个叫陈朝爵的士人："南濠陈朝爵氏，性嗜茗，日以为事。居必洁厥室，水必极厥品，器必致厥磨啄；非其人，不得预其茗。以其茗事，其人虽有千金之货，缓急之征，必坐而忘去。客之厥与事、获厥趣者，虽有千金之邀，兼程之约，亦必坐而忘去。故朝爵竟以事茗著于吴。"② 胡应麟作有《詹东图有茶癖，即所居为醉茶轩，自言一饮辄可数百杯，书来索诗，戏成短歌寄赠》一诗，描绘了一名嗜茶士人："古来知味但如此，咄咄新安詹仲子。胸吞云梦蟠潇湘，一饮百碗消枯肠。虎丘之产茶

---

① （明）邓志谟：《茶酒争奇》，邓志谟《七种争奇》，清春语堂刻本。
② （明）醉茶消客：《茶书》，明抄本。

仅斗，尽采遗君不盈口。……松风才过鱼眼发，玉乳盈缸喷香雪。鲸吞鳌吸如有神，淋漓醉墨驰风云。……明年倘忆吾乡茗，谷雨前朝赴龙井。"① 吴宽本人极为爱茶，作《爱茶歌》诗："汤翁爱茶如爱酒，不数三升并五斗。先春堂开无长物，只将茶灶连茶臼。堂中无事长煮茶，终日茶杯不离口。当筵侍立唯茶童，入门来谒唯茶友。谢茶有诗学卢仝，煎茶有赋拟黄九。茶经续编不借人，茶谱补遗将脱手。平生种茶不办租，山下茶园知几亩。世人可向茶乡游，此中亦有无何有。"② 布衣宋登春在《与濮阳李理卿连山书》中描绘了自己在山中的生活："鄙人无行，逃死山中。岩栖云卧，朝夕与樵牧为伍，掬泉煮茗，趺坐焚香，此山中活计耳。"③ 高攀龙《华无技荷莜言序》记述了一个隐居不仕的士人华无技："然（华）无技阅世多，知世味如此尔。……坐双桂间，香一炉，茗一杯，酒一樽，书一卷，出门而云烟帆鸟变态于七十二峰，皆吾几席上物，世味岂更有旨于是者，宜其有荷莜之心哉。"④ 所谓"荷莜之心"，也即隐逸之志。因为嗜茶，有的士人甚至精于茶叶的制作，沈德符在《万历野获编》中说："至近年芥茶盛行，其价尤绝，几与蔡君谟小龙团相埒，余所见冯开之祭酒，周本音处士，皆精此艺。而长兴之洞山茶遂遍宇内。"⑤

有关明代士人聚会饮茶的记载很多。归有光《野鹤轩壁记》："嘉靖戊戌之春，子与诸友会文于野鹤轩。……会者六人，后至者二人。潘士英自嘉定来，汲泉煮茗翻为主人。予等时时散去，士英独与其徒处烈

---

① （明）胡应麟：《少室山房集》卷24，《景印文渊阁四库全书》第1290册，台湾商务印书馆1986年版。

② （明）吴宽：《家藏集》卷4，《景印文渊阁四库全书》第1255册，台湾商务印书馆1986年版。

③ （明）宋登春：《宋布衣集》卷1，《景印文渊阁四库全书》第1296册，台湾商务印书馆1986年版。

④ （明）高攀龙：《高子遗书》卷9下，《景印文渊阁四库全书》第1292册，台湾商务印书馆1986年版。

⑤ （明）沈德符：《万历野获编》卷24《技艺》，《明代笔记小说大观》第3册，上海古籍出版社2005年版，第2556页。

风暴雨，崖崩石落，山鬼夜号，可念也。"① 沈季友《檇李诗系》记载姚绶："所居大云里，东饶水木作室，曰丹丘。又作沧江虹月之舟，浮泛吴越间。粉窗翠幌，拥僮奴，设香茗，弹丝吹竹，燕笑弥日，书画妙绝一时。"② 娄坚《唐实甫六十寿序》描绘了自己与唐实甫常在一起饮茶："天之厚君吾不子炉，天之困余子不我嗤，春花之朝，秋月之夕，君灌园能为我撷蔬，吾近市能为君烹鱼。若夫泉甘茶白，追桑苎而友玉川，尤可数数也。"③ 李流芳和袁宏道则分别记述了自己与僧人共饮茶。李流芳《题灯上人竹卷》："往岁己酉北上，舟过莲泾，访双林上人于积善庵。……幽窗淨几，薰茗相对，今日如复理梦中也。……甲寅四月浴佛日，雨初霁，风日清和，同江子士衡舍弟无垢泛舟桐泾，自云隐庵步至积善精舍，与上人坐窗下啜茶试墨，信笔题此。"④ 袁宏道《高粱桥游记》："三月一日偕王生章甫、僧寂子出游。时柳梢新翠，山色微岚，水与堤平，丝管夹岸。跌坐古根上，茗饮以为酒，浪纹树影以为侑，鱼鸟之飞沈，人物之往来以为戏具。"⑤

明末清初在南京的秦淮河畔有一位善于吹箫的艺人张魁，"诸名妓家往来习熟……每晨朝，即到楼馆，插瓶花，爇炉香，洗芥片，拂拭琴几，位置衣桁，不令主人知也。以此，仆婢皆感之，猫狗亦不厌焉。……尝自言曰：'我大贱相，茶非惠泉水不可沾唇，饭非四糙冬春米不可入口，夜非孙春阳家通宵橡烛不可开眼。'……庚寅、辛卯之际，余游吴，寓周氏水阁。魁犹清晨来插瓶花、爇炉香、洗芥片、拂拭

---

① （明）归有光：《震川集》卷15，《景印文渊阁四库全书》第1289 册，台湾商务印书馆1986 年版。

② （清）沈季友：《檇李诗系》卷10，《景印文渊阁四库全书》第1475 册，台湾商务印书馆1986 年版。

③ （明）娄坚：《学古绪言》卷6，《景印文渊阁四库全书》第1295 册，台湾商务印书馆1986 年版。

④ （明）李流芳：《檀园集》卷11《西湖卧游册跋语》，《景印文渊阁四库全书》第1295 册，台湾商务印书馆1986 年版。

⑤ （明）贺复征：《文章辨体汇选》卷579《记二十》，《景印文渊阁四库全书》第1402—1410 册，台湾商务印书馆1986 年版。

琴几、位置衣桁如曝时"。① 洗芥片，即点泡芥茶，是一种专门的技艺。张魁本身只是艺人，但常来往于青楼妓馆，明末士人流行与名妓交往，许多名妓也有很高文化水平，有文人化的倾向，所以妓馆盛行文人的习气，这是张魁精于茶艺并对茶饮有很高要求的原因。

许多明代诗歌大量表现了士人的饮茶风气。诗歌反映士人饮茶的场所，有的在家中，有的在禅院，也有的在山水之间。士人们还常以茶互相馈赠。

此数首为表现士人在家中饮茶的诗歌。徐熥《山斋独坐怀惟秦客粤》："清客相过更有谁，闲心惟许白云知。山房多少思君意，半在焚香煮茗时。"（明·徐熥《幔亭集》卷十四）文肇祉《九月》："草堂三岁别，修竹万竿斜。……闲居无客至，汲井自烹茶。"② 钱子正《题仲毅侄煮茗轩》："旋拾荆薪涧底归，深清自汲瀹枪旗。风生石鼎浪三级，烟护柴门玉一围。多事君谟非易办，求全鸿渐岂忘机。大瓢小杓乌纱帽，相伴卢仝到落晖。"③ 文征明《文衡山诸绝句》："试茶初动蟹眼，临帖更画乌丝。……消受谁堪伴侣，纸窗残雪梅花。"④

以下数首为在禅房僧院饮茶的诗歌。谢会《宝幢院小池》："空寮断垢氛，一片石间分。……长日烹佳茗，山童汲取勤。"⑤ 李汎《登太平兴国寺》："三宿山门百虑忘，闲身真落竺西乡。……自拨筇炉烹茗净，手持松帚扫苔荒。"⑥ 文肇祉《赠楞伽南上人七十》："汲泉煮茗随

① （清）余怀：《板桥杂记》下卷《轶事》，《续修四库全书》第733册，上海古籍出版社2003年版。

② （明）文肇祉：《文氏五家集·录事诗集》卷12，《景印文渊阁四库全书》第1382册，台湾商务印书馆1986年版。

③ （明）钱子正：《三华集·绿苔轩集》卷1，《景印文渊阁四库全书》第1372册，台湾商务印书馆1986年版。

④ （清）倪涛：《六艺之一录》卷387《历朝书谱七十七·明贤墨迹》，《景印文渊阁四库全书》第830—838册，台湾商务印书馆1986年版。

⑤ （明）钱谷：《吴都文粹续集》卷51，《景印文渊阁四库全书》第1385—1386册，台湾商务印书馆1986年版。

⑥ （明）曹学佺：《石仓历代诗选》卷476，《景印文渊阁四库全书》第1387—1394册，台湾商务印书馆1986年版。

吾适，时采于山美可茹。上人真是远公流，媿我元非苏晋侣。……愿结莲社山之中，自笑声名何用足。"① 文征明《文衡山诸绝句》："解带禅房春日斜，曲阑供佛有名花。高情更在樽罍外，坐对清香荐一茶。"② 陈亮《戏简云石寺僧洽公》："少食如持戒，冥居尚坐禅。……何时访云刹，掇茗赏山泉。"③

　　以下为在山水之间饮茶的诗歌。文彭《煮茶》："煮得新茶碧似油，满倾如雪白瓷瓯。平生消受清闲福，花落溪边日日游。"④ 杨溥《汲泉煮茗对梅清啜》："缁流不到玉川家，石鼎风炉自煮茶。……中泠水畔稀行迹，阳羡山间好物华。"⑤ 文征明《文衡山诸绝句》："落落高松下午阴，静闻飞涧激清音。幽人相对无余事，啜罢茶瓯再鼓琴。"⑥ 文征明《秋日将至金陵舟泊慧山同诸友汲泉煮茗喜而有作》："秋风吹扁舟，晓及山前寺。……吾来良已晚，手致不烦使。袖中有先春，活火还手炽。吾生不饮酒，亦自得茗醉。"⑦ 陈昌《江湖胜览》："笔床茶灶寄生涯，来往烟波到处家。帆影拂云过九泽，猿声啼月下三巴。"⑧

　　因为对茶的嗜好，士人们还常以茶互相馈赠作为礼物。如毛文焕《山居新晴采茶寄友》："过雨暮山碧，采茶春鸟啼。踏花芳径湿，入竹野丛低。叶润凝烟后，枝寒泣露时。王孙何日到，缄此寄相思。"⑨ 又

---

①　（明）文肇祉：《文氏五家集·录事诗集》卷11，《景印文渊阁四库全书》第1382册，台湾商务印书馆1986年版。

②　（清）倪涛：《六艺之一录》卷387《历朝书谱七十七·明贤墨迹》，《景印文渊阁四库全书》第830—838册，台湾商务印书馆1986年版。

③　（明）袁表、马荧：《闽中十子诗》卷8《陈征君集三》，《景印文渊阁四库全书》第830—838册，台湾商务印书馆1986年版。

④　（明）醉茶消客：《茶书》，明抄本。

⑤　同上。

⑥　（清）倪涛：《六艺之一录》卷387《历朝书谱七十七·明贤墨迹》，《景印文渊阁四库全书》第830—838册，台湾商务印书馆1986年版。

⑦　（明）文征明：《文氏五家集·太史诗集》卷3，《景印文渊阁四库全书》第1382册，台湾商务印书馆1986年版。

⑧　（明）曹学佺：《石仓历代诗选》卷400，《景印文渊阁四库全书》第1387—1394册，台湾商务印书馆1986年版。

⑨　（明）醉茶消客：《茶书》，明抄本。

如沈周《答明公送春芽》："灵芽漆园种，新摘带雨气。盐蒸嫩绿愁，日曝微绀瘁。裹纸聊扼许，珍重不多遗。仍传所食法，且嘱要精试。兼烹必双井，水亦惠山二。"① 前者是毛文焕采茶寄予友人，后者是沈周得到友人赠予的茶叶而赋诗。

明代大量有关士人的传记表现了士人以饮茶作为生活的重要组成部分。王世贞所写文徵明的传记："先生暇则一出游近地佳山水，所至奉迎恐后。居闲，客过从焚香煮茗，谈古书，画彝鼎，品水石，道吴中耆旧，使人忘返，如是者余三十年。"② 王世贞《童子鸣传》："童子鸣者……太保朱忠僖公与其兄恭靖王闻子鸣名，而使其交相善者挟之至都，子鸣为一再过，焚香啜茗评隲古书画而已，不复及外事。"③ 尤义《陈基传》："以已俸买宅天心里，即日屋数椽，稍加涂墍，环艺花卉之属，号小丹丘，休沐之暇，辄与客徜徉其中，啜茗清谈，议论古今，出入经史百氏，危坐终日。"④ 蔡羽《落魄公子传》记载了吴弈："奕，字嗣业。……开影翠轩，筑紫筠亭，日招致高人，人至不谢而入，坐定啜茗赋诗，复不谢而去。……东禅住持为开竹林，焚香煮茗不遑及他务，其烹泉爇香之法吴僧无不传习，谓之茶香先生。眉目疏秀，神采焕发，望之如神仙。"⑤ 沈季友《方壶山人锺祖保》："日坐桐窗课子，因号桐窗老人，博学能诗，尤精茶理，种竹千竿为一楼，临之高卧其上，不见客者二十年。"⑥ 娄坚《隐君子沈公路行状》描绘了一个隐士："渡黄浦来邑城，卜筑于东偏，数与其贤者接，风物之佳，花朝月夕。肴酒与茗瓯并陈，笑言与歌曲间发。性不食酒而好客甚，往往至于夜

① （明）醉茶消客：《茶书》，明抄本。
② （明）王世贞：《弇州续稿》卷148，《景印文渊阁四库全书》第1282—1284册，台湾商务印书馆1986年版。
③ （明）王世贞：《弇州续稿》卷72，《景印文渊阁四库全书》第1282—1284册，台湾商务印书馆1986年版。
④ （明）钱谷：《吴都文粹续集》卷45，《景印文渊阁四库全书》第1385—1386册，台湾商务印书馆1986年版。
⑤ 同上。
⑥ （清）沈季友：《槜李诗系》卷16，《景印文渊阁四库全书》第1475册，台湾商务印书馆1986年版。

分，君平生于交道尤善也。"① 谢肇淛《小草斋集》记载谢将乐："蚤岁释褐，宦情泊如，朱轮停时，即携一编高坐匡床，命侍姬焚龙涎，吸清茗半盏，临兰亭一过。"② 李日华《紫桃轩杂缀》记载吴秋林："门无杂宾，时时幞被就羽人释子，假榻焚香煮茗，意萧如也。"③

有关明代士人的墓志铭大量出现墓主生前喜爱茶饮的内容，墓志铭是对逝者一生经历的简述和评价，其中出现茶的内容，说明茶在其一生中占有重要地位。王世贞《程于行墓志铭》评论程于行："笃好词翰与古文、佳石、三代鼎彝之器，焚香而啜茗，有吴名士大夫风。"④ 王世贞《故封征仕郎户科右给事中居素尤公暨配陆孺人墓志铭》描写尤之兆："日杜门焚香、煮茗、赋诗，暇则蹑履洞虚观，招羽客谈玄对奕，觞咏移日弗倦，邑以乡饮大宾请则辞之。"⑤ 娄坚《征仕郎常德卫经历殷君墓志铭》记述殷贰卿："闲居每自适于吟咏，酒鎗茗碗未尝去侧，而不喜一切驳杂无益之戏。"⑥ 归有光《沈贞甫墓志铭》："初予在安亭，无事，每过其精庐啜茗论文，或至竟日。"⑦ 陈完《仲兄醒庵先生墓志铭》评价陈宽："性好洁，所居必焚香，客至瀹茗，论古今兴亡得失及时务之宜。"⑧ 刘棨《钱处士墓志铭》记录钱孟浒："晚年卜筑于懋桥之右……处士皆披巾曳杖逍遥其间，咏风月以适性情，图景物以玩

---

① （明）娄坚：《学古绪言》卷 12，《景印文渊阁四库全书》第 1295 册，台湾商务印书馆 1986 年版。

② （清）倪涛：《六艺之一录》卷 371《历朝书谱六十一·明》，《景印文渊阁四库全书》第 830—838 册，台湾商务印书馆 1986 年版。

③ 同上。

④ （明）王世贞：《弇州续稿》卷 98，《景印文渊阁四库全书》第 1282—1284 册，台湾商务印书馆 1986 年版。

⑤ （明）王世贞：《弇州续稿》卷 104，《景印文渊阁四库全书》第 1282—1284 册，台湾商务印书馆 1986 年版。

⑥ （明）娄坚：《学古绪言》卷 9，《景印文渊阁四库全书》第 1295 册，台湾商务印书馆 1986 年版。

⑦ （明）归有光：《震川集》卷 19，《景印文渊阁四库全书》第 1289 册，台湾商务印书馆 1986 年版。

⑧ （明）钱谷：《吴都文粹续集》卷 40，《景印文渊阁四库全书》第 1385—1386 册，台湾商务印书馆 1986 年版。

造化，客至则觞博茶话，陶然忘其世虑。"① 王世贞《俞仲蔚先生墓志铭》："客至隐几而对之，焚香啜茗竟日谈，咲无凡语。"② 黄汝亨《吏部稽勋司员外郎德园虞公墓志》记述虞淳熙："公故贫孺子，力不能购书，获有奇秘，与弟闭门抄写，扫叶煮茶穷昼夜不尽不止。"③

二　茶书反映士人形成了茶人群体

中国台湾学者吴智和撰写的有关明代茶人的系列论文，较全面论述了明代士人中存在的茶人群体。这些论文主要有《中明茶人集团的饮茶性灵生活》④、《晚明茶人集团的饮茶性灵生活》⑤、《明代的茶人集团》⑥、《明代茶人的茶寮意匠》⑦ 和《明代茶人集团的社会组织——以茶会类型为例》⑧，后这些论文被收入《明人饮茶生活文化》⑨ 一书中。吴智和指出："茶人集团出现于明代中晚叶，不是一时一地散涣而短暂的时代现象，而是呈现一种具有社会组织、集体意识、生活文化等时代风格的特征。茶人是唐、宋以来饮茶生活，改变文人集团生活形态、生涯规划的一种特殊而具有共同生活目标的文化族群，它们以恬淡、性灵、才艺等，作为生活文化的鲜明标帜，是文人集团中的一支清流人物。"吴智和认为茶人蔚兴的背景有科举官场的竞争、隐居不仕的风

---

① （明）钱谷：《吴都文粹续集》卷45，《景印文渊阁四库全书》第1385—1386 册，台湾商务印书馆1986 年版。

② （明）王世贞：《弇州续稿》卷91，《景印文渊阁四库全书》第1282—1284 册，台湾商务印书馆1986 年版。

③ （明）贺复征：《文章辨体汇选》卷722，墓志铭二十五，《景印文渊阁四库全书》第1402—1410 册，台湾商务印书馆1986 年版。

④ 吴智和：《中明茶人集团的饮茶性灵生活》，《史学集刊》1992 年第2 期，第52—63页。

⑤ 吴智和：《晚明茶人集团的饮茶性灵生活》，《社会科学战线》1992 年第4 期，第108—113页。

⑥ 吴智和：《明代的茶人集团》，《传统文化与现代化》1993 年第6 期，第48—56页。

⑦ 吴智和：《明代茶人的茶寮意匠》，《史学集刊》1993 年第3 期，第15—23页。

⑧ 吴智和：《明代茶人集团的社会组织——以茶会类型为例》，《明史研究》1993 年第3辑，第110—122页。

⑨ 吴智和：《明人饮茶生活文化》，明史研究小组，1996 年版。

尚、名茶生产的并起、生活文化的转变、诗文结社的需求，茶人形象的内涵有以下几则条件：酷嗜茗饮、恬退达趣、希企隐逸，茶人群体的生活文化主要有安顿浮生心灵、深化生活内涵、提升休闲品质、兼擅才艺茶趣。①

明代茶书中有大量茶人群体，但吴智和较少涉及，有必要展开深入研究。明人李日华在《松雨斋运泉约》中号召"凡吾清士，咸赴嘉盟"②，虽是就运送用于烹茶的惠山泉水而言，但典型地反映了当时常聚集在一起的茶人群体的状况。明代茶书中，至少可归纳出二十六个茶人群体。

第一个茶人群体包括顾元庆、吴心远、过养拙、王天雨、岳岱这几人。顾元庆在《茶谱》之《序》中说："余性嗜茗，弱冠时，识吴心远于阳羡，识过养拙于琴川。二公极于茗事者也。授余收、焙、烹、点法，颇为简易。"顾元庆的茶事知识很大程度来自吴心远和过养拙。茅一相为《茶谱》所作《后序》曰："大石山人顾元庆，不知何许人也。久之知为吾郡王天雨社中友。王固博雅好古士也……日唯与顾、岳二山人结泉石之盟。顾即元庆，岳名岱……吴之隐君子也。三人者，吾知其二，可以卜其一矣。"③顾元庆与王天雨、岳岱有泉石之盟。

第二个茶人群体有钱椿年、赵之履和姚邦显。赵之履《茶谱续编》之《跋》曰："友兰钱翁，好古博雅，性嗜茶。……之履家藏有王舍人孟端《竹炉新咏》故事及昭代名公诸作，凡品类若干。会悉翁谱意，翁见而珍之，属附辑卷后为《续编》。之履性犹癖茶，是举也，不亦为翁一时好事之少助乎也。"④友兰是钱椿年的号，著有《茶谱》⑤，赵之履征得钱的同意，将王绂《竹炉新咏》及前代名公的著作附之于后，

① 吴智和：《明代的茶人集团》，《传统文化与现代化》1993年第6期，第48—56页。
② （明）李日华：《运泉约》，陶珽《说郛续》卷46，清顺治三年李际期宛委山堂刻本。
③ （明）顾元庆：《茶谱》，《续修四库全书》第1115册，上海古籍出版社2003年版。
④ （明）顾元庆：《茶谱》附录赵之履《茶谱续编》跋，朱自振等《中国古代茶书集成》，上海文化出版社2010年版，第189页。
⑤ 钱椿年《茶谱》已佚，顾元庆在该书基础上删校为同名茶书。

他们是嗜茶的好友。姚邦显为钱椿年《茶谱》作序："常熟友兰钱先生嗜茶，录茶之品类、烹藏，粤稽古今题咏，衷集成帙，非至笃好，乌能考详如是耶。"①

第三个茶人群体包括田艺蘅、赵观和蒋灼。赵观为田艺蘅《煮泉小品》所作《叙》曰："田子艺夙厌尘嚣……穷搜遐讨。固尝饮泉觉爽，啜茶忘喧，谓非膏粱纨绮可语。爰著《煮泉小品》，与漱流枕石者商焉。"蒋灼为《煮泉小品》作《跋》："子艺作《泉品》，品天下之泉也。予问之曰：'尽乎？'子艺曰：'未也。……'"蒋灼和田艺蘅就泉之荣辱进行了讨论。②

第四个茶人群体有徐献忠、田艺蘅和蒋灼数人。田艺蘅为徐献忠《水品》所作《序》曰："近游吴兴，会徐伯臣示《水品》，其旨契余者，十有三。……携归并梓之，以完泉史。"蒋灼所作《水品》之《跋》曰："予尝语田子曰：吾三人者，何时登昆仑、探河源，听奏钧天之洋洋，还涉三湘；过燕秦诸川，相与饮水赋诗，以尽品成池、韶濩之乐。徐子能复有以许之乎！"③ 所谓"吾三人"，指的是徐献忠、田艺蘅和他本人蒋灼。

第五个茶人群体成员有陆树声、僧明亮、阳羡士人（姓名不详）、无净居士和僧演镇。陆树声《茶寮记》曰："终南僧明亮者，近从天池来，饷余天池苦茶，授余烹点法甚细。余尝受其法于阳羡士人，大率先火候，其次候汤，所谓蟹眼鱼目，参沸沫沉浮以验生熟者，法皆同。……时杪秋既望，适园无净居士与五台僧演镇、终南僧明亮，同试天池茶于茶寮中。"④ 僧明亮和阳羡士人均曾向陆树声传授茶的烹点法，陆树声与无净居士、演镇、明亮同试茶于茶寮中。

---

① （明）醉茶消客：《茶书》，明抄本。
② （明）田艺蘅：《煮泉小品》，《四库全书存目丛书·子部》第 80 册，齐鲁书社 1997 年版。
③ （明）徐献忠：《水品》，《四库全书存目丛书·子部》第 80 册，齐鲁书社 1997 年版。
④ （明）陆树声：《茶寮记》，《四库全书存目丛书·子部》第 79 册，齐鲁书社 1997 年版。

　　第六个茶人群体包括许次纾、姚绍宪和许世奇三人。姚绍宪为许次纾《茶疏》所作《序》曰："武林许然明，余石交也，亦有嗜茶之癖，每茶期，必命驾造余斋头，汲金沙、玉窦二泉，细啜而探讨品骘之。余罄生平习试自秘之诀，悉以相授，故然明得茶理最精，归而著《茶疏》一帙，余未之知也。然明化三年所矣，余每持茗碗，不能无期牙之感。"许世奇为《茶疏》所作《小引》曰："丙申之岁，余与然明游龙泓，假宿僧舍者浃旬。日品茶尝水，抵掌道古。僧人以春茗相佐，竹炉沸声，时与空山松涛响答，致足乐也。"然明是许次纾的字，许次纾常与姚绍宪、许世奇一同品茶，是交契很深的友人，姚绍宪将平生的茶学知识传授给了许次纾。许次纾写作《茶疏》，与同为好茶的友人的怂恿有很大关系。许次纾自述："余斋居无事，颇有鸿渐之癖。……而友人有同好者，数谓余宜有论著，以备一家，贻之好事，故次而论之。"①

　　第七个茶人群体有高元濬、张燮、屠本畯、王志道、陈正学、章载道和黄以升这几人。张燮、王志道、陈正学、章载道和黄以升对高元濬《茶乘》进行了评论。张燮《品一》曰："余向见友人屠田叔（指屠本畯）作《茗笈》而乐之，高君鼎（指高元濬）复合诸家，删纂而作《茶乘》，古来茗灶间之点缀，可谓备尝矣。每读一过，使人涤尽尘土肠胃。"张燮与屠本畯（著有《茗笈》）、高元濬皆为爱茶的友人。王志道写了《品二》，对高元濬编纂《茶乘》的一些情况进行了议论。陈正学《品三》曰："予园居，以茶为谏友，君鼎道岸先登，其竟陵之法胤、苕溪之石交乎？"陆羽作为孤儿在复州竟陵龙盖寺长大，成年后又长期留居于吴兴之苕溪，"竟陵之法胤、苕溪之石交"也即指高元濬继承了陆羽茶之衣钵，与陆羽为隔代之神交好友。陈正学与高元濬为嗜茶的友人。章载道《品四》："君鼎嗜茶，直肩随陆、蔡……因戏谓君鼎：'相与定交于茶臼间，如何？'君鼎笑曰：'子能出龙凤团相饷不？'余曰：'《乘》中唯不详此，差胜耳。'君鼎曰：'味长舆此言，嗜乃更

_____

　　① （明）许次纾：《茶疏》，《四库全书存目丛书·子部》第 79 册，齐鲁书社 1997 年版。

进。'"章载道与高元濬定交于茶臼之间，茶臼为用于碾茶和捣茶的茶具。黄以升《品五》曰："予好麹部，恐污汤神，然知已过从，频馨惊雷之荚，以为麈尾；藉其玄液鼠须，乾焉膏润。种种幽韵，惟可与君鼎道耳。"① 黄以升虽然喜好饮酒（麹部），不太嗜茶（汤神），但也常与知己过从饮茶（频馨惊雷之荚），其中幽韵，只可与高元濬言说。高元濬在《茶乘拾遗》中也描述了自己与友人在茶室中品茶的情形："构一室，中祀桑苎翁，左右以卢玉川、蔡君谟配飨。春秋祭用奇茗。是日，约通茗事数人，为斗茗会，畏水厄者不与焉。"② "桑苎翁""卢玉川""蔡君谟"指分别写作了茶书《茶经》、茶诗《走笔谢孟谏议寄新茶》、茶书《茶录》的陆羽、卢仝和蔡襄。

第八个茶人群体包括闻龙和周同甫。闻龙《茶笺》记载了他的一个终身极为嗜茶的友人周同甫："因忆老友周文甫，自少至老，茗碗薰炉，无时暂废。饮茶日有定期，旦明、晏食、禺中、铺时、下春、黄昏，凡六举。而客至烹点不与焉。寿八十五无疾而卒。……尝畜一龚春壶，摩挲宝爱，不啻掌珠，用之既久，外类紫玉，内如碧云，真奇物也。后以殉葬。"③ 闻龙与周同甫是以茶想结的好友是毫无疑问的。

第九个茶人群体成员有罗廪、屠本畯、闻龙、龙膺。屠本畯为罗廪《茶解》所作《叙》曰："罗高君性嗜茶，于茶理有县解，读书中隐山，手著一编曰《茶解》云。……初，予得《茶经》《茶谱》《茶疏》《泉品》等书，今于《茶解》而合璧之，读者口津津，而听者风习习，渴闷既涓，荣宪斯畅。予友闻隐鳞，性通茶灵，早有季疵之癖，晚悟禅机，正对赵州之锋，方与衷辑《茗笺》，持此示之，隐鳞印可，曰：'斯足以为政于山林矣。'"屠本畯不但对罗廪所著的《茶解》十分欣赏，还与闻龙（字隐鳞，《茶笺》作者）一起编辑《茗笺》。龙膺

① （明）高元濬：《茶乘》，《续修四库全书》第 1115 册，上海古籍出版社 2003 年版。

② （明）高元濬：《茶乘拾遗》，《续修四库全书》第 1115 册，上海古籍出版社 2003 年版。。

③ （明）闻龙：《茶笺》，陶珽《说郛续》卷 37，清顺治三年李际期宛委山堂刻本。

《跋》曰："中岁自祠部出，偕高君访太和，辄入吾里。偶纳凉城西庄称姜家山者，上有茶数株，翳丛薄中，高君手撷其芽数升，旋沃山庄铛，炊松茅活火，且炒且揉，得数合，驰献先计部，馀命童子汲溪流烹之。……顷从皋兰书邮中接高君八行，兼寄《茶解》，自明州至。……予因追忆西庄采啜酣笑时，一弹指十九年矣。……更卜何时盘砖相对，倚听松涛，口津津林壑间事，言之色飞。"① 龙膺（茶书《蒙史》作者）曾偕同罗廪到自己家乡（湖广武陵），罗廪在姜家山亲自制茶并与龙膺等人烹饮。后龙膺为官西北塞外，得到罗廪的信件和附寄的《茶解》，龙膺因之十分期望再与罗廪倚听松涛般的煮水声，品茶晤谈。

　　第十个茶人群体包括屠本畯、薛冈、闻龙、徐㶅、王嗣奭、范汝梓、陈镆、屠玉衡和范大远。薛冈为屠本畯《茗笈》所作《序》曰："焚香、扫地，余不敢让；而至于茶，则恒推毂吾友闻隐鳞氏，如推毂隐鳞之诗。盖隐鳞高标幽韵，迥出尘表。于斯二者，吾无间然。其在缙绅，唯幽叟先生与隐鳞同其臭味。隐鳞嗜茶，幽叟之于茶也，不甚嗜，然深能究茶之理、契茶之趣。"薛冈与屠本畯（字幽叟）、闻龙（字隐鳞）皆为好友，闻龙极嗜茶，屠本畯虽不甚嗜，但能深究茶理，契合茶趣。徐㶅为《茗笈》所作《序》曰："屠幽叟先生，昔转运闽海，衙斋中阒若僧寮。予每过从，辄具茗碗，相对品骘古人文章词赋，不及其他。茗尽而谈未竟，必令童子数燃鼎继之，率以为常。"徐㶅每与屠本畯过从，屠本畯置备茗碗，相对评论古人诗文。屠本畯《自序》曰："不佞生也憨，无所嗜好，独于茗不能忘情。偶探友人闻隐鳞架上，得诸家论茶书，有会于心，采其隽永者，著于篇，名曰《茗笈》。"② 这说明屠本畯的《茗笈》辑自于闻龙的藏书。王嗣奭、范汝梓、陈镆和屠玉衡对《茗笈》进行了评论，附于《茗笈》之后，是为《茗笈品藻》。其中屠玉衡《品四》曰："幽叟著《茗笈》……迹胃区中，心超物外。而余臭味偶同，不觉针水契耳。夫赞皇辨水，积师辨茶，精心奇鉴，足

---

① （明）罗廪：《茶解》，喻政《茶书》，明万历四十一年刻本。
② （明）屠本畯：《茗笈》，喻政《茶书》，明万历四十一年刻本。

传千古，幽叟庶乎近之。试相与松间竹下，置乌皮几，焚博山炉，爇惠山泉，挹诸茗荈而饮之，便自羲皇上人不远。"① 屠玉衡与屠本畯焚香烹泉啜茗，悠闲自在得象上古时代的人。屠本畯的女婿范大远为《茗笈》作跋："其《茗笈》所汇，若采制、点瀹、品泉、定汤、藏茗、辨器之类，式之可享清供，读之可悟玄赏矣。"②

第十一个茶人群体包括徐㶿、许次纾、屠本畯、闻龙、罗廪和喻政。徐㶿《茗谭》曰："钱唐许然明著《茶疏》，四明屠幽叟著《茗笈》，闻隐鳞著《茶笺》，罗高君著《茶解》，南昌喻正之著《茶书》，数君子皆与予善，真臭味也。"③ 徐㶿与著《茶疏》的许次纾、著《茗笈》的屠本畯、著《茶笺》的闻龙、著《茶解》的罗廪及著《茶书》的喻政均为嗜好相同的好友。

第十二个茶人群体有夏树芳、冯时可、董其昌和陈继儒诸人。冯时可为夏树芳《茶董》所作的《茶董序》曰："尝夫新雷既过，众壑初晴，余与二三子亲采露芽于山址，命僮如法焙制烹点。迨夫素涛翻雪，幽韵生云，而余尝之，如餐霞，如挹露，欲习仙举，则叹夫茂卿之同好，真我枕漱之侣也。"冯时可曾与二三友人采茶于茶山，命童仆焙制烹点，与夏树芳（字茂卿）有同好。董其昌为《茶董》作有《茶董题词》。陈继儒为《茶董》作了《茶董小序》："余以茶星名馆，每与客茗战，自谓独饮得茶神，两三人得茶趣，七八人乃施茶耳。……江阴夏茂卿叙酒，其言甚豪。予笑曰：'……热肠如沸，茶不胜酒；幽韵如云，酒不胜茶。酒类侠，茶类隐，酒固道广，茶亦德素。茂卿，茶之董狐也，试以我言平章之，孰胜?'茂卿曰：'诺'。于是退而作《茶董》。"④ 陈继儒常与客人茗战，夏树芳著《茶董》与陈继儒的怂恿鼓励有关，另外陈继儒自己也著有两部茶书《茶话》和《茶董补》。

---

① （明）王嗣奭等：《茗笈品藻》，喻政《茶书》，明万历四十一年刻本。
② （明）屠本畯：《茗笈》之《第十六玄赏章》，喻政《茶书》，明万历四十一年刻本。
③ （明）徐㶿：《茗谭》，喻政《茶书》，明万历四十一年刻本。
④ （明）夏树芳：《茶董》，《四库全书存目丛书·子部》第79册，齐鲁书社1997年版。

　　第十三个茶人群体包括龙膺和朱之蕃。朱之蕃是龙膺的门人，为龙膺《蒙史》作有《题辞》："吾师龙夫子，与舒州白力士铛，夙有深契，而于瀹茗品泉，不废净缘。……不肖蕃曩侍宴欢，辄困惫于师之觞政。所幸量过七碗，不畏水厄耳。"① 龙膺既喜饮酒，也爱品茶，朱之蕃侍宴，困于酒，所幸不畏茶。

　　第十四个茶人群体包括喻政、李光祖、王思任、谢肇淛、于玉德、闵有功、文尚宾、吴汝器、古时学、周之夫、江大鲲、郭继芳、陈勋、王稚登、徐燉、江左玄和郑邦霭。《茶书》编撰者喻政得到据称是唐寅所画的《陆羽烹茶图》，图上附有署名唐寅、文征明和庄懋循所书的诗句。喻政遍请友人和属吏围绕这幅图进行题咏。李光祖题曰："有同此好者，约法三章：勿谈世事，勿杂腥秽，勿溷逋客。正之素心玄尚，眉宇间有烟霞气。与余品茶，每有折衷。"李光祖常与喻政（字正之）品茶。王思任题曰："正醉思茶，而正之年兄，携所得伯虎卷至……述而不作，信而好古，何必为蛇足哉？……异日坐我百尺庭下而一留茶，安知此蛇足者，遽不化为龙团也耶？"王思任风趣地说怎么知道将来我为喻政一留茶，唐寅的此幅画不会化为龙团（"龙团"代指茶叶）。谢肇淛题曰："喻正之先生酷有酪奴之耆，动携此卷自随，虽真赝未可知，而其意超流俗远矣。……公事磬折之暇，命侍儿擎建瓷一瓯啜之，不觉两腋习习清风生耳。"于玉德题曰："偶出示唐伯虎《烹茶图》，图顾渚山中陆羽也。……正之因图见伯虎，因伯虎而得（陆）羽之味茶也。"文尚宾题曰："一日出《烹茶图》一卷示余，其意远而超，其致闲而适，时郡斋新创光仪堂，对坐其中，瓷瓯各在手。"吴汝器："使君清兴在冰壶，茗战猷堪入画图。……镇日下官无水厄，几回尝啜俗怀驱。"古时学："石阑瓦釜博山炉，卧阁香清展画图。……寥落衙斋无底事，愿从破睡一相呼。"② 文尚宾、吴汝器和古时学均为喻政属吏，常在衙署中与喻政品茶。另有上述其他诸人也为喻政所持画进行了题

---

　　① （明）龙膺：《蒙史》，喻政《茶书》，明万历四十一年刻本。
　　② （明）喻政：《烹茶图集》，喻政《茶书》，明万历四十一年刻本。

咏。喻政编撰有《茶书》（图4-1），据喻政自己所编纂的《茶书》的《自叙》，此书是与徐𤊽共同编成的："余既取唐子畏所写《烹茶图》而珉绣之，一时寅彦胜流，纷有赋咏，楮墨为色飞矣。……爱与徐兴公广罗古今之精于谭茶若隶事及之者，合十馀种，为《茶书》。"①

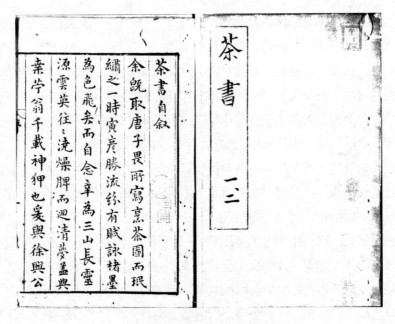

图4-1　喻政《茶书》书影

第十五个茶人群体有黄龙德、胡之衍和程百二诸人。胡之衍为黄龙德《茶说》所作《序》曰："黄子骧溟著《茶说》十章，论国朝茶政；程幼舆搜补逸典，以艳其传。斗雅试奇，各臻其选，文葩句丽，秀如春烟，读之神爽，俨若吸风露而羽化清凉矣。书成，属予忝订，付之剞劂。夫鸿渐之《经》也以唐，道辅之《品》也以宋，骧溟之《说》、幼舆之《补》也以明。"黄龙德《总论》曰："今始精备茶事，至此即陆羽复起，视其巧制，啜其清英，未有不爽然为之舞蹈者。故述《国

———————————
① （明）喻政：《茶书》，明万历四十一年刻本。

朝茶说》十章，以补宋黄儒《茶录》之后。"① 黄龙德（字骧溟）和程百二（字幼舆）分别编纂了《茶说》和《品茶要录补》，他们写作的共同动机是补宋人黄儒《品茶要录》之后，书成后，黄龙德和程百二均请胡之衍订正刻印。

　　第十六个茶人群体组成人员有程百二、董其昌、陈继儒、焦竑、许国、汪过、赵高邑、吴迁、江文炳和徐㶿。程百二在《品茶要录补》的《序》中说："是录为宋黄道辅所辑，澹园焦夫子已鉴定之，又何庸于补也？迩者目董玄宰、陈眉公赞夏茂卿为茶之董狐，不揣撮诸致之胜者，以公亟赏，如兀坐高斋，游心羲皇。"程百二曾请焦竑鉴定宋黄儒《品茶要录》，他补《品茶要录》的目的是看到董其昌、陈继儒赞夏树芳为茶之董狐。《品茶要录补》曰："余少侍家汉阳大夫，聆许文穆、汪司马过谈溪上，谓新安之水，以颍上为最，味超惠泉，令汲煮茶，毋杂烹点，虑夺水茶之韵。／近过考功赵高邑，值时雨如注。令银鹿向荷池取莲花叶上水，烹茶饮客，味品殊胜。"② 程百二与许国、汪过、赵高邑皆为茶友。程百二参与了编辑并刻印宋人黄儒《品茶要录》，焦竑为之作序，吴迁进行了题辞，徐㶿作跋。吴迁《题〈品茶要录〉》曰："比者余结夏于天界最深处，松万株，竹万竿，手程幼舆所集《茶品》一编，与僧相对，觉腋下生风，口中露滴，恍然身在清凉国也。……余每听高流谈茶，其妙旨参入禅玄，不可思议。幼舆从斯搜补之，令茶社与莲邦共证净果也。属乡人江文炳纪之。"③ 吴迁常与人品茶谈玄，对程百二编辑的《品茶要录》十分赞赏，并嘱咐江文炳记录下来。

　　第十七个茶人群体包括万邦宁、僧圆后、董大晟、李德述、全天骏、蔡起白、李桐封。万邦宁为自己编纂的《茗史》所作的《茗史小引》曰："余癖嗜茗，尝舣舟接它泉，或抱瓮贮梅水。二三朋侪，羽客

---

　　① （明）黄龙德：《茶说》，《中国古代茶道秘本五十种》第 1 册，全国图书馆文献缩微复制中心 2003 年版。

　　② （明）程百二：《品茶要录补》，《程氏丛刻》，明万历四十三年程氏刊本。

　　③ （宋）黄儒：《品茶要录》附录吴迁《题〈品茶要录〉》，朱自振等《中国古代茶书集成》，上海文化出版社 2010 年版，第 114 页。

缁流，剥击竹户，聚话无生，余必躬治茗碗，以佐幽韵。固有'烟起茶铛我自炊'之句。"万邦宁嗜茗，常与二三友人饮茶聚谈无生哲理。僧圆后、董大晟、李德述、全天骏、蔡起白、李桐封均在《茗史》序言中对这部茶书进行了评论。其中全天骏曰："茗品代不乏人，茗书家自有制。吾友惟咸，既文既博，亦玄亦史，常令茶烟绕竹，龙团泛瓯，一啜清谈，以助玄赏，深得茗中三昧者也。"① 全天骏指出万邦宁（字惟咸）常与人啜茗清谈，深得茗中三昧。

第十八个茶人群体包括周高起、吴迪美、贰公（姓名不详）。周高起著有《阳羡茗壶系》和《洞山岕茶系》，他的《阳羡茗壶系》附录中录有有关宜兴茶壶的四首诗，前两首为周高起自作。第一首为《过吴迪美朱萼堂看壶歌兼呈贰公》，第二首为《供春大彬诸名壶价高不易办予但别其真而旁搜残缺于好事家用自怡悦诗以解嘲》，周高起为第二诗的自注曰："吴迪美曰：用涓人买骏骨、孙膑刖足事，以喻残壶之好。伯高乃真赏鉴家，风雅又不必言矣。"② 周高起（字伯高）与吴迪美过从甚密，常一起评论宜兴茶壶。

第十九个茶人群体包括黄履道和张楫琴。张楫琴为黄履道编纂的《茶苑》作了序。张楫琴指出黄履道的著述动机："夫黄子者，目穷万卷，气概千秋，其品流才调，诚可用世匡时。惜其栖迟不偶，落拓善愁，故其胸次牢骚，心怀块垒，但以饮量不胜蕉叶，日借茗汁浇之。吾知其非所深嗜也；不尔，则干霄壮气何以消？而《茶苑》之辑，有自来矣。"黄履道则自谦曰："偶读陆子《茶经》，有会于心者，恨其未备，亟取箧中群籍，辑录一通，聊以寄志。昔吕行甫嗜茶，老而病不饮，烹而把玩。余之谱茶，亦此意也，何敢与欧蔡较优劣哉！"③ 黄履道谦虚地表示不敢与欧阳修作《洛阳牡丹记》和蔡襄著《茶录》较

---

① （明）万邦宁：《茗史》，《四库全书存目丛书·子部》第79册，齐鲁书社1997年版。
② （明）周高起：《阳羡茗壶系》，《丛书集成续编》第90册，新文丰出版公司1988年版。
③ （明）黄履道：《茶苑》，清抄本。

优劣。

第二十个茶人群体成员有冒襄、吴门柯姓者、董小宛、柳如是、蒨姬、顾子兼、张无放、于象明、朱汝圭、陈愚谷。黄履道《茶苑》引冒襄《斗茶观菊图记》①曰:"忆四十七年前,有吴门柯姓者,熟于阳羡茶山。每于桐初露白之际,为余入芥……十五年以为恒。后宛姬从吴门归,余则芥片必需半塘顾子兼,黄熟香必金平叔,茶香双妙。……每岁必先虞山柳夫人,吾邑陇西之蒨姬与余共宛姬,而后它。及沧桑之后,陇西出亡及难,蒨去,宛姬以辛卯殁,平叔亦死。子兼贫病,虽不精茶如前,然挟茶而过我者,二十余年曾两至,追往悼亡,饮茶如茶矣。客秋,世友金沙张无放秉铎来皋,其令坦名士于象明携茶来,绝妙。金沙之于精鉴甲于江南。而芥茶之棋盘顶久归君家。……秋间,又有吴门七十四老人朱汝圭携茶过访。茶与象明颇同,多花香一种。汝圭之嗜茶,自幼如世人之结斋于胎。年十四入芥,迄今春夏不渝者百二十番,夺食色以好之。……今喜得臭味同心如两君者……延两君与水绘庵诗画诸友,斗茶观菊于枕烟亭。汝圭出虞山老人《茶供说》,开卷共读,恰具茶菊二义……象明之为人,芝兰金石,唯茶是视。汝圭尚日能健走六七十里,与余先为十年茶约。"② 冒襄(字辟疆)是明末清初江南名士,吴门柯姓者名不详,曾十五年为冒辟疆提供茶叶。宛姬是指明末南京名妓董小宛,后从良归冒襄。虞山柳夫人是指柳如是,本为名妓,后嫁钱谦益为妻。蒨姬姓名不详。冒襄娶董小宛为妾后,长期从顾子兼处获得茶叶。后冒襄又与张无放、于象明(张无放女婿)、朱汝圭为亲密茶友。冒襄曾请朱汝圭、于象明和水绘庵诗画诸友斗茶观菊,于象明"唯茶是视",朱汝圭年已七十四,甚至还与冒襄"先为十年茶约"。

姓名、生平不详署名为醉茶消客编撰的《茶书》辑录了大量历代

---

① 黄履道《茶苑》成书于弘治二年(1489年),而冒襄(1611—1693年)是明末清初人,《斗茶观菊图记》当为后人增补的内容。

② (明)黄履道:《茶苑》卷14,清抄本。

茶诗文，以明代居多，其中有一些士人们的奉和诗，从这些奉和诗至少可归纳出六个茶人群体。

第二十一个茶人群体成员有李熔、陈希登、旋世亨、宋儒、林焯、俞世洁。李熔《林秋窗精舍啜茶》诗曰："月团封寄小窗间，惊起幽人晓梦闲。玉碗啜来肌骨爽，却疑林馆是蓬山。"陈希登、旋世亨、宋儒、林焯和俞世洁依次奉和。陈希登奉和："青僮晓汲石潭间，烧竹烹来意味闲。啜罢清风生两腋，微吟兀坐对南山。"旋世亨奉和："昔从仙姥下云间，日侍秋窗不放闲。若有樵青来竹里，为君买断武夷山。"宋儒奉和："云脚春芽一啜间，尘心为洗觉清闲。若教得比陶家味，支杖从容看云山。"林焯奉和："比来中酒北窗间，宿火烟微白昼闲。试碾龙团躬扫叶，不妨无寐倚屏山。"俞世洁奉和："自汲深清钓石间，老来无奈此身闲。枯肠七碗神如洗，绝胜他人倒玉山。"①

第二十二个茶人群体包括屠滽、倪岳、程敏政、李东阳。唐人皮日休《茶瓯咏寄天随子》诗曰："分太极前吟苦诗，瓢和月饮梦醒时。榻带云眠何当再，读卢仙赋千古清风道味全。"屠滽、倪岳、程敏政和李东阳隔越六百年奉和此诗。如屠滽奉和："平生端不近贪泉，只取清泠旋旋煎。陆氏铜炉应在右，韩公石鼎敢争前。满瓯花露消春困，两耳松风惊昼眠。官辙难全隐居事，君家子姓独能全。"又如程敏政奉和："新茶曾试惠山泉，拂拭筠炉手自煎。拟置水符千里外，忽惊诗案十年前。野僧暂挽孤舟住，词客遥分半榻眠。回首旧游如昨日，山中清乐羡君全。"②

第二十三个茶人群体成员有吴宽、盛虞、盛颙、李杰、谢迁、杨守阯、王鏊、商良臣、陈璚、司马垔、顾荣、吴学、杨子器、钱福、杜启、缪觐、潘绪和邵瑾。明初的著名书画家王绂曾作诗《竹茶炉倡和》歌咏无锡惠山的竹茶炉，吴宽等人奉和此诗，他们与王绂并非同时代人，作奉和诗是在王绂逝世后数十年。盛虞仿制了王绂的竹茶炉，让吴

---

① （明）醉茶消客：《茶书》，明抄本。
② 同上。

宽等人奉和王绂的诗。吴宽和盛颙的奉和诗前文已录，不再重复（见本书第二章第三节）。李杰接着奉和曰："龙团细碾瀹新泉，手制筠炉每自煎。嗜好肯居仝老后，精工更出舍人前。芸窗月泠吟何苦，竹榻烟轻醉未眠。分付溪奴频扫雪，器清味澹美尤全。"谢迁、杨守阯、王鏊、商良臣、陈璚、司马垔、顾萃、吴学、杨子器、钱福、杜启、缪觐和潘绪相继奉和，盛虞最后再奉和，诗曰："几年渴想惠山泉，汲井当炉茗可煎。诗续舍人高兴后，梦飞陆子旧祠前。形窥凤尾和云织，声肖龙吟伏火眠。心抱岁寒烧不死，一生劲节也能全。"另邵瑾作有《奉和吴公韵呈盛秋亭》："山人遣锉古无前，土植筠笼制法干。千载车声绕山谷，九嶷黛色动湘川。风流共赏庚申夜，款识重刊戊戌年。未许卢仝夸七碗，先生高卧腹便便。"① 邵瑾的诗是奉和吴宽的诗韵并呈献给盛虞的。

第二十四个茶人群体有卞荣、谢士元、郁云、张九方、钱章清、范昌龄、陈昌、张恺、徐麟、秦锡和贾焕。王绂作有咏竹茶炉的诗："僧馆高闲事事幽，竹编茶灶瀹清流。气蒸阳羡三春雨，声带湘江两岸秋。玉臼夜敲苍雪冷，翠瓯晴引碧云稠。禅翁托此重开社，若个知心是赵州。"② 前述卞荣等人在王绂逝后跨越数十年依次奉和。如卞荣奉和诗曰："此泉第二此山幽，名胜谁为第一流。石鼎联诗追昔日，玉堂挥翰照清秋。评如月旦人何在，曲和阳春客未稠。我亦相过尝七碗，只今从事谢青州。"又如谢士元诗曰："见说松庵事事幽，此君作则异常流。乾坤取象方成器，水火功收不论秋。尘尾有情披拂遍，玉瓯多事往来稠。几回得赐头纲饼，风味尝来想建州。"再如郁云诗曰："禅榻曾闻伴独幽，于今又复寄儒流。湘口织就元非治，人世流传不计秋。汲罢清泉谙味美，煮残寒夜觉灰稠。此生只合山中老，肯逐珍奇献帝州。"贾焕最后奉和："古朴茶炉制度幽，名全苦节入仙流。篆龙气焰三千丈，云朵精华八百秋。倡和有诗人共仰，烹煎得法味应稠。谁云独占山中

① （明）醉茶消客：《茶书》，明抄本。
② 此诗在曹学佺《石仓历代诗选》（卷390，《景印文渊阁四库全书》第1387—1394册，台湾商务印书馆1986年）中题为《竹茶炉为僧题》。

静，提挈曾闻上帝州。"①

第二十五个茶人群体包括盛虞、吴宽、杨循吉、高直、黄公探、张九才、潘绪、陆勉、倪祚、成性、李庶、刘勋、厉异、陈泽、葛言、张右、曾世昌、俞泰和华夫。杨循吉《见新效中舍制有赠秋亭》诗曰："舍人昔居山，雅好煎茗汁。折竹为火炉，意匠巧营立。……盛公效制之，宛有故风习。今人即古人，谁谓不相及。……吴公一过目，赏叹如不给。……流传遍都下，赓歌遂成集。"另《秋亭复制新炉见赠》诗曰："盛君昔南来，自携竹炉至。吴公既赏咏，遂知公所嗜。……烹煎已有法，所乏惟此器。岂无陶瓦辈，坌俗何足议。"杨循吉在两首诗中说得很清楚，诗人看到盛虞仿效王绂制作了竹茶炉因而作诗赠给盛虞，吴宽对盛虞的新炉极为赏叹，许多人为之作诗歌咏。上述高直等人依次对杨循吉的诗进行了奉和。如高直恭继曰："忆随苏晋学逃禅，往事伤心莫问年。到处凝尘甘落莫，几番烹雪伴婵娟。黄尘闭世徒高价，清物还山续旧缘。下有武昌秦太守，香泉埋没克谁传。"又如黄公探恭继曰："忆事山中别老禅，松关寂寞已多年。寒惊春雨怀鸿渐，梦落西风泣丽娟。忽逐担头归旧隐，旋烹鱼尾叙新缘。玉堂学士遗编在，赢得时人一蚁传。/听松闻说有真禅，旧物今归作此年。茶意惠泉香尚暖，出含湘水色犹娟。春风华屋成陈迹，夜月空山了宿缘。抚卷不须阴口失，一灯然后一灯传。"再如张九才恭继曰："真公手制济癯禅，人作炉亡正有年。出去茶烟空袅袅，微来火色尚娟娟。榆枝柳梗生新火，瓦罐瓷瓶继旧缘。多藉武昌贤太守，赋诗兴感世争传。"最后高直用前韵再题卷末："竹炉还复听松禅，老眼摩挲认往年。润带茶烟香细细，冷含萝雨翠娟娟。已醒万劫尘中梦，重结三生石上缘，五马使君题品后，一灯相伴永流传。"②

第二十六个茶人群体成员有盛时泰、朱曰藩、澜公、邵仲高、金光初、陆典、朱定所、周晖。盛时泰赋有《大城山房十咏》组诗十首，

---

① （明）醉茶消客：《茶书》，明抄本。
② 同上。

为一组茶诗：《茶所》《茶鼎》《茶铛》《茶罋》《茶瓢》《茶函》《茶洗》《茶瓶》《茶杯》《茶宾》。盛时泰（字仲交）为这组茶诗所作的说明文字曰："往岁与吴客在苍润轩烧枯兰煎茶，各赋一诗，时广陵朱子价为主客，次日过官舍，道及子价，笑曰：'事虽戏题，却甚新也，须直得一咏。'乃出金山澜公所寄中泠泉煮之……独戊辰年试灯日，同客携炉一至其下，刚磐石上老梅盛开，相与醉卧竟日夕。今年春来读书邵生、仲高从之游……暇时仲高焚香煎茶啜予，予为道曩昔事，因次十题……今日仲高再为敲石火拾山荆，予从旁观之，引笔伸纸次第其事，茶熟而诗成，遂录为一帙，以祈同调者和之。"盛时泰曾与朱曰藩（字子价）煎茶赋诗，与他人煮饮澜公所寄中泠泉水，来山中读书的邵仲高从之游。盛时泰观赏邵仲高煎茶，因之作诗十首。这十首诗即《大城山房十咏》。盛时泰友人金光初对诗的说明文字是作于盛时泰去世后："往仲交诗成，持示予。予心赏之，且谓之曰：余将过子山中，恐以我非茶宾也。期而东还不果往，今年有僧自白下来谒余，曰：仲交死山中矣。余惊悼久之，因念大城山故仲交咏茶处，复取读之，并附数语以见存亡身世之感云。"盛时泰诗成，曾给金光初看，金光初说将来到山中去拜访担心他不把自己作为茶宾（组诗中有《茶宾》一首），这当然只是一种戏谑的说法，其实真实意思是十分期望前往拜访，共同饮茶。盛时泰友人陆典对诗的说明文字也是在他逝世以后："定所朱君雅嗜茶，尝裒古今诗文涉奈事者为一编，命曰《茶薮》，暇日出示予，且嘱余曰：世有同好者间有作，为我访之，来当续入之。久未逮也。昨集玄予斋中，偶谈及之，玄予欣然出盛仲交旧咏茶事六言诗十章并记授予，贻朱君。因追忆曩时与仲交有山中敲火烹茶之约，今仲交已去人间，为之悲怆不胜。"① 陆典与盛时泰曾有山中烹茶之约。朱定所编纂有《茶薮》，金光初（字玄予）在斋中出示盛时泰诗，陆典因之交给朱定所附于《茶薮》书后。另黄履道《茶苑》引周晖《金陵琐事》曰：

---

① （明）醉茶消客：《茶书》，明抄本。

"万历甲戌季冬朔日，盛时泰仲交踏雪过余尚白斋，偶有佳茗，遂取雪煎饮，又汲凤皇、瓦官二泉饮之。仲交喜甚，因历举城内外之泉可烹茗者。"① 盛时泰与周晖亦是以茶相交的友人。

下列明代茶书中的茶人群体成员表（表19）：

表19　　　　　　　　　　明代茶书中的茶人群体成员表

序号	茶书	成员
1	顾元庆《茶谱》	顾元庆、吴心远、过养拙、王天雨、岳岱
2	顾元庆《茶谱》、醉茶消客《茶书》	钱椿年、赵之履、姚邦显
3	田艺蘅《煮泉小品》	田艺蘅、赵观、蒋灼
4	徐献忠《水品》	徐献忠、田艺蘅、蒋灼
5	陆树声《茶寮记》	陆树声、僧明亮、阳羡士人、无净居士、僧演镇
6	许次纾《茶疏》	许次纾、姚绍宪、许世奇
7	高元濬《茶乘》	高元濬、张燮、屠本畯、王志道、陈正学、章载道、黄以升
8	闻龙《茶笺》	闻龙、周同甫
9	罗廪《茶解》	罗廪、屠本畯、闻龙、龙膺
10	屠本畯《茗笈》	屠本畯、薛冈、闻龙、徐𤊹、王嗣奭、范汝梓、陈镆、屠玉衡、范大远
11	徐𤊹《茗谭》	徐𤊹、许次纾、屠本畯、闻龙、罗廪、喻政
12	夏树芳《茶董》	夏树芳、冯时可、董其昌、陈继儒
13	龙膺《蒙史》	龙膺、朱之蕃
14	喻政《烹茶图集》、喻政《茶书》	喻政、李光祖、王思任、谢肇淛、于玉德、闵有功、文尚宾、吴汝器、古时学、周之夫、江大鲲、郭继芳、陈勋、王稚登、徐𤊹、江左玄、郑邦翼
15	黄龙德《茶说》	黄龙德、胡之衍、程百二
16	程百二《品茶要录补》	程百二、董其昌、陈继儒、焦竑、许国、汪过、赵高邑、吴逵、江文炳、徐𤊹

① （明）黄履道：《茶苑》卷9，清抄本。

序号	茶书	成员
17	万邦宁《茗史》	万邦宁、僧圆后、董大晟、李德述、全天骏、蔡起白、李桐封
18	周高起《阳羡茗壶系》	周高起、吴迪美、贰公
19	黄履道《茶苑》	黄履道、张椢琴
20	黄履道《茶苑》	冒襄、吴门柯姓者、董小宛、柳如是、蒨姬、顾子兼、张无放、于象明、朱汝圭、陈愚谷
21	醉茶消客《茶书》	李熔、陈希登、旋世亨、宋儒、林煌、俞世洁
22	醉茶消客《茶书》	屠滽、倪岳、程敏政、李东阳
23	醉茶消客《茶书》	吴宽、盛虞、盛颙、李杰、谢迁、杨守阯、王鏊、商良臣、陈瑶、司马垔、顾萃、吴学、杨子器、钱福、杜启、缪觐、潘绪、邵瑾
24	醉茶消客《茶书》	卞荣、谢士元、郁云、张九方、钱章清、范昌龄、陈昌、张恺、徐麟、秦锡、贾焕
25	醉茶消客《茶书》	盛虞、吴宽、杨循吉、高直、黄公探、张九才、潘绪、陆勉、倪祚、成性、李庶、刘勗、厉异、陈泽、葛言、张右、曾世昌、俞泰、华夫
26	醉茶消客《茶书》、黄履道《茶苑》	盛时泰、朱曰藩、澜公、邵仲高、金光初、陆典、朱定所、周晖

考察以上二十六个茶人群体，可发现其中大多数不同茶人群体之间有直接或间接的关联，大多数不同茶人群体的成员互相之间直接或间接相识并有交往。第六、七、八、九、十、十一、十二、十三、十四、十五、十六这十一个茶人群体相互之间有直接或间接的关联，许次纾（著有《茶疏》）、高元濬（著有《茶乘》和《茶乘拾遗》）、闻龙（著有《茶笺》）、罗廪（著有《茶解》）、屠本畯（著有《茗笈》）、徐㶏（著有《蔡端明别纪·茶癖》和《茗谭》）、夏树芳（著有《茶董》）、冯时可（著有《茶录》）、龙膺（著有《蒙史》）、喻政（著有《茶集》《烹茶图集》和《茶书》）、黄龙德（著有《茶说》）、程百二（著有《品茶要录补》）、陈继儒（著有《茶话》和《茶董补》），这些茶书作

者直接或间接相识。许次纾与徐𤊹是好友，高元濬的友人张燮与屠本畯相善，闻龙协助屠本畯编辑了《茗笈》，罗廪与屠本畯、龙膺皆相善，屠本畯与徐𤊹是好友，徐𤊹协助喻政编撰了《茶书》，夏树芳与冯时可、陈继儒相善，黄龙德结识程百二，而程百二与陈继儒、徐𤊹有交往。另外著有《茶说》的屠隆虽然没有列入上述茶人群体中的成员，他与屠本畯、闻龙、罗廪皆有友好交往。① 之所以出现这种情况，主要原因在于这些茶人生活地域接近，生活年代接近，又皆有同好，十分容易互相之间相识相知。陈继儒是南直隶华亭人，冯时可是南直隶华亭人，夏树芳是南直隶江阴人，黄龙德是南直隶上元人，许次纾是浙江钱塘人，闻龙是浙江四明人，罗廪是浙江慈溪人，屠本畯是浙江鄞县人，屠隆是浙江鄞县人，上述诸人的生活地域都很接近。另程百二是南直隶徽州人（长期在江南一带刻书经商）、高元濬是福建龙溪人，徐𤊹是福建闽县人，喻政是江西南昌人（著茶书是在福建为官期间）、龙膺为湖广武陵人，这些地方也在以上地区的周边，交往较为便利频繁。从以上茶人的生活年代来看，根据朱自振等《中国古代茶书集成》的考证，这些茶人所著茶书成书最早的屠隆《茶说》著于 1590 年前后，而成书最晚的《品茶要录补》是在 1615 年，仅相距 25 年左右。这说明这个年代茶书创作的极度繁荣，也说明前述茶人基本生活于同一个年代。生活地域和年代的接近，使许多茶人有条件成为相交相知的好友。例如屠隆、屠本畯、闻龙、罗廪"四人住地相近，除罗廪住（宁波）城郊慈城外，城内三人住地相距不过数里。年龄相近，最大的屠隆与最小的罗廪相差仅 12 岁。相互间友好交往，有诗文往来"。②

　　另外第二十三个与第二十五个茶人群体之间有很大关联。第二十三个茶人群体的吴宽奉和王绂的诗，赞美仿制了王绂竹茶炉的盛虞。而第二十五个茶人群体的杨循吉作诗目的也是献给仿制了王绂竹茶炉的盛

① 竺济法：《晚明四位'宁波帮'名人茶书特色与亮点》，《农业考古》2010 年第 5 期，第 306 页。
② 同上。

虞，并在诗中表现出了吴宽对盛虞新制竹茶炉的极度赞赏。第二十四个茶人群体与第二十三个茶人群体也很可能有密切关联，因为卞荣等人奉和的是王绂有关竹茶炉的诗，而且卞荣等人基本为江南一带人，与吴宽、盛虞等大致生活于同一时代和地域。大批江南一带士人为盛虞的新炉赋诗歌咏，很可能是在这种背景下卞荣等人作奉和诗。

再就是第三与第四个茶人群体关系密切，其实基本可以合并，田艺蘅、徐献忠、蒋灼均为嗜茶的友人，蒋灼分别为田艺蘅的《煮泉小品》和徐献忠的《水品》作跋。

结　语

　　唐代陆羽所著的《茶经》是中国也是世界历史上的第一部茶书。陆羽《茶经》甫一出世，就达到了很高水平，成为一座蔚为壮观的高峰，但中国茶书的真正巅峰时期是在明代。

　　现存中国古代茶书百种左右，明代茶书占了一半，达50种，可以肯定，大量曾经存在的茶书因各种原因湮没于历史风尘，实际存在过的明代茶书要大大超过50这个数字。明代茶书的种类可从原创性、内容和地域这三种不同的角度划分。长期以来学术界对明代茶书的评价偏低，认为辑录因袭前人的东西太多，其实这是不公正的，明代原创茶书占茶书总量超过四成，而汇编茶书也自有其意义，对大量相关文献进行了搜集、整理和保存。在内容上，明代茶书可分为综合类茶书和专题类茶书，从地域角度，可分为全国性茶书和地域性茶书。明代茶书的作者身份，绝大部分是无官职的文人以及官僚，前者又多于后者；茶书作者的籍贯，几乎都是南方人，又以南直隶和浙江两省居多；茶书作者的生活年代，绝大部分在嘉靖以后的晚明时期，年代逾后，作者愈多。

　　明代茶书在内容上与唐宋相比，有了巨大的进步和创新，包括对茶的认识、对水的认识、对茶具的认识和对茶艺的认识四个方面。明代茶书中对茶的认识，主要有茶叶的栽培、茶叶的采摘、茶叶的制作和茶叶的收藏几个方面。茶叶栽培方面，明代种植茶已完全取代野生茶，茶书对茶叶种植方法、茶园管理和茶叶适宜的生长环境已有比较深刻的认识。茶叶采摘方面，明代茶书认为最适宜的季节是谷雨及其前后，并且摘茶最好在晴天的清晨。茶叶的制作方面，明代茶书一般对宋代的团茶持批判态度，提倡保持自然本性的散茶，当时的散茶以炒青散茶为主流。茶叶的收藏方面，关键是要使茶叶防湿避光去异味，延缓其变质过程。水对于茶饮是极为重要的，明代茶书评价水质主要可概括为清、流、轻、甘、寒五个标准。当时茶书极少再对天下之水评定等次，主要从美恶的角度去评判。茶具是茶饮中所使用的器具，明代茶具比唐宋大为简化，这是饮茶方式的变迁造成的，最主要的茶具有炉、盏和壶。明代茶书对茶艺的认识可分为泡茶的技艺、品茶的技艺、品茶的环境和品茶的伴侣四个方面。泡茶法可概括为用火、煮水、洗茶和泡茶几道程序，一壶好茶，如果遇不到善于品赏之人，那也像用佳泉去灌溉野草，品茶技艺十分重要。文人饮茶，主要是满足精神上的需求，所以也十分注重品茶环境和品茶伴侣的选择。

中国古代三教也即儒、释、道都对明代茶书产生了很大影响，这种影响其实在中国历史上第一部茶书陆羽《茶经》中就得到了充分的体现。明代茶书作者普遍受到儒家思想的深刻影响，儒家是中国古代思想的主流，儒家的和谐、中庸、礼仪和人格等观念在茶书中有大量体现。许多明代茶书作者亦深受佛教思想影响，一些僧人也参与了茶书的撰写，因之茶书对佛教禅茶一味的思想有大量体现，另外明代茶书对僧人普遍嗜茶种茶也多有反映，僧人是茶业生产的一支重要力量，松萝茶即为僧人大方创制。很多明代茶书作者崇道，茶书对道家的道法自然、养生乐生等思想有大量反映，明代茶书也体现了唐宋以来直到明代许多道徒嗜茶以及种茶的现象。

中国自古就有一批隐逸之士，这在先秦典籍《论语》《庄子》即有记载，而到唐代茶已成为隐逸的象征，许多文人隐于茶，明代特别是晚明社会有浓厚的隐逸之风，明代茶书对此有大量反映。明代尤其是晚明商品经济有很大发展，社会观念有巨大变化，文人也不再以经商为耻，商人地位空前提高，在这种背景下，明代茶书不再像唐宋茶书一样对贡茶津津乐道，反而持批评态度，明代茶书记载的主要是商品茶，这既是对社会现实的反映，也是因为茶书作者的观念使然。明代士人有极盛的饮茶风气，嗜茶者众，他们希望通过茶追求一种闲情逸致、清雅飘逸的生活状态，甚至大量士人结成以茶为媒介的茶人群体。

参考文献

一 史料类（按出版时间排序）

［1］真清：《水辨》，明嘉靖二十二年柯□刻本，中国国家图书馆藏。

［2］真清：《茶经外集》，明嘉靖二十二年柯□刻本，中国国家图书馆藏。

［3］程用宾：《茶录》，明万历三十二年戴凤仪刻本，中国国家图书馆藏。

［4］陶毅：《茗荈录》，喻政《茶书》，明万历四十一年刻本，日本国立公文书馆内阁文库藏。

［5］黄儒：《品茶要录》，喻政《茶书》，明万历四十一年刻本，日本国立公文书馆内阁文库藏。

［6］龙膺：《蒙史》，喻政《茶书》，明万历四十一年刻本，日本国立公文书馆内阁文库藏。

［7］喻政：《茶集》，喻政《茶书》，明万历四十一年刻本，日本国立公文书馆内阁文库藏。

［8］喻政：《烹茶图集》，喻政《茶书》，明万历四十一年刻本，日本国立公文书馆内阁文库藏。

［9］陈师：《茶考》，喻政《茶书》，明万历四十一年刻本，日本国立公文书馆内阁文库藏。

［10］徐糊：《蔡端明别纪》，喻政《茶书》，明万历四十一年刻本，日本国立公文书馆内阁文库藏。

[11] 徐𤆵：《茗谭》，喻政《茶书》，明万历四十一年刻本，日本国立公文书馆内阁文库藏。

[12] 罗廪：《茶解》，喻政《茶书》，明万历四十一年刻本，日本国立公文书馆内阁文库藏。

[13] 张源：《茶录》，喻政《茶书》，明万历四十一年刻本，日本国立公文书馆内阁文库藏。

[14] 陈继儒：《茶话》，喻政《茶书》，明万历四十一年刻本，日本国立公文书馆内阁文库藏。

[15] 屠隆：《茶说》，喻政《茶书》，明万历四十一年刻本，日本国立公文书馆内阁文库藏。

[16] 屠本畯：《茗笈》，喻政《茶书》，明万历四十一年刻本，日本国立公文书馆内阁文库藏。

[17] 王嗣奭等：《茗笈品藻》，喻政《茶书》，明万历四十一年刻本，日本国立公文书馆内阁文库藏。

[18] 喻政：《茶书》，明万历四十一年刻本，日本国立公文书馆内阁文库藏。

[19] 程百二：《品茶要录补》，《程氏丛刻》，明万历四十三年程氏刊本，中国国家图书馆藏。

[20] 黄龙德：《茶说》，《中国古代茶道秘本五十种（第1册）》，全国图书馆文献缩微复制中心2003年版。

[21] 徐彦登：《历朝茶马奏议》，明万历刻本，南京大学图书馆藏。

[22] 孙大绶：《茶经外集》，《中国古代茶道秘本五十种（第2册）》，全国图书馆文献缩微复制中心2003年版。

[23] 孙大绶：《茶谱外集》，《中国古代茶道秘本五十种（第2册）》，全国图书馆文献缩微复制中心2003年版。

[24] 胡文焕：《茶集》，《百家名书》，明万历胡氏文会堂刻本，山东省图书馆藏。

[25] 张丑：《茶经》，《中国古代茶道秘本五十种（第2册）》，全国图

书馆文献缩微复制中心 2003 年版。

[26] 朱祐槟：《茶谱》，《清媚合谱》，明崇祯刻本，故宫博物院图书馆藏。

[27] 醉茶消客：《茶书》，明抄本，南京图书馆藏。

[28] 朱权：《茶谱》，《艺海汇函》，明抄本，南京图书馆藏。

[29] 黄履道：《茶苑》，清抄本，中国国家图书馆藏。

[30] 邓志谟：《茶酒争奇》，邓志谟《七种争奇》，清春语堂刻本，中国国家图书馆藏。

[31] 胡山源：《古今茶事》，世界书局 1941 年版。

[32] 王敷：《茶酒论》，王重民《敦煌变文集》，人民文学出版社 1957 年版。

[33] 郎瑛：《七修类稿》，《明清笔记丛刊》，中华书局 1959 年版。

[34] 《明太祖实录》，台北"中央研究院"历史语言研究所 1962 年版。

[35] 《明太宗实录》，台北"中央研究院"历史语言研究所 1962 年版。

[36] 《明仁宗实录》，台北"中央研究院"历史语言研究所 1962 年版。

[37] 《明宣宗实录》，台北"中央研究院"历史语言研究所 1962 年版。

[38] 《明英宗实录》，台北"中央研究院"历史语言研究所 1962 年版。

[39] 《明宪宗实录》，台北"中央研究院"历史语言研究所 1962 年版。

[40] 《明孝宗实录》，台北"中央研究院"历史语言研究所 1962 年版。

[41] 《明武宗实录》，台北"中央研究院"历史语言研究所 1962 年版。

[42] 《明世宗实录》，台北"中央研究院"历史语言研究所 1962 年版。

[43] 《明穆宗实录》，台北"中央研究院"历史语言研究所 1962 年版。

[44] 《明神宗实录》，台北"中央研究院"历史语言研究所 1962 年版。

[45] 《明光宗实录》，台北"中央研究院"历史语言研究所 1962 年版。

[46] 《明熹宗实录》，台北"中央研究院"历史语言研究所 1962 年版。

[47] 汪楫：《崇祯长编》，台北"中央研究院"历史语言研究所 1962 年版。

[48] 张廷玉等：《明史》，中华书局 1974 年版。

[49] 欧阳修、宋祁：《新唐书》，中华书局 1975 年年版。

[50] 脱脱：《宋史》，中华书局 1977 年年版。

[51] 陈祖槼，朱自振：《中国茶叶历史资料选辑》，农业出版社 1981 年版。

[52] 焦竑：《玉堂丛语》，中华书局 1981 年版。

[53] 蔡襄：《茶录》，《丛书集成初编（第 1480 册）》，中华书局 1985 年版。

[54] 宋子安：《东溪试茶录》，《丛书集成初编（第 1480 册）》，中华书局 1985 年版。

[55] 陈继儒：《茶董补》，《丛书集成初编（第 1480 册）》，中华书局 1985 年版。

[56] 茅一相：《茶具图赞》，《丛书集成初编（第 1501 册）》，中华书局 1985 年版。

[57] 陆羽：《茶经》，《丛书集成新编（第 47 册）》，新文丰出版公司 1985 年版。

[58] 张又新：《煎茶水记》，《丛书集成新编（第 47 册）》，新文丰出版公司 1985 年版。

[59] 苏廙：《汤品》，《丛书集成新编（第 47 册）》，新文丰出版公司 1985 年版。

[60] 熊蕃：《宣和北苑贡茶录》，《丛书集成新编（第 47 册）》，新文丰出版公司 1985 年版。

[61] 黄儒：《茶品要录》，《丛书集成新编（第 47 册）》，新文丰出版公司 1985 年版。

[62] 赵汝砺：《北苑别录》，《丛书集成新编（第 47 册）》，新文丰出版公司 1985 年版。

[63] 王世贞：《弇山堂别集》，中华书局 1985 年版。

[64] 纪昀等：《钦定四库全书总目》，《景印文渊阁四库全书（第 1—6 册）》，台湾商务印书馆 1986 年版。

[65] 李东阳等：《明会典》，《景印文渊阁四库全书（第 617—618 册）》，台湾商务印书馆 1986 年版。

[66] 黄虞稷：《千顷堂书目》，《景印文渊阁四库全书（第 676 册）》，台湾商务印书馆 1986 年版。

[67] 高濂：《遵生八笺》，《景印文渊阁四库全书（第 871 册）》，台湾商务印书馆 1986 年版。

[68] 曹寅：《全唐诗》，《景印文渊阁四库全书（1423—1431 册）》，台湾商务印书馆 1986 年版。

[69] 焦竑：《献征录》，上海书店 1987 年版。

[70] ［日］布目潮沨：《中国茶书全集》，汲古书院 1987 年版。

[71] 温庭筠：《采茶录》，陶宗仪《说郛三种·说郛（清顺治三年李际期宛委山堂刊本）（卷 93）》，上海古籍出版社 1988 年版。

[72] 叶清臣：《述煮茶小品》，陶宗仪《说郛三种·说郛（清顺治三年李际期宛委山堂刊本）（卷 93）》，上海古籍出版社 1988 年版。

[73] 沈括：《本朝茶法》，陶宗仪《说郛三种·说郛（清顺治三年李际期宛委山堂刊本）（卷 93）》，上海古籍出版社 1988 年版。

[74] 唐庚：《斗茶记》，陶宗仪《说郛三种·说郛（清顺治三年李际期宛委山堂刊本）（卷 93）》，上海古籍出版社 1988 年版。

[75] 赵佶：《大观茶论》，陶宗仪《说郛三种·说郛（清顺治三年李际期宛委山堂刊本）（卷 93）》，上海古籍出版社 1988 年版。

[76] 李日华：《运泉约》，陶珽《说郛三种·说郛续（清顺治三年李际期宛委山堂刻本）（卷 29）》，上海古籍出版社 1988 年版。

[77] 冯时可：《茶录》，陶珽《说郛三种·说郛续（清顺治三年李际期宛委山堂刻本）（卷 37）》，上海古籍出版社 1988 年版。

[78] 徐渭：《煎茶七类》，陶珽《说郛三种·说郛续（清顺治三年李际期宛委山堂刻本）（卷 37）》，上海古籍出版社 1988 年版。

[79] 熊明遇：《罗岕茶记》，陶珽《说郛三种·说郛续（清顺治三年李际期宛委山堂刻本）（卷 37）》，上海古籍出版社 1988 年版。

[80] 闻龙：《茶笺》，陶珽《说郛三种·说郛续（清顺治三年李际期宛委山堂刻本）（卷37）》，上海古籍出版社 1988 年版。

[81] 冯可宾：《岕茶笺》，《丛书集成续编（第86册）》，新文丰出版公司 1988 年版。

[82] 周高起：《洞山岕茶系》，《丛书集成续编（第86册）》，新文丰出版公司 1988 年版。

[83] 周高起：《阳羡茗壶系》，《丛书集成续编（第90册）》，新文丰出版公司 1988 年版。

[84] 申时行等：《明会典》，中华书局 1989 年版。

[85] 吴觉农：《中国地方志茶叶历史资料选辑》，农业出版社 1990 年版。

[86] 《中国陶瓷名著汇编》，中国书店 1991 年版。

[87] 朱自振：《中国茶叶历史资料续辑（方志茶叶资料汇编)》，东南大学出版社 1991 年版。

[88] 华淑：《品茶八要》，《丛书集成续编（第87册）》，上海书店 1994 年版。

[89] 刘若愚：《酌中志》，北京古籍出版社 1994 年版。

[90] 陈子龙、徐孚远、宋征璧：《皇明经世文编》，《四库禁毁书丛刊·集部（第24册）》，北京出版社 1997 年版。

[91] 万邦宁：《茗史》，《四库全书存目丛书·子部（第79册）》，齐鲁书社 1997 年版。

[92] 屠本畯：《茗笈》，《四库全书存目丛书·子部（第79册）》，齐鲁书社 1997 年版。

[93] 王嗣奭等：《茗笈品藻》，《四库全书存目丛书·子部（第79册)》，齐鲁书社 1997 年版。

[94] 夏树芳：《茶董》，《四库全书存目丛书·子部（第79册)》，齐鲁书社 1997 年版。

[95] 许次纾：《茶疏》，《四库全书存目丛书·子部（第79册）》，齐

鲁书社 1997 年版。

[96] 陆树声：《茶寮记》，《四库全书存目丛书·子部（第 79 册）》，
齐鲁书社 1997 年版。

[97] 徐献忠：《水品》，《四库全书存目丛书·子部（第 79 册）》，齐
鲁书社 1997 年版。

[98] 田艺蘅：《煮泉小品》，《四库全书存目丛书·子部（第 80 册）》，
齐鲁书社 1997 年版。

[99] 汤显祖：《茶经》，《四库全书存目丛书·补编（第 95 册）》，齐
鲁书社 1997 年版。

[100] 李日华：《紫桃轩杂缀》，《四库全书存目丛书·子部（第 108
册）》，齐鲁书社 1997 年版。

[101] 屠隆：《考槃馀事》，《四库全书存目丛书·子部（第 118 册）》，
齐鲁书社 1997 年版。

[102] 陈讲：《马政志》，《四库全书存目丛书·史部（第 276 册）》，
齐鲁书社 1997 年版。

[103] 陈彬藩、余悦、关博文：《中国茶文化经典》，光明日报出版社
1999 年版。

[104] 阮浩耕、沈冬梅、于良子：《中国古代茶叶全书》，浙江摄影出
版社 1999 年版。

[105] 熊廖：《中国陶瓷古籍集成》，江西科学技术出版社 1999 年版。

[106] 叶羽：《茶书集成》，黑龙江人民出版社 2001 年版。

[107] 顾元庆：《茶谱》，《续修四库全书（第 1115 册）》，上海古籍出
版社 2003 年版。

[108] 高元濬：《茶乘》，《续修四库全书（第 1115 册）》，上海古籍出
版社 2003 年版。

[109] 高元濬：《茶乘拾遗》，《续修四库全书（第 1115 册）》，上海古
籍出版社 2003 年版。

[110] 《中国古代茶道秘本五十种》，全国图书馆文献缩微复制中心

2003 年版。

[111] 谢肇淛：《五杂俎》，《明代笔记小说大观（第 2 册）》，上海古籍出版社 2005 年版。

[112] 沈德符：《万历野获编》，《明代笔记小说大观（第 3 册）》，上海古籍出版社 2005 年版。

[113] 谈迁：《枣林杂俎》，中华书局 2006 年版。

[114] 郑培凯、朱自振：《中国历代茶书汇编校注本》，商务印书馆（香港）有限公司 2007 年版。

[115] 张岱：《陶庵梦忆·西湖寻梦》，中华书局 2007 年版。

[116] 朱自振、沈冬梅、增勤：《中国古代茶书集成》，上海文化出版社 2010 年版。

[117] 杨东甫：《中国古代茶学全书》，广西师范大学出版社 2011 年版。

[118] 方健：《中国茶书全集校证》，中州古籍出版社 2015 年版。

二 今人著作类（按出版时间排序）。

[1] "国立"中央图书馆：《明人传记资料索引》，"国立"中央图书馆 1965 年版。

[2] 上海图书馆：《中国丛书综录》，上海古籍出版社 1982 年版。

[3] 中国硅酸盐学会：《中国陶瓷史》，文物出版社 1982 年版。

[4] 陈椽：《茶业通史》，农业出版社 1984 年版。

[5] 汤纲、南炳文：《明史》，上海人民出版社 1985 年版。

[6] 中国农业百科全书编辑部：《中国农业百科全书·茶业卷》，农业出版社 1988 年版。

[7] 吴智和：《明清时代饮茶生活》，博远出版有限公司 1990 年版。

[8] 许贤瑶：《中国茶书提要》，博远出版有限公司 1990 年版。

[9] 陈宗懋：《中国茶经》，上海文化出版社 1992 年版。

[10] 中国古籍善本编辑委员会：《中国古籍善本书目》，上海古籍出版

社 1994 年版。

[11]《中国历史年代简表》，文物出版社 1994 年版。

[12] 冈夫：《茶文化》，中国经济出版社 1995 年版。

[13] 吴智和：《明人饮茶生活文化》，明史研究小组，1996 年。

[14] 余悦：《研书》，浙江摄影出版社 1996 年版。

[15] 余悦：《问俗》，浙江摄影出版社 1996 年版。

[16] 钱穆：《国史大纲》，商务印书馆 1996 年版。

[17] 刘淼：《明代茶业经济研究》，汕头大学出版社 1997 年版。

[18] 姚国坤、胡小军：《中国古代茶具》，上海文化出版社 1998 年版。

[19] 何草：《茶道玄幽》，光明日报出版社 1999 年版。

[20] 王河：《茶典逸况》，光明日报出版社 1999 年版。

[21] 王建平：《茶具清雅》，光明日报出版社 1999 年版。

[22] 胡长春：《茶品幽韵》，光明日报出版社 1999 年版。

[23] 余悦：《茶趣异彩》，光明日报出版社 1999 年版。

[24] 胡丹：《茶艺风情》，光明日报出版社 1999 年版。

[25] 叶义森：《茶饮康乐》，光明日报出版社 1999 年版。

[26] 赖功欧：《茶哲睿智》，光明日报出版社 1999 年版。

[27] 刘勤晋：《茶文化学》，中国农业出版社 2000 年版。

[28] 陈宗懋：《中国茶叶大辞典》，中国轻工业出版社 2000 年版。

[29] 王从仁：《中国茶文化》，上海古籍出版社 2001 年版。

[30] 叶羽：《茶经》，黑龙江人民出版社 2001 年版。

[31] 关剑平：《茶与中国文化》，人民出版社 2001 年版。

[32] 刘昭瑞：《中国古代饮茶艺术》，陕西人民出版社 2002 年版。

[33] 余悦：《茶文化博览》，中央民族大学出版社 2002 年版。

[34] 胡小军：《茶具》，浙江大学出版社 2003 年版。

[35] 任继愈：《中国哲学史》，人民出版社 2003 年版。

[36] 陈文华：《长江流域茶文化》，湖北教育出版社 2004 年版。

[37] 廖建智：《明代茶酒文化之研究》，万卷楼图书股份有限公司

2005 年版。

[38] 吴觉农：《茶经述评》，中国农业出版社 2005 年版。

[39] 万明：《晚明社会变迁——问题与研究》，商务印书馆 2005 年版。

[40] 陈文华：《中国茶文化学》，中国农业出版社 2006 年版。

[41] 阮浩耕，胡建程：《纪茗》，浙江摄影出版社 2006 年版。

[42] 姜青青：《数典》，浙江摄影出版社 2006 年版。

[43] 张科：《说泉》，浙江摄影出版社 2006 年版。

[44] 于良子：《谈艺》，浙江摄影出版社 2006 年版。

[45] 童启庆，寿英姿：《习茶》，浙江摄影出版社 2006 年版。

[46] 寇丹：《鉴壶》，浙江摄影出版社 2006 年版。

[47] 廖建智：《明代茶文化艺术》，秀威资讯科技股份有限公司 2007
年版。

[48] 商传：《明代文化史》，东方出版中心 2007 年版。

[49] 沈冬梅：《茶与宋代社会生活》，中国社会科学出版社 2007 年版。

[50] 周巨根、朱永兴：《茶学概论》，中国中医药出版社 2007 年版。

[51] 张显清：《明代后期社会转型研究》，中国社会科学出版社 2008
年版。

[52] 阴法鲁、许树安、刘玉才：《中国古代文化史》，北京大学出版社
2008 年版。

[53] 王玲：《中国茶文化 》，九州出版社 2009 年版。

[54] 吴智和：《明人休闲生活文化》，明史研究小组，2009 年。

[55] 郭丹英、王建荣：《中国茶具流变图鉴》，中国轻工业出版社
2009 年版。

[56] 冯天瑜、何晓明、周积明：《中华文化史》，上海人民出版社
2010 年版。

[57] ［美］威廉·乌克斯：《茶叶全书》，东方出版社 2011 年版。

[58] 姚伟钧、刘朴兵、鞠明库：《中国饮食典籍史》，上海古籍出版社
2011 年版。

[59] 郭孟良：《晚明商业出版》，中国书籍出版社 2011 年版。

[60] 杨东甫，杨骥：《茶文观止：中国古代茶学导读》，广西师范大学出版社 2011 年版。

[61] 丁以寿，章传政：《中华茶文化》，中华书局 2012 年版。

[62] 陈文华：《茶文化概论》，中国广播电视大学出版社 2013 年版。

[63] 钟建安：《中国茶文化史》，中国广播电视大学出版社 2013 年版。

[64] 李文杰：《茶与道》，上海文化出版社 2014 年版。

[65] 马莉：《茶与佛》，上海文化出版社 2014 年版。

[66] 方雯岚：《茶与儒》，上海文化出版社 2014 年版。

[67] 陈宝良：《明代社会转型与文化变迁》，重庆大学出版社 2014 年版。

[68] 商传：《走进晚明》，商务印书馆 2014 年版。

三　论文类（按发表时间排序）。

[1] 万国鼎：《茶书总目提要》，王思明等《万国鼎文集》，中国农业科学技术出版社 2005 年版。

[2] 吴智和：《晚明茶人集团的饮茶性灵生活》，《社会科学战线》1992 年第 4 期。

[3] 吴智和：《明代的茶人集团》，《传统文化与现代化》1993 年第 6 期。

[4] 吴智和：《明代茶人的茶寮意匠》，《史学集刊》1993 年第 3 期。

[5] 吴智和：《明代茶人集团的社会组织——以茶会类型为例》，《明史研究》1993 年第 3 期。

[6] 吴智和：《明代文人集团的茶文化生活》，《中华食苑（第九集）》，中国社会科学出版社 1996 年版。

[7] 鲁烨：《明代诗歌中的茶文化》，江南大学，2001 年。

[8] 胡长春、龙晨红、真理：《从明代茶书看明代文人的茶文化取向》，《农业考古》2004 年第 4 期。

[9] 施由明：《论明清文人与中国茶文化》，《农业考古》2005 年第 4 期。

[10] 章传政：《明代茶叶科技、贸易、文化研究》，南京农业大学，2007 年。

[11] 徐国清：《明朝时期浙江茶文化研究》，中国农业科学院研究生院，2009 年。

[12] 刘双：《明代茶艺初探》，华中师范大学，2008 年。

[13] 王秀萍：《明清茶美学思想研究》，湖南农业大学，2010 年。

[14] 袁薇：《明中晚期文人饮茶生活的艺术精神》，杭州师范大学，2011 年。

[15] 胡长春：《明清时期中国茶文化的变革与发展》，《农业考古》2012 年第 5 期。

[16] 张岳：《养生视角下的中国明代茶文化研究》，中国中医科学院，2012 年。